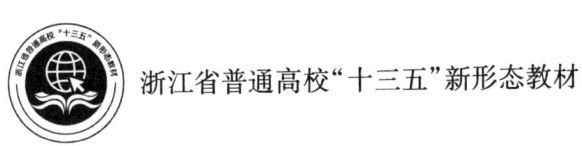
浙江省普通高校"十三五"新形态教材

化工原理实验

李卫宏　姜亦坚　刘　达　主编

哈爾濱工業大學出版社

内 容 简 介

本书是"浙江省普通高校'十三五'新形态教材"项目的研究成果。内容包括仿真类实验、操作类实验、演示类实验三部分内容,兼顾实验研究方法及数据处理、Excel、Origin 两个软件在实验数据处理中的应用。全书共 7 章,精选了化工原理 8 个典型的单元操作实验,每个实验内容附有实验讲解视频、实验习题和测试、典型单元操作设备动画等链接二维码。化工原理新形态教材以纸质教材为核心,配合数字资源,通过数字平台的网络技术建立纸质教材和数字资源的有机联系,满足信息化背景下教学方法与教学模式改革的实际需求,实现互联网+时代实验课程教材所需功能。

本书可作为化工原理实验课程的教材,适用于应用型本科、专科院校学生及化工与制药类相关专业的教师和学生。

图书在版编目(CIP)数据

化工原理实验/李卫宏,姜亦坚,刘达主编.—哈尔滨:哈尔滨工业大学出版社,2021.4
ISBN 978-7-5603-9113-7

Ⅰ.①化… Ⅱ.①李… ②姜… ③刘… Ⅲ.①化工原理－实验－高等学校－教材 Ⅳ.①TQ02-33

中国版本图书馆 CIP 数据核字(2020)第 195986 号

策划编辑	李艳文 范业婷
责任编辑	范业婷 谢晓彤 李佳莹
封面设计	屈 佳
出版发行	哈尔滨市工大节能印刷厂
社 址	哈尔滨市南岗区复华四道街 10 号 邮编 150006
传 真	0451-86414749
网 址	http://hitpress.hit.edu.cn
印 刷	哈尔滨市工大节能印刷厂
开 本	787mm×1092mm 1/16 印张 13.5 字数 320 千字
版 次	2021 年 4 月第 1 版 2021 年 4 月第 1 次印刷
书 号	ISBN 978-7-5603-9113-7
定 价	48.00 元

(如因印装质量问题影响阅读,我社负责调换)

前　言

　　化工原理实验是化工与制药类专业一门重要的专业实践课程,实验内容主要包括演示性实验、验证性实验和综合性实验,是化工原理课程的重要组成部分。本书是"浙江省普通高校'十三五'新形态教材"项目的研究成果之一。

　　2015年,作者在吉林大学出版社出版了《化工原理实验》,经过近5年的教学改革及实践,现在原版教材的基础上对教材的内容和功能进行了改革创新。重新出版的新书既满足教师课内课外教学的需要,又能实现学生线上线下学习的需求,同时也能满足信息化背景下教学方法与教学模式改革的实际需求,实现互联网+时代实验课程教材所需功能。

　　本书内容通过纸质图书和数字资源两种形式展示:纸质图书内容包括化工原理实验中的数据处理、仿真类实验、操作类实验、演示类实验、Excel软件、Origin软件在实验数据处理中的应用、附录等;数字资源包括实验理论教学PPT、实验教学现场视频、单元设备结构图及部分零件图视频、习题、测试、实验结果讨论、实验数据处理等资源链接内容。在实验数据处理、习题、测试等内容上划分层次,满足本科、专科学生不同的教学要求和课程目标。本书可作为化工原理实验课程的教材,适用于应用型本科、专科院校学生及化工与制药类相关专业的教师和学生。

　　全书共7章,由李卫宏、姜亦坚、刘达共同编著,其中李卫宏编写第1章、第2章及第4章(约16万字),姜亦坚编写第6章、第7章及附录(约10万字),刘达编写第3章和第5章(约6万字)。

　　由于编者水平有限,书中疏漏之处在所难免,敬请广大读者批评指正并提出宝贵意见。

编　者

2020年7月

目　录

第1章　绪论 ··· 1
　1.1　化工原理实验的特点 ··· 1
　1.2　化工原理实验基本要求 ··· 1
　1.3　化工原理实验课的教学内容 ·· 2
　1.4　从事化工原理实验的基本知识 ·· 3
　1.5　实验操作过程基本要求 ··· 4

第2章　实验研究方法及数据处理 ··· 7
　2.1　实验研究方法 ··· 7
　2.2　实验数据的测量与误差分析 ··· 11
　2.3　有效数字及运算法则 ··· 16
　2.4　实验数据处理方法 ··· 18
　2.5　正交实验设计方法 ··· 25
　2.6　如何预习实验及撰写实验报告 ·· 34

第3章　仿真类实验 ·· 35
　实验一　流体流动阻力实验 ·· 36
　实验二　离心泵实验 ··· 41
　实验三　恒压过滤实验 ··· 45
　实验四　填料吸收塔实验 ··· 47
　实验五　筛板精馏实验 ··· 51
　实验六　转盘萃取实验 ··· 54
　实验七　洞道干燥实验 ··· 57
　实验八　传热系数测定实验 ·· 60

第4章　操作类实验 ·· 64
　实验一　流体流动阻力测定实验 ·· 64
　实验二　离心泵特性曲线测定实验 ·· 70
　实验三　恒压过滤常数测定实验 ·· 74
　实验四　干燥特性曲线测定实验 ·· 80
　实验五　液液转盘萃取实验 ·· 85
　实验六　空气-蒸气对流传热系数测定实验 ··· 89

  实验七 填料吸收塔传质系数测定实验 ··· 96
  实验八 筛板精馏过程实验 ··· 100
第5章 演示类实验 ··· 107
  实验一 流体流动形态及临界雷诺数测定实验 ··· 107
  实验二 伯努利实验 ··· 110
  实验三 固体流态化的流动特性曲线的测定实验 ····································· 114
  实验四 玻璃筛板精馏实验 ··· 118
第6章 Excel软件在实验数据处理中的应用 ·· 121
  6.1 Excel软件概述 ··· 121
  6.2 工作环境 ·· 121
  6.3 基本操作 ·· 122
  6.4 数据的输入与编辑 ·· 123
  6.5 公式应用 ·· 125
  6.6 函数的应用 ··· 127
  6.7 图表的使用 ··· 128
  6.8 Excel软件在离心泵特性曲线测定实验数据处理中的应用示例 ······ 129
  6.9 Excel软件在空气对流传热系数测定实验数据处理中的应用示例 ··· 135
第7章 Origin软件在实验数据处理中的应用 ·· 142
  7.1 Origin软件基础 ·· 142
  7.2 工作环境 ·· 143
  7.3 基本操作 ·· 145
  7.4 简单二维图 ··· 145
  7.5 数据管理 ·· 150
  7.6 绘制多层图形 ··· 153
  7.7 非线性拟合 ··· 157
  7.8 数据分析 ·· 158
  7.9 数据的输入输出 ··· 161
  7.10 绘图中的常见问题 ·· 164
附录 ··· 176
  附录一 常用正交表 ··· 176
  附录二 中华人民共和国法定计量单位制 ··· 178
  附录三 常用物理量单位的换算 ··· 180
  附录四 水的物理性质 ··· 184
  附录五 水在不同温度下的饱和蒸汽压与黏度(-20~60 ℃) ················· 185
  附录六 某些液体的表面张力、密度及黏度 ··· 186

附录七 甲醇-水溶液、乙醇-水溶液汽液相平衡数据(摩尔) ………………… 192
附录八 苯和氯苯有关性质 ……………………………………………………… 193
附录九 Antoine 方程常数 ……………………………………………………… 194
附录十 实验报告撰写模板 ……………………………………………………… 195
附录十一 实验数据记录表及数据处理表(仅供参考) ………………………… 202
附录十二 实验课程考核表 ……………………………………………………… 207
参考文献 …………………………………………………………………………… 208

化工素材目录　　　仿真类实验目录　　　操作类实验目录　　　实验数据处理目录

第1章 绪　　论

1.1　化工原理实验的特点

化工原理是化学工程、化学工艺及其相近专业重要的专业基础课,教学内容与生产实际紧密联系,是一门实践性极强的工程性学科,主要研究化工单元操作的基本原理、典型设备的结构原理和操作性能。通过化工原理实验使学生对工程学科的研究方法有感性的认识,学会实验组织和数据处理,掌握工程实验的方法,提高实验技能和发现问题、解决问题的能力。

化工原理实验不同于基础化学实验,研究内容是工程实际问题,所用设备接近于工业设备。工程实验的困难在于变量多,涉及的物料千变万化,设备大小悬殊,实验工作量大、难度高。因此不能把处理一般物理实验的方法简单地套用于化工原理实验。数学模型方法和因次论指导下的实验研究方法是研究工程问题的两个基本方法。数学模型方法,首先是对复杂的实际问题在深刻理解了其内部规律的基础上,提出一个比较接近实际问题的物理模型,建立描述这个物理模型的数学方程,然后确定方程的初始条件并求解方程。实验研究方法是指直接通过各种实验或在因次分析方法指导下进行实验,直接测定并将各变量之间的关系,以图表或经验公式的形式表示出来。这两种方法可以非常成功地使实验研究结果由小见大,由此及彼地应用于大设备的生产设计上。

化工原理实验首要的目的就是要帮助学生掌握处理工程问题的实验方法,另一目的是理论联系实际。通过化工原理实验,学生应能运用理论指导且能够独立进行化工单元的操作,能在现有设备中完成指定的任务,并预测某些参数的变化对过程的影响。

1.2　化工原理实验基本要求

1. 实验研究方法及数据处理

(1)掌握处理化学工程问题的基本实验研究方法,掌握如何规划实验,检验模型的有效性和模型参数的估值。

(2)掌握最基本的经验参数和模型参数的估值方法——最小二乘法。

(3)对于特定的工程问题,在缺乏数据的情况下学会如何组织实验以取得必要的设计数据。

2. 熟悉化工数据的基本测试技术

化工数据的基本测试技术包括操作参数(流量、温度、压强等)、设备特性参数(阻力系数、传热系数、传质系数等),以及特性曲线的测试方法。

3. 熟悉并掌握化工中典型设备的操作

了解有关影响操作的参数,能在现有设备中完成指定的工艺要求,能预测某些参数的变化对设备能力的影响,并及时做出合理的调整。

1.3 化工原理实验课的教学内容

化工原理实验课的教学内容包括实验理论教学、仿真类实验教学、操作类实验教学和演示类实验教学。实验理论主要阐明实验方法论、数据处理、测试技术及典型化工设备的操作。仿真类实验是在正式操作现场实验设备前的准备、预习、虚拟操作,通过仿真实验可以熟悉真实设备的实验操作程序、了解实验操作规程及可能出现的实验现象、掌握实验操作要点及实验所需测量的数据,为现场操作做好准备。演示类实验以实验指导教师操作为主,展示实验现象,验证理论,获得感性认知。操作类实验以学生动手操作为主,教师指导为辅。

典型的操作类实验项目有:
(1)流体流动阻力的测定;
(2)离心泵特性曲线的测定;
(3)恒压过滤常数的测定;
(4)干燥特性曲线的测定;
(5)液液转盘萃取;
(6)空气-蒸汽对流传热系数的测定;
(7)填料塔吸收传质系数的测定;
(8)筛板塔精馏过程。

通过实验课的教学,学生应掌握的科学实验的全过程主要包括:
(1)实验前的准备;
(2)进行实验操作;
(3)正确记录和处理实验数据;
(4)计算机数据采集;
(5)撰写实验报告。

1.4 从事化工原理实验的基本知识

1. 实验守则

(1)实验前认真准备,明确实验目的、任务和实验方法,做好实验前的预习,完成线上学习内容,保证实验任务的顺利完成。

(2)穿好实验服,进入实验室后,要严肃认真,不得追逐嬉笑。

(3)对本次实验用的仪器设备,要在明确用法、弄清流程后才准使用。非本次实验用的仪器设备,一律不准随便使用,以免损坏或发生意外。

(4)注意节约水、电、化学药品等物资,爱护仪器设备。

(5)因责任事故而损耗物资、损坏仪器等,按照有关制度,根据情节轻重及本人对错误的认识程度,给予相应处分。

(6)实验结束后,应将使用过的仪器设备整理复原,关闭水源、电源、汽源,并将场地打扫干净。

(7)高压钢瓶的安全使用。

气体钢瓶(也称高压钢瓶、气瓶、钢瓶)是由无缝碳素钢或合金钢制成的,适用于压力在 15.0 MPa 以下的气体。气瓶的主要危险是可能爆炸或漏气。已充气的气体钢瓶爆炸的主要原因是气瓶受热而使其内部的气体膨胀,以致压力超过气瓶的最大负荷而爆炸。另外,可燃性气体的漏气也会造成危险,若氢气泄漏时,当氢气与空气混合后,其体积分数在 4% ~ 75.2% 之间时,遇明火会发生爆炸。因而在使用高压钢瓶时要注意以下事项:

①搬运钢瓶时,应戴好钢瓶帽和橡胶安全圈,并严防钢瓶摔倒或受到撞击,以免发生意外事故;钢瓶应远离热源,放在阴凉、干燥的地方,使用时必须牢靠地固定在架子上、墙上或实验台旁。

②决不可使油或其他易燃性有机物附着在气瓶上,特别是在气体出口和气压表处;也不可用棉、麻等堵漏,以防燃烧引起事故。

③使用钢瓶时,一定要用气压表,而且各种气压表不能混用。一般可燃性气体的钢瓶气门螺纹是反扣的(如 H_2、C_2H_2),不可燃或助燃性气体的钢瓶气门螺纹是正扣的(如 N_2、O_2)。

④使用钢瓶时必须连接减压阀或高压调节阀,不经这些部件让系统直接与钢瓶连接是非常危险的。

⑤开启钢瓶阀门或调压时,人不要站在气体出口的前方,头不要在瓶口上方,以防钢瓶的总阀门或气压表被冲出伤人。

⑥当钢瓶使用到瓶内压力为 0.5 MPa 时,应停止使用。压力过低会给重新充气带来不安全因素,当钢瓶内的压力与外界压力相同时,会引起空气的进入。

2. 从事科学实验的基本态度

进行化工原理实验首先要具有的最基本的态度就是实事求是。实事求是就是把实验中所观测到的现象、数据、规律真实地记录下来，把它们当作第一手材料来对待。科学推理要以实验观测为依据，科学理论要用实验观测来检验，因此，记录下来的应该是实际观测到的情况，而不能以任何理由加以编造、修改或歪曲。例如，某个参数根据理论计算其值应该是100，而在实验中测到的是20，那该怎么办呢？我们应该把20记录下来，然后再去找原因，而不能用任何其他数字来搪塞。

实验中直接观察到的现象和数字可能不够准确，也可能有错误，但是某次实验是不是不可靠只能用反复多次的实验来核对，不能用"与书本上的陈述不符"或"与依据某种理论的计算结果不符"等理由来修改记录或取消某次记录，对待实验观测必须严肃认真，决不能随便记录某个数字，也不能随便更改某个数字。

只有具备了这种最基本的态度，实验工作才能为自己、为别人提供有意义的材料，才能充分理解化工原理实验的实验守则，才能理解为什么要对实验工作提出各项要求，才能积极主动地根据这些要求来工作，并使自己接受正确的训练，不断提高自己的科学实验能力。

1.5 实验操作过程基本要求

1. 怎样准备实验

（1）阅读实验指导书，弄清实验的目的与要求。

（2）根据实验的具体任务，研究实验的做法及其理论根据，分析应该测取哪些数据并估计实验数据的变化规律。

（3）到实验室观看设备操作流程，主要设备的构造，仪表种类，安装位置，了解它们的启动和使用方法（但不要擅自启动，以免损坏仪表设备或发生其他事故）。

（4）根据实验任务及现场设备情况或实验室可能提供的其他条件，确定应该测取的数据。

（5）拟定实验方案，确定实验步骤和操作条件。

2. 怎样组织实验

本书的实验一般都要3~4人合作，因此实验时必须做好组织工作，既有分工，又有合作，既能保证实验质量，又能获得全面训练。每个组员都应各有专责（包括操作、读取数据及现场观察等），要在适当时间进行轮换。

3. 实验应测取哪些数据

（1）凡是影响实验结果或者数据整理过程中必要的数据都必须测取。它包括大气条件、设备有关尺寸、物料性质以及操作数据等。

（2）凡是可以根据某一数据导出或从手册中查出的数据，不必直接测取，例如水的黏度、密度等物理性质，只要测出水温后即可查出。

4. 怎样读取数据、做好记录

(1) 实验前必须拟好记录表格,在表格中应记下各物理量的名称、表示符号和单位。每个学生的实验记录本要保证数据完整、条理清楚,避免张冠李戴。

(2) 实验时一定要在现象稳定后读取数据,条件改变后,要等系统重新稳定后再读取数据,因为仪表通常有滞后现象。

(3) 同一条件下,至少要读取两次数据(研究不稳定过程中的现象时除外),而且只有当两次读数相接近时才能改变操作条件,以便在另一条件下进行观测。

(4) 每个数据记录后,应该立即复核,以免发生读错或写错数据等事故。

(5) 数据记录必须真实地反映仪表的精确度,一般要记录至仪表上最小分度以下一位数。例如,温度计的最小分度为 1 ℃,如果当时温度读数为 24.6 ℃,就不能记为 25 ℃;如果刚好是 25 ℃整,则应记为 25.0 ℃,而不能记为 25 ℃。一般记录数据中的末位都是估计数字,如果记录为 25 ℃,它表示当时的温度可能是 24 ℃,也可能是 26 ℃,或者说它的误差是 ±1 ℃,而 25.0 ℃ 则表示当时温度是介于 24.9~25.1 ℃之间,它的误差是 ±0.1 ℃,但是用上述温度计时也不能记为 24.58 ℃,因为它超出了所用温度计的精确度。

(6) 记录数据要以当时的实际读数为准。例如,规定的水温为 50.0 ℃,而读数时实际水温为 50.5 ℃,就应该记为 50.5 ℃;如果数据稳定不变,也应照常记录,不得空下不记。

(7) 实验中如果出现不正常的情况,以及数据有明显误差时,应在备注栏中加以注明。

5. 实验过程注意事项

(1) 必须密切注意仪表指示值的变动,随时调节,务必使整个操作过程都在规定条件下进行,尽量减少实验操作条件和规定操作条件之间的差距;操作人员不要擅离岗位。

(2) 读取数据后,应立即和前次数据比较,也要和其他有关数据对照,分析相互关系是否合理。如果发现不合理的情况,分析原因,及时发现问题,解决问题。

(3) 实验过程中还应该注意观察过程现象,特别是发现某些不正常现象时,更应抓紧时机,分析产生不正常现象的原因。

6. 实验数据的整理

(1) 同一条件下,如有几次比较稳定但稍有波动的数据,应取其平均值,不必逐个整理后取平均值。

(2) 数据整理时应根据有效数字的运算规则,舍弃一些没有意义的数字。一个数据的精确度是由测量仪表本身的精确度所决定的,它绝不能因为计算时位数增加而提高,同时任意减少位数也是不允许的。

(3) 数据整理时,如果过程比较复杂、实验数据又多,一般采用列表整理法,同时应将同一项目一次整理。

(4) 要求以一次数据为例,把各项计算过程列出,以便检查。

(5) 数据整理时也可以采用常数归纳法,将计算公式中的常数归纳整理后作为一个新常数看待。例如,计算固定管路中由于流速改变后的雷诺数的数值时,因为 $Re = du\dfrac{\rho}{\mu}$, $u = \dfrac{V}{\dfrac{\pi d^2}{4}}$, $Re = \dfrac{4\rho V}{\pi d\mu}$,而 d、ρ、μ 在实验中均不变化,可当作常数处理,令 $B = \dfrac{4\rho}{\pi d\mu}$,则 $Re = BV$,计算时先求出 B 值,依次代入 V 值,即可求出相应的 Re 值,这样可以大大提高计算速度。

第 2 章 实验研究方法及数据处理

2.1 实验研究方法

2.1.1 直接实验法

直接实验法即对被研究的对象进行直接的实验以获取其相关的参数及规律。用直接实验法测定特定的工程问题所得的结果较为可靠,对于其他实验研究方法无法解决的工程问题是一种直接有效的方法。但这种方法也有很大的局限性,得出的只是个别参数之间的规律,不能反映对象的全部本质,这些实验结果只能用到特定的实验条件和实验设备上,或被推广到实验条件完全相同的现象。另外,实验工作量大,耗时费力,有时需要较高的投资。

2.1.2 因次分析法

以湍流时的摩擦系数(因次分析规划实验法)为例。

1. 问题的提出

湍流时的内摩擦应力可仿照牛顿黏性定律写出:

$$\tau = (\mu + e)\frac{du}{dy} \tag{2-1}$$

由于湍流时影响因素的复杂性,漏流阻力难以通过数学方程式直接求解,须通过实验建立经验关联式。借助因次分析法规则组织实验,以减少实验工作量,并使实验结果整理成便于推广应用的经验关联式。

2. 因次分析法的基础——因次一致原则和 π 定理

(1)因次一致原则。

凡是根据基本物理规律导出的物理方程中各项的因次必相同,如以等加速度 a 运动的物体,在时间 θ 内所走过的距离 l 可用下式表示,即

$$l = u_0 \theta + \frac{1}{2} a \theta^2 \tag{2-2}$$

式中 l——物体在时间 θ 内所走过的距离,m;

u_0——物体的初速度,m/s;

a——物体的加速度,m/s²。

各项均为长度因次:
$$L = (LT^{-1})T + (LT^{-2})T^2 \qquad (2-3)$$

(2) π定理。

任何因次一致的物理方程均可表达成一组无因次数群的零函数,即
$$\frac{u_0\theta}{l} + \frac{a\theta^2}{2l} - 1 = 0 \qquad (2-4)$$

无因次数群的数目 i 等于影响该现象的物理量数目 n 减去用以表示这些物理量的基本因次数目 m,即
$$i = n - m \qquad (2-5)$$

由于式(2-2)中的物理数目 $n=4$,即 l、u、a、θ;基本因次数目 $m=2$,即 l、θ,所以无因次数群数目 $i = 4-2=2$,即 $\dfrac{u_0\theta}{l}$ 及 $\dfrac{a\theta^2}{2l}$。

3. 实验研究的基本步骤

若过程比较复杂,仅知道影响某一过程的物理量,而不能列出该过程的微分方程,则常采用雷莱(Lord Rylegh)指数法,将影响该过程的因素组成无因次数群。下面以湍流时流动阻力问题为例说明雷莱指数法的用法和步骤。

(1) 析因实验——寻找影响过程的主要因素。

对所研究的过程进行初步实验的综合分析,尽可能准确地列出主要影响因素。

如对湍流阻力所引起的压强降 Δp_f 的影响因素有以下几种。

流体性质: ρ,μ。

设备几何尺寸: $d, l, \dfrac{\varepsilon}{d}$。

流动条件: 主要为流速 u。

待求的一般不定函数关系式为
$$\Delta p_f = f(u, \mu, \rho, l, d, \varepsilon) \qquad (2-6)$$

也可用幂函数来表示,即
$$\Delta p_f = K d^a l^b u^c \rho^j \mu^k \varepsilon^q \qquad (2-7)$$

(2) 因次分析法规划实验——减少实验工作量。

式(2-7)中的 $k, a, b, \cdots\cdots$ 均为待定值,各物理量的因次为
$$[p] = M\Theta^{-2}L^{-1}, [d] = [l] = [\varepsilon] = L, [\rho] = ML^{-3}, [u] = L\Theta^{-1}, [\mu] = ML^{-1}\Theta^{-1}$$

把各物理量的因次代入式(2-7)并整理得到
$$M\Theta^{-2}L^{-1} = KM^{j+k}\Theta^{-c-k}L^{a+b+c-3j-k+q} \qquad (2-8)$$

根据因次一致原则,两侧各基本量因次的指数应相等,即

对于因次 M $\qquad\qquad\qquad 1 = j + k$

对于因次 Θ $\qquad\qquad\qquad -2 = -c - k$

对于因次 L $\qquad\qquad\qquad -1 = a + b + c - 3j - k + q$

将 b, k, q 表示为 a, c 及 j 的函数,则可解得

$$a = -b-k-q, \quad c = 2-k, \quad j = 1-k$$

于是,式(2-7)变为

$$\Delta p_f = K d^{-b-k-q} l^b u^{2-k} \rho^L \mu^k \varepsilon^q \qquad (2-9)$$

把指数相同的物理量合并在一起,便得到无因次数群的关系式,即

$$\frac{\Delta p_f}{\rho u^2} = K\left(\frac{l}{d}\right)^b \left(\frac{du\rho}{\mu}\right)^{-k} \left(\frac{\varepsilon}{d}\right)^q \qquad (2-10)$$

式中 $\dfrac{\Delta p_f}{\rho u^2}$ ——欧拉准数,以 E_u 表示;

$\dfrac{du\rho}{\mu}$ ——Re 准数;

$\dfrac{\varepsilon}{d}$ ——相对粗糙度。

(3)实验数据处理与待定数的确定。

变换式(2-10),得到

$$E_u = f\left(\frac{l}{d}, Re, \frac{\varepsilon}{d}\right) \qquad (2-11)$$

式中,E_u 与 $\dfrac{l}{d}$ 呈正比,与式(2-7)相比较,可得

$$\lambda = 2K\left(\frac{du\rho}{\mu}\right)^{-k}\left(\frac{\varepsilon}{d}\right)^q, \text{即}$$

$$\lambda = f\left(Re, \frac{\varepsilon}{d}\right) \qquad (2-12)$$

(4)因次分析法的评价。

①因次分析法只是从物理量的量纲着手,即把以物理量表达的一般函数式演变为以量纲为1的数群表达的函数式,它并不能说明一个物理现象中的各影响因素之间的关系。在组合数群之前,必须通过一定的实验,对所要解决的问题做一番详尽的考查,定出与所研究对象有关的物理量。如果遗漏了必要的物理量,或把不相干的物理量列进去,都会得出错误的结论,所以量纲分析法的运用必须与实践密切结合,才能得到有实际意义的结果。

②经过因次分析得到量纲为1的数群的函数式后,具体函数关系中的系数与指数仍需通过实验才能确定。

2.1.3 数学模型法

1. 基本原理

数学模型法是将化工过程中各变量之间的关系用一个(或一组)数学方程式来表示,通过对方程的求解可以获得所需的设计或操作参数。

按数学模型的由来,可将其分为机理模型和经验模型两大类。前者从过程机理推导得出,后者由经验数据归纳得出。习惯上,一般称前者为解析公式,后者为经验关联式,如流体力学中的泊肃叶(Poiseuille)公式,$\Delta P = 32\mu Lu/d^2$,即为流体在圆管中做层流流动的解析公式;而流体在圆管中湍流时摩擦系数的表达式 $\dfrac{1}{\sqrt{\lambda}} = 1.74 - 2\lg\dfrac{2\varepsilon}{d}$,则为经验关联式。化学工程中应用的数学模型大多介于两者之间,即所谓的半经验半理论模型。本节所讨论的数学

模型主要是这种模型。机理模型是过程本质的反映,因此结果可以外推;而经验模型(关联式)来源于有限范围内实验数据的拟合,不宜外推,尤其不宜大幅度外推。在条件可能时,尽量建立机理模型。但由于化工过程一般都很复杂,再加上观测手段不足,描述方法有限,要完全掌握过程机理几乎是不可能的。这时需要提出一些假设,忽略一些影响因素,把实际过程简化为某种物理模型,通过对物理模型的数学描述建立过程的数学模型。

实际上,在解决工程问题时一般只要求数学模型满足有限的目的,而不是盲目追求模型的普遍性。因此,只要在一定的意义下模型与实际过程等效而不过于失真,该模型就是成功的。这就允许在建立数学模型时抓住过程的本质特征,忽略一些次要因素的影响,从而使问题简化。过程的简化是建立数学模型的一个重要步骤,只有简化才能解决复杂过程与有限手段和方法的矛盾。科学的简化如同科学的抽象一样,更能深刻地反映过程的本质。从这一意义上来说,建立过程的数学模型就是建立过程的简化物理图像的数学方程式。在过程的简化中,一般遵循下述原则:

(1)过程的本质特征和重要变量得以反映。

(2)应能适应现有的实验条件和数学手段,使其能够对模型进行检验,对参数进行估值。

(3)应能满足应用的需要。

一般地,所建立的数学模型含有若干模型参数,例如代数模型:

$$y = f(x_1, x_2, \cdots, x_n; b_1, b_2, \cdots, b_m) \tag{2-13}$$

式中　x——自变量,即过程输入量;

b——模型参数。

模型参数除极个别情况下可根据过程机理得到外,一般均为过程未知因素的综合反映,需通过实验确定。在建立模型的过程中尽可能减少参数的数目,特别是要减少不能独立测定的参数,否则实验测定不准确,参数估值困难,外推时误差可能很大。

2. 建立数学模型的一般步骤

(1)对过程进行观测研究,概述过程的特征。

根据有关基础理论知识对过程进行理性的分析:一是分析过程的物理本质,研究过程的特征;二是分析过程的影响因素,弄清哪些是重要变量必须考虑,哪些是次要变量一般考虑或者可以忽略。如有必要辅之以少量的实验,加深对过程机理的认识和考虑变量的影响。变量分析可参考"湍流阻力所引起的压强 ΔP_f 的影响因素"的分析方法,按物性变量、设备特征尺寸变量和操作变量三类找出所有变量。在此基础上,对过程物理本质进行高度概括。

(2)抓住过程特征做适当简化,建立过程物理模型。

寻求对过程进行简化的基本思路是研究过程的特殊性,即过程物理本质的特征,然后做出适当假设,使过程得以简化,这是建立物理模型乃至数学模型最关键也是最困难的环节。要做到简化而不失真,既要对过程有深刻理解,也要有一定的工程经验。所谓物理模型,就是简化后过程的物理图像。所建立的物理模型必须与实际过程等效,并且能够用现有的数学方法进行描述。

(3)根据物理模型建立数学方程式(组),即数学模型。

用适当的数学方法对物理模型进行描述,即得到数学模型。数学模型是一个(或一组)数学方程式。对于稳态过程,数学模型是一个(组)代数方程式;对于动态过程,则是微分方程式(组)。对化工单元过程,所采用的数学关系式不外乎以下几种:即物料衡算方程,能量衡算方程,过程特征方程(如相平衡方程、过程速率方程、溶解度方程等)及与过程相关的约束方程。

(4)组织实验、参数估值、检验并修正模型。

模型中的参数须通过实验数据的拟合确定,由此看出,在数学模型方法中,实验目的不是为了直接寻求各变量之间的关系,而是通过少量的实验数据确定模型中的参数。

最后,所建立的数学模型是否与实际过程等效,所做的简化是否合理,这些都需要通过实验加以验证。检验的方法有两个:一是从应用的目的出发,可从模型计算结果与实验数据(亦是工程应用范围)的吻合程度加以评判;二是适当外延,看模型预测结果与实验数据的吻合是否良好。如果两者偏离较大,超出工程应用允许的误差范围,则须对模型进行修正。

2.2 实验数据的测量与误差分析

2.2.1 真值与平均值

1. 真值

真值(又称真实值)是指某物理量客观存在的确定值,它通常是未知的。由于测量时所使用的测量仪器、测量方法以及环境、人的观察力、测量程序等方面的原因,实验误差很难避免,所以真值是无法测得的。根据正负误差出现概率相等的规律,当实验次数无限多时,测量结果的平均值可以无限逼近于真值。但是,测量次数总是有限的,由此求出的平均值只能近似于真值,称此平均值为最佳值。计算时可将此最佳值作为真值使用,在实际应用过程中,有时也把高一级精度测量仪器的测量值作为真值使用。

2. 平均值

在工程计算中,常将测量的平均值作为真值,但是,化工过程中所研究的问题不同,平均值的定义也不同。化工中常用的平均值有以下几种。

(1)算术平均值。

在工程计算中,算术平均值最常用。设 $x_1, x_2, x_3, \cdots, x_n$ 代表各次测量的测量值,其中 n 为测量次数,x_i 为第 i 次的测量值,则算术平均值的表达式为

$$\bar{x} = \frac{x_1 + x_2 + \cdots + x_n}{n} = \frac{\sum_{i=1}^{n} x_i}{n} \tag{2-14}$$

用最小二乘法的原理可以证明,在测定中,当测量值的误差服从正态分布时,则在同一等级精度的测量中,算术平均值为最佳值或最可信赖值。

(2) 几何平均值。

在工程计算中,几何平均值也经常用到,其表达式为

$$\bar{x} = (x_1 \cdot x_2 \cdot \cdots \cdot x_n)^{\frac{1}{n}} \tag{2-15}$$

以对数形式表示为

$$\lg \bar{x} = \frac{\sum_{i=1}^{n} \lg x_i}{n} \tag{2-16}$$

当将一组测量值取对数,所得图像的分布呈对称形时,常用几何平均值表示。可以看出,几何平均值的对数等于这些测量值的对数的算术平均值,几何平均值常小于算术平均值。

(3) 对数平均值。

在化学反应过程、三传过程中,许多物理量的变化分布曲线常具有对数特性,此时采用对数平均值才符合实际情况。

对数平均值的表达式为

$$\bar{x} = \frac{x_2 - x_1}{\ln x_2 - \ln x_1} = \frac{x_2 - x_1}{\ln \frac{x_2}{x_1}} \tag{2-17}$$

对数平均值总小于算术平均值,当 $x_2 > x_1$ 且 $\frac{x_2}{x_1} < 2$ 时,可以用算术平均值代替对数平均值,引起的误差不超过 4%,这在工程计算中是允许的。

(4) 均方根平均值。

均方根平均值多用于计算气体的分子平均动能,其表达式为

$$\bar{x} = \sqrt{\frac{x_1^2 + x_2^2 + \cdots + x_n^2}{n}} = \sqrt{\frac{\sum_{i=1}^{n} x_i^2}{n}} \tag{2-18}$$

应当指出,在化工过程及化工实验研究中,数据的分布大多属于正态分布,所以常采用算术平均值。

2.2.2　误差的基本概念

误差通常是指测量值与真值之差,而偏差是指测量值与平均值之差。当测量次数足够多时,误差与偏差很接近,所以通常将二者混用。根据误差产生的原因及性质,可将误差分为系统误差、偶然误差和过失误差三类。

1. 系统误差

系统误差是由某些固定的原因造成的,它具有单向性,即在相同的条件下进行多次测量时,其正负、大小都有一定的规律性或者是随着条件的改变而有规律地变化。引起系统误差的原因主要有以下几种。

(1) 测量仪器、设备方面的因素。

如由仪器设计或制造上存在的某些缺陷,安装不合乎要求或未经核准而使用等引起的

误差。

(2)测量方法方面的影响因素。

如由使用近似的测量方法或使用近似的计算公式而引起的误差。

(3)测量环境方面的因素。

如由环境温度、压力、湿度、振动等引起的测量误差。

(4)测量者的因素。

如由测量者读数等某些习惯上的偏向等引起的误差。

(5)过程滞后的因素。

如在动态过程的测量中,过程滞后,测量时并未达到平衡或稳定的状态而引起的误差。

虽然系统误差的影响因素很多,但具有一定的规律性。一般情况下,只要根据产生误差的原因采取适当的措施进行修正,就可以消除系统误差。

2. 偶然误差

偶然误差又称随机误差,它是由某些意想不到的因素或难以控制的因素引起的,其主要表现为在相同的条件下进行测量时,其误差值无固定的规律可循。它不同于系统误差,不能从系统中消除。但是,它的出现服从统计规律,测量误差与测量次数有关,随着测量次数的增加,误差有正负抵消的可能。因此,多次测量值的算术平均值逼近真值,可采用统计概率的方法对偶然误差进行研究。

3. 过失误差

过失误差主要是由测量人员在测量过程中粗心大意或操作不当引起的,它是明显与实际不符的误差,消除过失误差要靠测量人员严肃认真的工作态度和细致的校对工作。对这种误差,可通过某些原则加以判断,在处理数据时进行取舍。

综上所述,系统误差和过失误差是可以消除的。如在使用前应对仪器、设备进行校正,读数时要待过程稳定等。偶然误差是不易消除的,这种误差是误差理论的主要研究对象。

2.2.3 误差的表示方法

前面所述误差的概念,不能说明测量值与真值的近似程度,如工人甲平均每生产 100 个零件有 1 个次品,而工人乙平均每生产 500 个零件有 1 个次品。他们的次品虽然都是 1 个,但显然乙的技术要比甲的高,这就说明我们不但要看次品的个数,而且要注意到产品的次品率。显然甲的次品率是 1%,而乙的次品率是 0.2%。因此,误差有多种表示方法,要依据具体情况使用相应的误差表示方法。

1. 绝对误差

绝对误差是近似值(测量值)与真值之间的差值。

设测量值为 x,其值为 X,绝对误差为 e,则有

$$e = |x - X| \qquad (2-19)$$

即

$$x - X = \pm e \qquad (2-20)$$

或

$$x - e \leq X \leq x + e \quad (2-21)$$

在一般情况下真值 X 是未知的,所以误差 e 的绝对值也不能求出。但根据测量或计算的实际情况,可事先估计出误差的绝对值不能超过某一个正数 ε,我们称 ε 为误差绝对值的上限或最大误差,又记为 ε_{max}。此时,真值 X 符合:

$$x_1 = \bar{x} + \varepsilon_{max} > X > \bar{x} - \varepsilon_{max} = x_2 \quad (2-22)$$

$$\bar{x} = (x_1 + x_2)/2 \quad (2-23)$$

$$\varepsilon_{max} = (x_1 - x_2)/2 \quad (2-24)$$

式中　x_1——测量的最大值;

　　　x_2——测量的最小值;

　　　$\bar{x}$——两次测量值的算术平均值。

也就是说,数 $\bar{x}$ 是误差为 ε_{max} 的数 X 的近似值。

2. 相对误差

由于绝对误差不能全面地反映测量值与真值的近似程度,所以引入相对误差。相对误差的表达式为

$$e_r = e/X \quad (2-25)$$

式中　e_r——相对误差。

一般情况下,真值是未知的,可以用多次测量的近似值(平均值)来代替。

3. 算术平均误差 δ

算术平均误差的表达式为

$$\delta = \frac{\sum_{i=1}^{n} |x_i - \bar{x}|}{n} \quad (2-26)$$

式中　δ——算术平均误差;

　　　x_i——第 i 次测量值;

　　　$\bar{x}$——n 次测量值的平均值(近似值);

　　　n——测量次数。

式(2-26)中必须取绝对值,否则 $\sum_{i=1}^{n} |x_i - \bar{x}| \equiv 0$。

算术平均误差的缺点是无法表示出各组测量之间彼此符合的情况。因为在一组测量值很接近的情况下(各次测量的误差接近)所得的算术平均误差,可能与另一组测量值中测量误差有大有小所得的算术平均误差相同。

4. 均方根误差 σ

均方根误差又称标准误差,它不仅与一组测量值中的每一个数据有关,而且对一组测量值中较大的误差和较小的误差的敏感性很强。当测量次数为无穷多时,其表达式为

$$\sigma = \sqrt{\frac{\sum_{i=1}^{n}(x_i - X)^2}{n}} \qquad (2-27)$$

当测量次数有限时,真值 X 可用平均值 $\bar{x}$ 代替,此时,均方根误差可用下式计算:

$$\sigma = \sqrt{\frac{\sum_{i=1}^{n}(x_i - \bar{x})^2}{n-1}} \qquad (2-28)$$

算术平均值相同的两组测量值,其均方根误差也会不同。均方根误差能反映出一组测量值的离散程度,因而这种误差广泛用于化学工程的实验数据处理过程中。

2.2.4 精密度、正确度及准确度

在测量时,可以用误差表示数据的可靠性,也可以用精密度(简称为精度)等概念来表示。精密度通常是指误差,这种误差的来源、性质一般可用以下概念来描述。

1. 精密度

精密度是对某物理量进行几次平行测定的测量值相互接近的程度,即重现性。它反映了偶然误差的影响程度,偶然误差越小,则精密度越高。如果只由偶然误差引起的实验的相对误差为 0.1%,则可认为精密度为 10^{-3}。

2. 正确度

正确度是指在一定的测量条件下,没有偶然误差的影响,测量值与真值的符合程度,是测量中所有系统误差的综合。它反映了所有系统误差对测量值的影响,系统误差愈小,则正确度愈高。如果只由系统误差引起的实验相对误差为 0.1%,则可认为其正确度为 10^{-3}。

3. 准确度

准确度是指在测量过程中,测量值与真值之间的符合程度,是所有偶然误差及系统误差的综合。它反映偶然误差及系统误差对测量值的影响程度,准确度越高则表示系统误差及偶然误差越小,也可以说准确度表示的是测量值与真值之间的符合程度。如果由偶然误差及系统误差引起的测量的相对误差为 0.1%,则测量值的准确度为 10^{-3}。

对于实验或测量而言,精密度好,并非表示正确度一定好,反之亦然。但是准确度好,则必须是精密度和正确度都好。图 2-1(a)说明测量结果与真值接近,系统误差与偶然误差均小,准确度好;图 2-1(b)说明精密度高,偶然误差小,但系统误差大;图 2-1(c)说明偶然误差大,但系统误差较小,即精密度低而正确度较高。

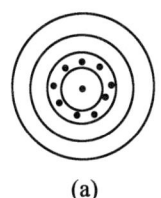
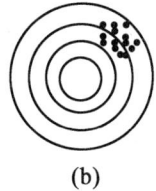
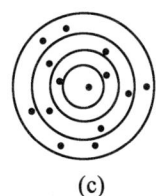

(a)　　　　　(b)　　　　　(c)

图 2-1　准确度、精密度及正确度示意图

2.3 有效数字及运算法则

2.3.1 有效数字

在记录测量数据以及对测量数据进行计算时,确定测量数据及计算结果的有效数字的位数是很重要的。测量值有效数字的位数,应正确反映所使用测量仪器和测量方法所能达到的精度。如一支量程为 0~100 ℃ 的温度计,其最小刻度为 0.1 ℃,当读数为 50.25 ℃ 时,有效数字是 4 位;若指示液面正好位于 50.2 ℃ 时,应记为 50.20 ℃,其有效数字也是 4 位。这里所记录的最后一位数字是估计的,称为可疑数字;而前 3 位数字是从刻度上直接读出的,称为可靠数字。可靠数字比有效数字少 1 位,即记录数据时,有效数字应保留 1 位可疑数字。如上面提到的 50.20 ℃,可疑数字表示该位上有 ±1 个单位或下一位有 ±5 个单位的读数误差。

一个数据中,除定位用的"0"外,其他数字都是有效数字(包括 1 至 9 以及它们中间的"0"和四舍五入后保留下来的数字"0")。也就是说,数字"0"在前面不是有效数字,在后面用于定位的也不是有效数字。例如长度为 0.002 34 m,前面的 3 个"0"不是有效数字,这与所用的单位有关。若以 mm 为单位,则为 2.34 mm,其有效数字是 3 位。那么长度 360 000 cm 的有效数字是几位呢?若后面的 3 个"0"是用来定位的,则都不是有效数字,其有效数字为 3 位。非零数字后面用于定位的零也不一定是有效数字,如 8 030 是 4 位还是 3 位有效数字,取决于最后面的零是否用于定位。为了明确读出有效数字,应该用科学记数法表示。若 8 030 的有效数字为 4 位,则可写成 8.030×10^3。有效数字为 3 位的数 360 000,可写成 3.60×10^5,0.000 866 可写成 8.66×10^{-4}。这种记数法的特点是小数点的前面永远是一位非零数字,"×"前面的数字都是有效数字。这样,有效数字的位数就一目了然了。如 0.000 356 记为 3.56×10^{-4},其有效数字为 3 位。

2.3.2 运算法则

在实验数据处理的过程中,常常会遇到不同精度的数据一同运算,这时需按一定的法则进行运算,这不仅可以保证数据的有效数字的位数,还可以避免由于运算过于烦琐而引起的误差。

1. 四舍六入五留奇

当有效数字的位数确定后,其余数字应一律舍去。目前多采用"四舍六入五留奇"或"四舍六入五变偶"的规则对数字进行修约,即当末位有效数字之后第一位数字小于 5 时,舍去不计;大于 5 时,有效数字末位加 1;等于 5 时,若末位有效数字为奇数,则末位有效数字加 1 变为偶数,如末位有效数字为偶数,则舍去。

如:1.256 76 有 4 位有效数字时记为 1.257;

  1.265 56 有 4 位有效数字时记为 1.266;

  1.265 56 有 3 位有效数字时记为 1.26。

2. 加减运算法则

在加减运算过程中,所得计算结果的小数点后的位数应与各加减数中小数点后的位数最少的那个数相同。例如,

$$134 + 58.6 + 0.258 + 0.025\ 8 = 192.883\ 8$$
$$= 193(与134小数点后的位数相同)$$

又如,

$$13.45 + 1.345 + 0.007\ 345 = 14.802\ 345$$
$$= 14.80(与13.45小数点后的位数相同)$$

实际计算时,为了简化,可以在进行加减计算之前就将各数据进行修约,舍去没有意义的数字。具体原则是,使加减数据中各数据的小数点后的位数与最少位数者相同。如上面的例子可以做下面的简化运算:

$$134 + 58.6 + 0.258 + 0.025\ 8 = 134 + 59 + 0 + 0(与134小数点后的位数相同)$$
$$= 193$$

又如,

$$13.45 + 1.345 + 0.007\ 345 = 13.45 + 1.34 + 0.01(与13.45小数点后的位数相同)$$
$$= 14.80$$

3. 乘除运算法则

在乘除法运算中,所得计算结果的有效数字的位数应与各数据中最少的有效数字的位数相同,而与小数点的位置无关。例如,

$$0.012\ 1 \times 25.64 \times 1.057\ 82 = 0.328\ 182\ 308\ 08 = 0.328$$

此处以有效数字位数最少的 0.012 1 为准。

在计算中,也可以以有效数字位数最少的数据为准,先将各数据的有效数字进行简化,而后进行乘除计算。如上面的例子也可进行以下运算:

$$0.012\ 1 \times 25.64 \times 1.057\ 82 = 0.012\ 1 \times 25.6 \times 1.06 = 0.328$$

此处先以有效数字位数最少的 0.012 1 为准,对各个数据进行简化,而后再进行计算。

4. 常数的有效数字

对于常数 g、π、e 及某些因子 $\frac{1}{3}$、$\sqrt{2}$、$\sqrt{3}$ 等的有效数字,可认为是无限的,需要几位就写几位。

5. 平均值的计算

若对 4 个或超过 4 个数据进行平均值计算时,则平均值的有效数字可增加一位。

6. 精度(或误差)的表示

在表示精度(或误差)时,一般只取 1~2 位有效数字,过多的位数就失去意义了。如误差为 0.013 84,可写为 0.014。由于误差是用来表征数据结果的准确程度的,并提供必要的保险,所以适用于在误差值截断后末位进 1,以使误差大一些,而无须考虑通常的"四舍五入"原则。如 $0.241\ 2 \times 10^{-8}$ 可记为 0.25×10^{-8}。当然,这种方法是对最终表达误差而言的。

7. 测量结果及实验数据的表达

在表达测量及实验数据时,记录数据的最少位数应与保留的误差的位数对齐并按要求取舍,其取舍应按"四舍六入五留奇"的原则进行。例如,

数据为 1.835 49,　　　　误差为 0.014,　　　　则记为 1.835;
数据为 $6.325\,0 \times 10^{-6}$,　　误差为 0.25×10^{-6},　　则记为 6.32×10^{-6};
数据为 $7.385\,5 \times 10^{5}$,　　误差为 0.048×10^{5},　　则记为 7.386×10^{5}。

2.4　实验数据处理方法

处理实验数据,就是把所测得的一系列实验数据用最适宜的方式表示出来,在化学工程实验中,有如下四种表达方式。

2.4.1　列表法

将实验直接测定的一组数据或根据测量值计算得到的一组数据,按照其自变量和因变量的关系以一定的顺序列出数据表,即为列表法。在拟定记录表格时应注意下列问题。

(1)变量单位应在名称栏中标明,不要和数据写在一起。

(2)同一直列的数字,数据必须真实地反映仪表的精确度,即数字写法应注意有效数字的位数,每行之间的小数点对齐。

(3)对于数量级很大或很小的数,在名称栏中乘以适当的倍数。例如 $Re = 25\,000$,用科学记数法表示为 $Re = 2.5 \times 10^{4}$,列表时,项目名称写为 $Re \times 10^{4}$,数据表中数字则写为 2.5,这种情况在化工数据表中经常遇到。

(4)整理数据时,应尽可能将一些计算中始终不变的物理量归纳为常数,避免重复计算。

(5)在记录表格下边,为表明各项之间的关系,要求附以计算示例,以便阅读或进行校核。

(6)为便于对实验中出现的特殊情况进行说明,在表格中应加上备注一栏。

以流体流动阻力实验为例。

①实验数据记录表(表 2-1)。

表 2-1　实验数据记录表

实验日期:		实验人员:		学号:		温度:		装置号:	
直管基本参数:		光滑管径:		粗糙管径:		局部阻力管径:			

序号	流量/(m³·h⁻¹)	光滑管/mmH₂O			粗糙管/mmH₂O			局部阻力/mmH₂O		
		左	右	压差	左	右	压差	左	右	压差

②实验数据处理表(表2-2)。

表2-2 实验数据处理表

序号	流量/(m³·s⁻¹)	u/(m·s⁻¹)	$Re×10^4$	$h_{后光}$/mmH₂O	λ	$h_{阻}$/mmH₂O	ξ
1							
2							
...							

2.4.2 图示法

用列表法表示实验结果虽具有简单明了的优点,但在大多数情况下,为便于观察某两个实验参数之间的关系,需要将实验结果标绘在坐标纸上,以图形的形式表示出来。用图形表示实验结果可以明显地看出数据的变化规律和趋势,有利于分析和讨论问题;利用图形表示还有助于选择经验式的函数形式或求出经验式常数、系数等。因此,用图形法表示实验数据对于实验数据的处理十分重要。

1. 坐标纸的选择

在处理化工实验数据时,除常使用普通的直角坐标纸外,还经常使用单对数或双对数坐标纸。在选用坐标纸时应根据实验数据之间的关系和特点,选用其中一种。

(1)根据数据之间的关系和图形选用坐标纸。

所选用的坐标纸应使由数据标绘出的线为直线。

线性函数:

$$y = a + bx \text{(直角坐标纸)}$$

幂函数:

$$y = ax^b \text{ 或 } \lg y = \lg a + b\lg x \text{(双对数坐标纸)}$$

指数函数:

$$y = ae^{bx} \text{或 } \lg y = \lg a + 0.434\ 3bx \text{(单对数坐标纸)}$$

直角坐标如图2-2所示,双对数坐标如图2-3所示。

(2)根据实验数据的变化大小选择坐标纸。

如果实验数据中的两个变量的数量级变化范围都很大,一般可选用双对数坐标纸来标绘;如果其中一个变量的数量级变化很大,而另一变量的数量级变化不大,一般选用单对数坐标纸来标绘。例如,直管内流体摩擦阻力系数 λ 与雷诺数 Re 的关系,在实验中的变化范围为 $Re = 10^2 \sim 10^8$,$\lambda = 0.008 \sim 0.10$,两个变量的数量级都变化很大,所以用双对数坐标纸来标绘最好。同时,也可以将层流区的 Re 与 λ 呈指数的关系转化成直线关系,即对 Re 和 λ 分别取对数,以 $\lg Re$ 对 $\lg \lambda$,在直角坐标纸上作图。而在流量计校核实验中,其 $Re = 5 \times 10^3 \sim 10^6$,$Co = 0.60 \sim 0.85$,$Re$ 变化范围很大,而 Co 的变化范围很小,所以选用单对数坐标纸作图为佳。

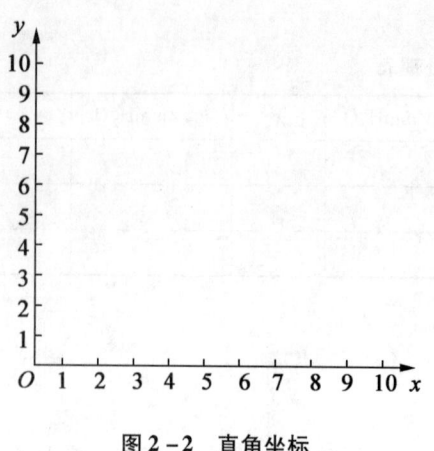

图2-2 直角坐标

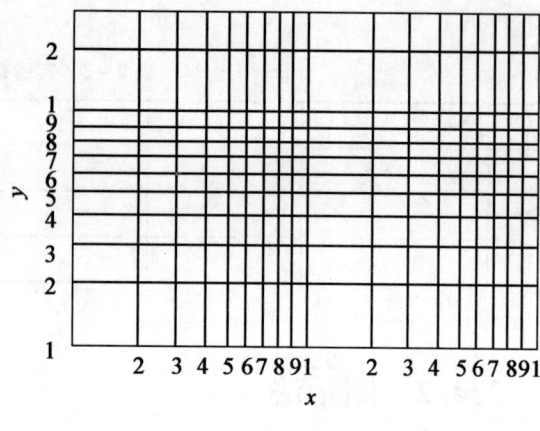

图2-3 双对数坐标

2. 坐标纸的使用

为使所得到的实验结果在坐标纸上很好地表示出来,并能明显地反映两变量之间的关系和变化趋势,在使用坐标纸时应注意以下几点:

①应选适当大小的坐标纸标绘实验数据,使其能充分地表现实验数据的大小和范围。

②根据坐标纸的使用习惯,取横轴为自变量,纵轴为因变量,并按使用要求标明各轴代表的物理量和单位。

③根据被标绘实验数据的大小和范围,对坐标轴进行合理的分布,即合理选择坐标轴上每刻度代表的数值大小。一般的分度原则是,坐标轴上的最小刻度能反映出实验数据的有效数字,分度后,在主要刻度上应标出便于阅读的数字。

④选择合理的坐标原点应使所标绘出的线合理地分布在坐标纸上。对于普通直角坐标,坐标原点不一定从零开始,可以从被标绘的数据中选择最小的数据,使原点移到适当的位置。而对于对数坐标,刻度是以 $1,2,\cdots,10$ 的对数值大小来划分的,每刻度仍标记原数据,不能再分度。当用坐标表示不同大小的数据时,可以将各值乘以 10^n(n 取正、负整数)。所以,其分度要遵循对数坐标的规律,不能随意分度。因此,对数坐标轴的原点只能取对数坐标轴上的值,而不能随意确定。

⑤坐标轴的比例关系是指横坐标和纵坐标轴上每刻度与所表示的实际数的大小之间的关系。一般来说,正确地选用坐标轴的比例关系有助于判别两个变量之间的函数关系。如标绘层流区流体摩擦阻力系数的关系式 $\lambda=64/Re$,以 λ 对 Re 作图,在等比轴双对数坐标纸上是一条斜率为 -1 的直线,容易看出 λ 与 Re 的指数关系为负一次方。若用不等比轴单对数坐标纸来标绘,亦标绘出一直线,但斜率不一定为 -1,不易看出 λ 与 Re 的函数关系。一般市面上所出售的双对数坐标纸都是等比轴的。

3. 实验数据的标绘和描绘

将实验数据或处理过的数据,根据自变量和因变量的关系,逐点标绘在坐标纸上,在同一张坐标纸上如标绘不同组的数据点,应以不同符号加以区别,如用"○""△""□""×"等。标绘出点之后,根据数据点的分布情况描绘出一条光滑的曲线或直线。所描绘出的线应通过或接近最多的数据点,离线太远的个别点可以剔除。作图时应认真仔细地以曲线板或直尺画线,不能徒手勾画。

4. 坐标的分度

坐标的分度是按每条坐标轴所能代表的物理量的大小来定的,也就是坐标轴的比例尺。坐标的分度的选择应该使得每一个数据点在坐标系上的位置能方便找到,以便在图上读出数据点的坐标值。

坐标分度的确定方法如下:

① 在已知 x 和 y 的测量误差分别为 Δx 和 Δy 时,分度的选择方法通常为使得 2 倍的 Δx 和 2 倍的 Δy 构成的矩形近似为正方形,并使得 $2\Delta x = 2\Delta y = 2$ mm,求得坐标比例常数 M。

x 轴的比例常数为

$$M_x = \frac{2}{2\Delta x} = \frac{1}{\Delta x} \text{ mm}$$

y 轴的比例常数为

$$M_y = \frac{2}{2\Delta y} = \frac{1}{\Delta y} \text{ mm}$$

② 在测量数据的误差未知的情况下,坐标的分度要与实验数据的有效数字位数相同,并且要方便阅读。

在通常情况下,确定坐标轴的分度时,既要保证不会因为比例常数过大而降低实验数据的准确度,又要避免因比例常数过小而造成图中数据点分布异常的假象,即坐标的比例尺选择不当会使图形失真。所以建议选取坐标轴的比例常数 $M = (1,2,5) \times 10^{\pm n}$($n$ 为整数),不使用 3、6、7、8 等的比例常数,因为在数据绘图时比较麻烦,容易导致错误。另外,如果根据数据 x 和 y 的绝对误差 Δx 和 Δy 求出的坐标比例常数 M 不恰好等于 M 的推荐值时,可选用稍小的推荐值,将图适当地画大一些,以保证数据的准确度不因作图而降低。

以某组实验数据为例,见表 2-3。

表 2-3 某次实验数据

x	1.0	2.0	3.0	4.0
y	8.0	8.2	8.3	8.0

如图 2-4 所示,失真的原因是没有考虑测量误差。若考虑测量误差,设 $\Delta x = \pm 0.05$ mm,$\Delta y = \pm 0.2$ mm,则 (x, y) 位于底边为 $2\Delta x$、高为 $2\Delta y$ 的矩形内,两种比例尺的图形都是一条曲线,如图 2-5 所示。

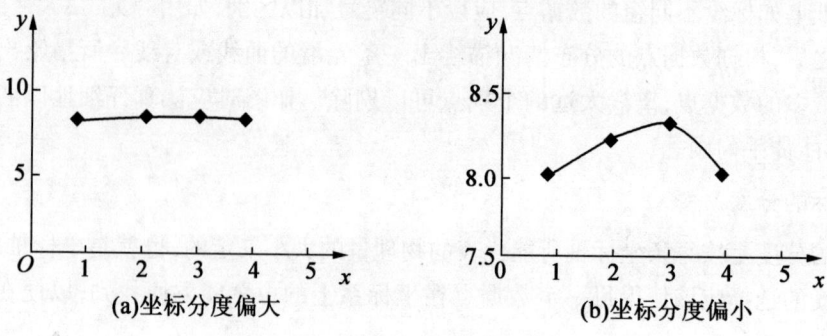

图 2-4　不同坐标分度绘制的图形

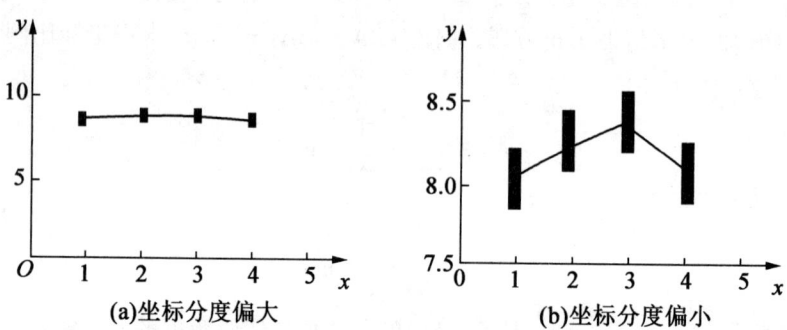

图 2-5　不同坐标分度绘制的图形(测量误差 $\Delta x = \pm 0.05$ mm, $\Delta y = 0.2$ mm)

设 $\Delta x = \pm 0.05$ mm, $\Delta y = \pm 0.04$ mm, 则它们都是在 $x = 3$ 时, y 具有最大值, 如图 2-6 所示。

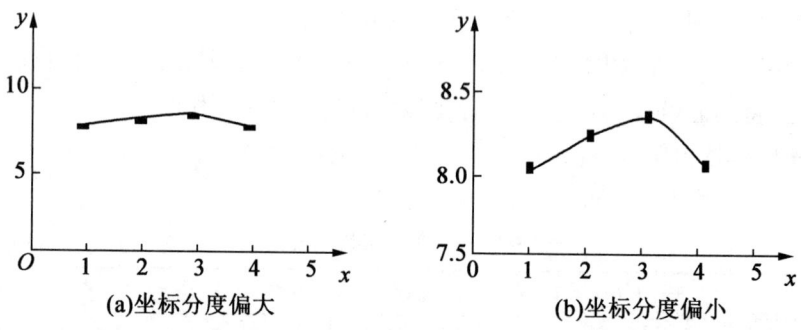

图 2-6　不同坐标分度绘制的图形(测量误差 $\Delta x = \pm 0.05$ mm, $\Delta y = 0.04$ mm)

只要考虑了测量误差,选择不同的坐标比例尺也能得到同样的函数关系。但从上面的图形可以看出,比例太小,矩形太扁,而比例太大,矩形太长,这些矩形都不能作为光滑的曲线的"点"。为了得到理想的图形,应该选择适当的比例尺。

按照上述原则描绘 $\Delta x = \pm 0.05$ mm, $\Delta y = \pm 0.04$ mm 曲线应如图 2-7 所示。对于 x 轴, $M_x = \dfrac{1}{\Delta x} = 20$ mm;对于 Δy 轴, $M_y = \dfrac{1}{\Delta y} = 25$ mm。

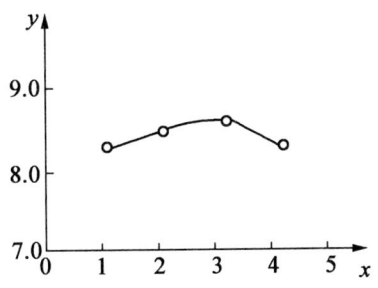

图 2-7 适度的坐标分度图形

2.4.3 方程表示法

在化工计算中,为了便于应用,常常将实验结果以方程的形式表示出来,这种表示方法对计算机的应用是非常重要的。这种根据实验数据整理或回归得出来的方程称为经验公式或半经验公式。

当对所研究的对象本质有较深的了解时,可根据各变量之间的影响写出待定的关系式,然后由实验数据确定方程的系数或常数,这种方程称为半经验公式。例如流体在圆直管中做强制湍流时的对流传热系数的计算式,依据各因素对对流传热系数的影响经因次分析法得到关系式为

$$Nu = ARe^m Pr^n \tag{2-29}$$

方程式中的 A、m、n 是待定的常数,它们与传热的介质和传热方向有关,需要通过实验确定,实验表明,对于低黏度($\mu \leqslant 2\mu_{H_2O}$)的流体,其关系式为

$$Nu = 0.023 Re^{0.8} Pr^n \tag{2-30}$$

当流体被加热时,$n = 0.4$;当流体被冷却时,$n = 0.3$。这也正是传热实验所要测定的结果。当对所研究的对象研究得不够深入或对所引起现象的规律暂时不够清楚时,往往是先将实验数据作成图像,由图形的形状判断关系式的形式,这样得到的方程称为经验公式。如果所描述的图形是一条直线,则公式的形式为 $y = a + bx$。当所标绘的线不是一条直线时,将图形与已知函数形式的图形进行比较,选择在实验数据范围内与图形数据最接近的公式进行回归(图 2-8、图 2-9)。

图 2-8 形式的函数形式为

$$y = ae^{bx} \tag{2-31}$$

图 2-9 形式的函数形式为

$$y = x/(a + bx^2) \tag{2-32}$$

其他更复杂的函数关系及相应的图形可查数学工具书。有些复杂的实验图形可以用多项式表示为

$$y = a_0 + a_1 x + a_2 x^2 + \cdots + a_n x^n \tag{2-33}$$

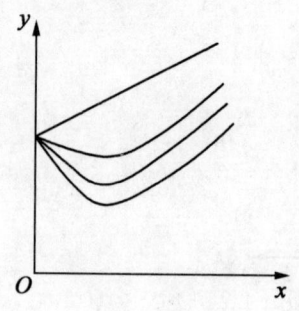 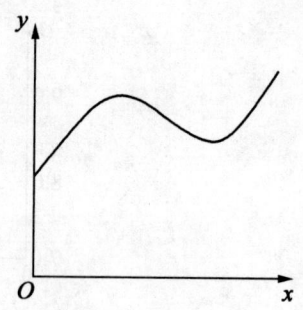

图 2-8　函数形式为 $y=ae^{bx}$ 的图形　　　图 2-9　函数形式为 $y=x/(a+bx^2)$ 的图形

一般情况下,无论曲线多么复杂,总可以选取一个适当项数的多项式来描述该图形。有时也可以分段用几个方程进行表示。

以上各种经验公式或半经验公式中的常数除可用图解法(常用直线关系)求解外,还可以用回归分析法进行求解确定。

2.4.4　最小二乘(回归)法

在化学工程实验中常遇到的问题是已知经验公式,如何确定经验公式中的常数,又称回归。经验公式中常数的求法有很多种,在化工实验中最常用的是直线图解法和最小二乘法。

利用最小二乘法回归函数关系的依据是,认为各自变量均无误差,而归结为因变量带有测量误差,并且认为测量值与真值(最佳值)之间的误差平方和为最小。

具体推导其数学表达过程如下。

一元线性回归:

已知 N 个实验数据点 $(X_1,Y_1),(X_2,Y_2),\cdots,(X_N,Y_N)$,设最佳线形函数关系式为 $y=b_0+b_1x_0$,则根据此式 N 组 x 值可计算出各对应的 y' 值:

$$y'_1 = b_0 + b_1 x_1$$
$$y'_2 = b_0 + b_1 x_2$$
$$\vdots$$
$$y'_N = b_0 + b_1 x_N \tag{2-34}$$

而实测时,每个 x 值所对应的值为 $y_1,y_2,\cdots,y_N$,所以每组实验值与对应计算值 y' 的偏差 δ 应为

$$\delta_1 = y_1 - y'_1 = y_1 - (b_0 + b_1 x_1)$$
$$\delta_2 = y_2 - y'_2 = y_2 - (b_0 + b_1 x_2)$$
$$\vdots$$
$$\delta_N = y_N - y'_N = y_N - (b_0 + b_1 x_N) \tag{2-35}$$

按照最小二乘法的原理,测量值与真值之间的偏差平方和为最小 $\sum_{i=1}^{n}\delta_i^2$,最小的必要条件为

$$\begin{cases} \dfrac{\partial(\sum\limits_{i=1}^{n}\delta_i^2)}{\partial b_0} = 0 \\ \dfrac{\partial(\sum\limits_{i=1}^{n}\delta_i^2)}{\partial b_1} = 0 \end{cases} \quad (2-36)$$

展开可得

$$\dfrac{\partial(\sum\limits_{i=1}^{n}\delta_i^2)}{\partial b_0} = -2[y_1-(b_0+b_1x_1)]-2[y_2-(b_0+b_1x_2)]-\cdots-2[y_N-(b_0+b_1x_N)]$$
$$= 0$$

$$\dfrac{\partial(\sum\limits_{i=1}^{n}\delta_i^2)}{\partial b_1} = -2x_1[y_1-(b_0+b_1x_1)]-2x_2[y_2-(b_0+b_1x_2)]-\cdots-2x_N[y_N-(b_0+b_1x_N)]$$
$$= 0 \quad (2-37)$$

写成和式：

$$\left.\begin{array}{l} \sum y - Nb_0 - b_1\sum x = 0 \\ \sum xy - b_0\sum x - b_1\sum x^2 = 0 \end{array}\right\} \quad (2-38)$$

联立解得

$$\left.\begin{array}{l} b_0 = \dfrac{\sum x_iy_i \cdot \sum x_i - \sum y_i \cdot \sum x_i^2}{(\sum x_i)^2 - N\sum x_i^2} \\ b_1 = \dfrac{\sum x_i \cdot \sum y_i - N\sum x_iy_i}{(\sum x_i)^2 - N\sum x_f^2} \end{array}\right\} \quad (2-39)$$

由此求得的截距为 b_0、斜率为 b_1 的直线方程就是关联各实验点的最佳的直线。

2.5 正交实验设计方法

对于化工过程,影响实验结果的实验条件往往是多方面的,如温度、压力、流量和浓度等。若要考查各种条件对实验结果的影响程度,就需要进行大量的实验研究,然而,在实验过程中,总是希望以最少的实验次数,来取得足够的实验数据,得到稳定、可靠的实验结果。那么,应该如何安排实验,选用什么方法对数据进行分析与回归呢？

在实践研究中,结合数理统计学的相关知识与方法,常用的实验设计方法有析因设计法、正交设计法和序贯设计法等。析因设计法和序贯设计法本节不进行详细描述。

2.5.1 正交实验设计的有关术语和符号

(1)实验指标。

实验指标指能够表征实验结果特性的参数,是通过实验来研究的主要内容,它的确定与实验目的息息相关。如在研究吸收过程时,实验指标就确定为传质系数与填料的等板高度。

(2)因素。

因素指可能对实验结果产生影响的实验参数,如温度、压力和流量等参数。常用大写字母 A,B,C,…表示。

(3)水平。

水平指实验研究中,各因素所选取的具体状态,如流量分别选取不同的值,所选取的值的数目就是因素的水平数,常用大写字母 $A_1,A_2,A_3,\cdots$ 表示。

2.5.2 正交实验设计的优点

最古典的实验设计方法是析因设计法,它将各因素的各水平全面搭配,来安排实验,可想而知,对于研究多因素、多水平的系统,这种方法的工作量非常大。

例如:一个三因素、三水平的实验,若用析因设计法进行全面搭配,则需要做 $3^3 = 27$ 次实验;虽可取得足够多的数据,但由于实验工作量大,所需要的人力、物力也大,故这种方法应用并不广,一般仅应用于单因素的实验系统。

为了简化实验过程,结合数理统计学的研究方法,用正交表安排实验,即正交设计法。选用 $L_9(3^4)$ 正交表(表 2-1)安排实验,$L_n(S^R)$ 正交表的含义如图 2-10 所示。

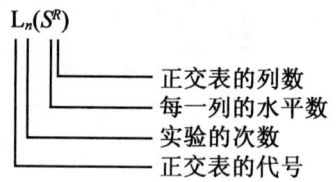

图 2-10　$L_n(S^{12})$ 正交表符号示意图

表 2-4　$L_9(3^4)$ 正交表

实验号	列号			
	1	2	3	4
1	1	1	1	1
2	1	2	2	2
3	1	3	3	3
4	2	1	2	3
5	2	2	3	1
6	2	3	1	2
7	3	1	3	2
8	3	2	1	3
9	3	3	2	1

利用正交设计方法解决三因素、三水平的问题,只需进行 9 次实验,大大减少了实验的

工作量。同时,实验点分布均匀,具有如下特点。

(1)每个水平的数字出现的次数相同(即每列出现1、2、3各3次)。

(2)任意两列的横行组成的不同"数对"出现的次数相同(任意两列组成的数字(1,1)、(1,2)、(1,3)、(2,1)、(2,2)、(2,3)、(3,1)、(3,2)、(3,3)各出现1次)。

另外,由于正交实验设计方法借助了数理统计学的分析方法,因此,实验数据可以利用极差分析法和方差分析法进行分析计算。正交实验设计所选用的正交表均是通过大量的实践研究和理论分析得到的,并不是针对任意的因素数和水平数存在的。

在进行正交实验设计时,应根据实验的目的与要求确定实验指标及相应的实验因素,并由实验因素可能的影响程度确定其水平数。根据因素数和水平数选择正交表,安排实验内容。

在进行实验设计时,应注意以下几个问题:

(1)根据实验因素数选择正交表时,若没有与其相匹配的正交表,则可选取因素数略多的正交表。

对于某些实验,实验因素之间可能存在着交互作用,如在化学反应过程中,温度与压力同时变化对转化率带来的影响可能与其单独变化时的影响不同。这样,若要考虑因素间的交互作用,则需相应地增加因素数,实验的次数也会随之增加。如一个三水平、三因素的实验,若不考虑因素间的交互作用,可选用$L_9(3^4)$正交表进行设计,需要完成9次实验;若要考虑其因素间的交互作用,则需选用$L_{27}(3^{13})$正交表进行设计,需要完成27次实验。

(2)根据实验水平数选择正交表时,若各个因素的水平数相同时,我们可选用同因素数的正交表;若各因素对实验的影响程度不同,可视其情况,选择不同的水平数,这时就应选用相应的混合正交表,仍可利用上述方法进行实验设计。

2.5.3 正交表头设计

当选定了相应的正交表头后,如果存在交互作用,就需要了解正交表的使用方法,更需要注意正交表头的设计。下面以一实验过程为例,对设计方案进行分析。

例1 某个化学反应过程,为了研究其转化率,现选择了三个有关的因素:反应温度(T)、反应时间(θ)和初始浓度(c)。现考查其在不同情况下的设计方法与方案。

若每个因素均选用两水平数,且不考虑其交互作用,则选用$L_4(2^3)$正交表即可,其设计方案见表2-5。

表2-5 $L_4(2^3)$表头设计方案

列号	1	2	3
因素	T	θ	c

若每个因素均选用三水平数,且不考虑其交互作用,则选用$L_9(3^4)$正交表即可,其设计方案见表2-6。

表 2-6　$L_9(3^4)$ 表头设计方案

列号	1	2	3	4
因素	T	θ	c	空列

由此可知,对于因素数相同,且不考虑交互作用的实验安排,其表头设计基本一致,若有多余的列,将其空出即可。随着实验因素水平数的增加,实验次数也相应增加。因此,实验水平数的选择,应根据实验情况而定,不要一味地增加。一般情况下,水平数应不小于3,这样在进行数据分析时,有利于了解各因素对实验结果影响的趋势。

考虑各因素间的交互作用对实验指标的影响,就需要增加因交互作用而产生的因素。若每个因素均选用两水平数,其表头安排可依照表 2-7 进行设计,其方法如下。

表 2-7　$L_8(2^7)$ 正交表

列号	列号					
	1	2	3	4	5	6
7	6	5	4	3	2	1
6	7	4	5	2	3	
5	4	7	6	1		
4	5	6	7			
3	2	1				
2	3					

(1) 先将反应温度(T)及反应时间(θ)分别放在第 1 列和第 2 列。

(2) 按照交互作用表的要求安排第 3 列,从上面横行的列号中找到 1,从左侧的列号中找到 2,在表中找到横、纵坐标交点的数字为 3,就是 T 及 θ 交互作用(记为 $T\times\theta$)的列号。注意,此时不能直接把初始浓度(c)放在第 3 列。

(3) 将初始浓度(c)放在第 4 列。

(4) 按照交互作用表的设计方法,将 $T\times c$ 安排在第 5 列,将 $\theta\times c$ 安排在第 6 列即可(表 2-8)。

表 2-8　$L_8(2^7)$ 表头设计方案

列号	1	2	3	4	5	6	7
因素	T	θ	$T\times\theta$	c	$T\times c$	$\theta\times c$	空列

若每个因素均选用三水平数,且考虑其交互作用,可以选用 $L_{27}(3^{13})$ 正交表的表头设计方案。在考虑交互作用的因素时,应注意,随着水平数的增加,交互作用所占的列数也将增加,对于 S 水平两因素间的交互作用要占($S-1$)列,此时,对于三水平两因素间的交互作用

要占2列。其设计方案如下。

表2-9 $L_{27}(3^{13})$ 表头设计方案

列号	1	2	3	4	5	6	7
因素	T	θ	$(T\times\theta)_1$	$(T\times\theta)_2$	c	$(T\times c)_1$	$(T\times c)_2$
列号	8	9	10	11	12	13	
因素	$(\theta\times c)_1$	空列	空列	$(\theta\times c)_2$	空列	空列	

2.5.4 正交实验设计的分析方法

通过正交实验设计方法得到的实验数据可通过极差、方差分析法等数学方法对其进行分析,以得到可靠的、有指导意义的数据与结论。现以下列例题讨论正交实验结果的分布方法。

例2 为了研究某个化学反应过程转化率的影响条件,现选择三个相关的因素:反应温度(T)、反应时间(θ)和初始浓度(c)。每个因素取三个水平,见表2-10。

表2-10 例2正交实验因素和水平表

水平	因素		
	反应温度 $T/℃$	反应时间 $\theta/\min$	初始浓度 $c/\%$
1	60	60	45
2	70	90	50
3	80	120	55

不考虑因素间的交互作用,用正交实验方法进行实验设计,实验数据见表2-11,并分析各因素对转化率有无显著影响。

表2-11 例2正交实验设计表

组号	列号			转化率/%
	1	2	3	
	反应温度	反应时间	初始浓度	
1	1	1	1	30
2	1	1	2	51
3	1	3	3	42
4	2	1	2	54
5	2	2	3	50

续表 2-11

组号	列号			转化率/%
	1 反应温度	2 反应时间	3 初始浓度	
6	2	3	1	46
7	3	1	3	59
8	3	2	1	64
9	3	3	2	66

1. 极差分析法

对于第 1 列因素可以分别计算出每种水平上的实验值之和及平均数。

$$\left.\begin{aligned} K_1^A &= Y_1 + Y_2 + Y_3 = 123, \quad k_1^A = \frac{1}{3}K_1^A = 41.00 \\ K_2^A &= Y_4 + Y_5 + Y_6 = 150, \quad k_2^A = \frac{1}{3}K_2^A = 50.00 \\ K_3^A &= Y_7 + Y_8 + Y_9 = 189, \quad k_3^A = \frac{1}{3}K_3^A = 63.00 \end{aligned}\right\} \quad (2-40)$$

式中 K_i^A——因素 A 在 i 水平上的实验值之和；

k_i^A——因素 A 在 i 水平上的平均值。

同样，可以求出因素 B 和因素 C 在各水平上的平均值。

$$K_1^B = Y_1 + Y_4 + Y_7 = 143, \quad k_1^B = \frac{1}{3}K_1^B = 47.67$$

$$K_2^B = Y_2 + Y_5 + Y_8 = 165, \quad k_2^B = \frac{1}{3}K_2^B = 55.00$$

$$K_3^B = Y_3 + Y_6 + Y_9 = 154, \quad k_3^B = \frac{1}{3}K_3^B = 51.33$$

$$K_1^C = Y_1 + Y_6 + Y_8 = 140, \quad k_1^C = \frac{1}{3}K_1^C = 46.67$$

$$K_2^C = Y_2 + Y_4 + Y_9 = 171, \quad k_2^C = \frac{1}{3}K_2^C = 57.00$$

$$K_3^C = Y_3 + Y_5 + Y_7 = 151, \quad k_3^C = \frac{1}{3}K_3^C = 50.33$$

将以上求得的数据在以各因素的实际水平为横坐标，以平均转化率为纵坐标的坐标系中作图，实验结果的极差分析如图 2-11 所示，可知：

图 2-11(a) 中反映温度 (T) 的极差为 22.00。

图 2-11(b) 中反应时间 (θ) 的极差为 7.33。

图 2-11(c) 中反应浓度 (c) 的极差为 10.33。

由此，可以比较直观地了解各因素对实验指标的影响程度的大小及趋势，但是，如何判断各因素对实验指标的影响显著与否，这就要借助数学方法进行方差分析。

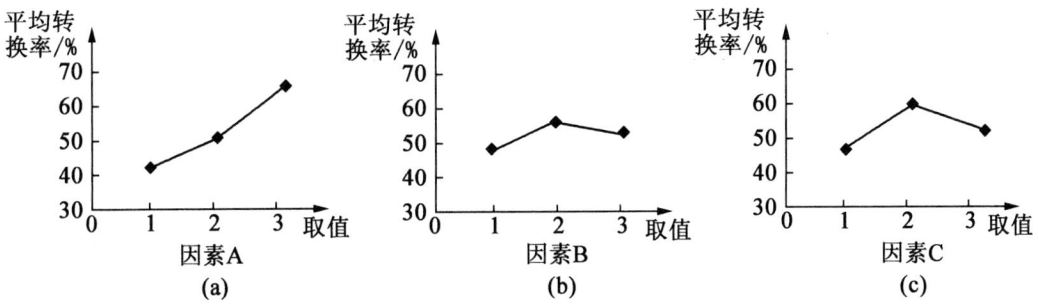

图 2-11 实验结果极差分析

2. 方差分析法

在应用方差分析前,先介绍几个相关的数学概念。

(1)实验值之和。

$$K = \sum_{i=1}^{n} Y_i = K_1^A + K_2^A + K_3^A = K_1^B + K_2^B + K_3^B = K_1^C + K_2^C + K_3^C \quad (2-41)$$

(2)实验平均值。

$$\overline{Y} = \frac{1}{n} \sum_{i=1}^{n} Y_i = \frac{1}{n} K \quad (2-42)$$

(3)各因素的离差平方和。

设有 R 个因素(A,B,…,R),每个因素的水平数为 S,则有

$$Q_A = \sum_{j=1}^{S} (k_j^A - \overline{Y})^2$$

$$Q_B = \sum_{j=1}^{S} (k_j^B - \overline{Y})^2$$

$$\vdots$$

$$Q_R = \sum_{j=1}^{S} (k_j^R - \overline{Y})^2 \quad (2-43)$$

$Q_A, Q_B, \cdots, Q_R$ 的自由度为 $n-1$。

(4)总离差平方和。

$$Q_T = \sum_{i=1}^{n} (Y_i - \overline{Y})^2 \quad (2-44)$$

(5)实验误差。

$$Q_E = Q_T - (Q_A + Q_B + \cdots + Q_R) \quad (2-45)$$

Q_T 的自由度为 $(n-1) - r(S-1) = (r-1)$。

在实际过程中,为了简化计算,可按如下方法处理。令

$$P = \frac{1}{n} K^2 \quad (2-46)$$

$$W = \sum_{i=1}^{n} Y_i^2 \quad (2-47)$$

$$U_A = \frac{1}{S}\sum_{j=1}^{S}(k_j^A)^2, \quad U_B = \frac{1}{S}\sum_{j=1}^{S}(k_j^B)^2, \quad \cdots, \quad U_R = \frac{1}{S}\sum_{j=1}^{S}(k_j^R)^2 \qquad (2-48)$$

则有

$$Q_T = W - P \qquad (2-49)$$

$$Q_A = U_A - P, \quad Q_B = U_B - P, \quad \cdots, \quad Q_R = U_R - P \qquad (2-50)$$

(6)方差比。

$$F_A = \frac{Q_A}{Q_E}, \quad F_B = \frac{Q_B}{Q_E}, \quad \cdots, \quad F_R = \frac{Q_R}{Q_E} \qquad (2-51)$$

其自由度为$(S-1, r-1)$,方差比是一个衡量实验因素对实验指标影响的重要数据,其数值越大,说明因素对实验指标的影响越显著。

(7)显著水平。

显著水平α是衡量因素对实验指标影响程度的另一个重要参数,其值一般由实验者根据实验要求确定。在工程研究中,α值通常选为10%、5%或1%。对实验数据要求不高时,α值可选得大些;对于一些高精度的实验,α值则要相应地选得小些。

由于方差比服从自由度为$(S-1, r-1)$的F分布,在给定了显著水平α的值后,可通过查F分布数值表得$F_\alpha(S-1, r-1)$的值。若$F_R \geq F_\alpha(S-1, r-1)$,则认为因素R对实验结果有显著影响;若$F_R < F_\alpha(S-1, r-1)$,则认为因素R对实验结果无显著影响。这就是正交实验的方差分析法,现仍以例2为例加以说明。计算F_A、F_B、F_C的值可用方差分析表(表2-12(a)、(b))。

表2-12(a) 方差计算

组号	A	B	C	实验值	平方
1	1	1	1	Y_1	Y_1^2
2	1	2	2	Y_2	Y_2^2
3	1	3	3	Y_3	Y_3^2
4	2	1	2	Y_4	Y_4^2
5	2	2	3	Y_5	Y_5^2
6	2	3	1	Y_6	Y_6^2
7	3	1	3	Y_7	Y_7^2
8	3	2	1	Y_8	Y_8^2
9	3	3	2	Y_9	Y_9^2
K_1	K_1^A	K_1^B	K_1^C	K	W
K_2	K_2^A	K_2^B	K_2^C		
K_3	K_3^A	K_3^B	K_3^C		
U	U_A	U_B	U_C	P	
Q	Q_A	Q_B	Q_C		

表 2-12(b)　方差分析

因素	离差	自由度	均方离差	F
A	Q_A	$S-1$	$S_A^2 = Q_A/(S-1)$	$F_A = S_A^2/S_E^2$
B	Q_B	$S-1$	$S_B^2 = Q_B/(S-1)$	$F_B = S_B^2/S_E^2$
C	Q_C	$S-1$	$S_C^2 = Q_C/(S-1)$	$F_C = S_C^2/S_E^2$
误差	Q_E	$r-1$	$S_E^2 = Q_E/(r-1)$	
总和	Q_T	$n-1$		

例 2 中的实验方案及计算结果见表 2-13，离差与 F 值的计算结果见表 2-14。

表 2-13　实验方案及计算结果

组号	A	B	C	实验值	平方
1	1	1	1	30	900
2	1	2	2	51	2 601
3	1	3	3	42	1 764
4	2	1	2	54	2 916
5	2	2	3	50	2 500
6	2	3	1	46	2 116
7	3	1	3	59	3 481
8	3	2	1	64	4 096
9	3	3	2	66	4 356
K_1	123	143	140		
K_2	150	165	171	462	24 730
K_3	189	154	151		
U	24 450	23 797	23 881	23 716	

表 2-14　离差与 F 值的计算结果

因素	离差	自由度	均方离差	F
A	734	2	367.0	21.59
B	81	2	40.5	2.38
C	165	2	82.5	4.85
误差	34	2	17.0	
总和	1 014	8		

给定显著水平 $\alpha=5\%$，查 F 分布数值表的 $F_\alpha(2,2)=19.00$，可知 $F_A>19$，表明反应温度对转化率有着显著影响；$F_B<19$，$F_C<19$，表明反应时间与初始浓度对转化率无显著影响。

2.6　如何预习实验及撰写实验报告

化工原理实验主要包括四个教学环节:预习实验并撰写预习报告、实验操作、撰写实验报告、实验考核。其中需要提交文字材料的两个环节,撰写要求如下。

1. 实验预习要求及预习报告的撰写

预习工作是化工原理实验的必要工作。由于化工原理实验的特殊性,更需要在实验前进行认真预习。实验前应阅读实验指导书,了解实验目的、实验内容、实验原理和注意事项等。按要求写好预习报告,完成线上学习内容。上实验课时应携带预习报告,交授课教师审阅。

预习报告包括以下内容:
(1)熟悉实验的主要内容,到现场了解实验设备的结构和流程。
(2)与实验内容有关的理论知识及相关定性分析和定量计算。
(3)明确实验步骤和所要测定的项目。
(4)了解实验所用仪器、设备的使用方法和注意事项,需要记录的相关设备的主要参数。
(5)设计实验数据记录表格。

2. 实验报告要求

实验报告应简单明了,语言通顺,图表数据齐全规范。实验报告的重点是实验数据的整理与分析,包括以下几条。

(1)实验原始记录。

设备的主要参数、实验原始数据(注意有效数字的位数)。原始记录必须有授课教师签字,否则无效。

(2)实验数据分析。

对原始记录进行必要的分析、整理,包括实验数据与估算结果的比较,实验故障原因的分析等。

(3)数据处理。

有多组实验数据时,以其中一组数据为例,表述完整的计算过程。以图表的形式将全部计算结果归纳整理(注意:物理量的单位均为国际单位制)。

(4)实验结果分析。

首先从理论上对实验结果进行分析和解释,再对实验的异常现象进行分析讨论,说明可能的影响因素。分析误差产生的原因及大小,对实验方法及装置提出改进意见。

(5)完成指定的思考题。

预习报告在实验前完成,实验报告应在实验完成后一周内交授课教师批阅。

第 3 章　仿真类实验

计算机仿真实验是利用计算机建模与仿真技术,对化工原理实验过程进行数字仿真,建立虚拟操作流程,营造类似真实实验室的教学环境。仿真操作系统能形象、直观地反映实验参数的变化。通过计算机仿真实验模拟操作,能观察实验现象,记录实验数据,验证理论公式、原理和定理,为现场操作做好充分准备。

本书使用 Chem – Sim 系列化工原理实验仿真软件,利用动态教学模型实时模拟真实的实验现象和过程,通过仿真实验装置交互式操作,产生和真实实验一致的实验现象和结果。

1. 仿真软件的组成

如图 3 – 1 所示,仿真实验共包括八个典型的化工原理仿真实验:流体流动阻力实验,离心泵实验,恒压过滤实验,填料吸收塔实验,筛板精馏实验,转盘萃取实验,洞道干燥实验和传热系数测定实验。

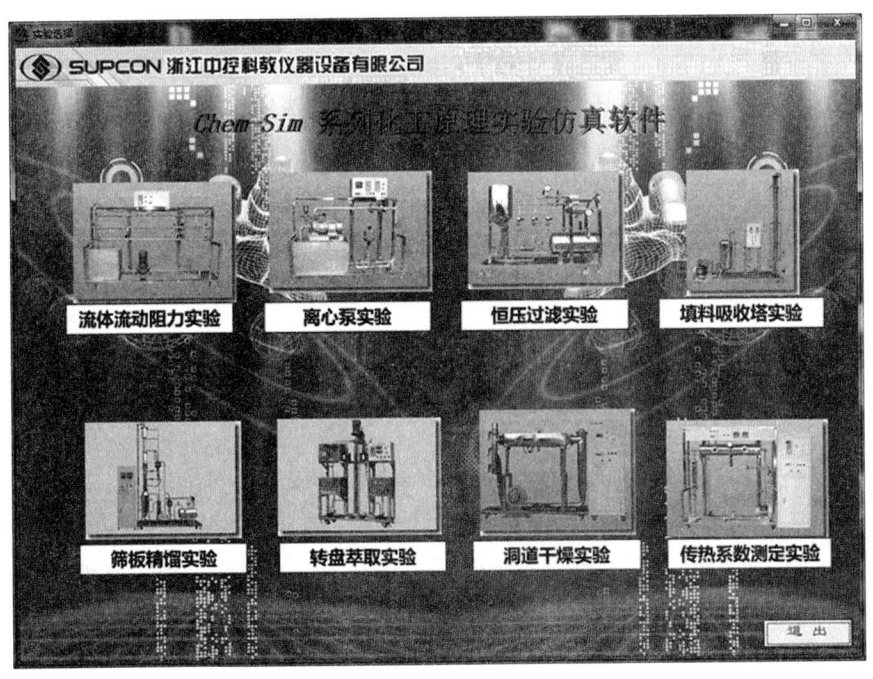

图 3 – 1　仿真实验选择界面

2. 软件的一般操作方法

首先,运行软件进入实验项目选择界面(图 3 – 1),选择实验项目,进入仿真实验操作界面。在仿真实验操作界面的上方有一排按钮如图 3 – 2 所示。

图 3-2 操作按钮

各按钮作用如下：

①进入实验：点击后，设定环境温度，然后按照实验操作步骤进行实验。

②数据记录：当实验进行到满足采集数据的条件时，点击后记录实验数据，数据会记录在软件的数据库中。

③数据处理：点击后会显示实验过程中记录的原始数据及需要计算的相关数据的计算结果，显示实验数据处理结果。

④曲线显示：点击后显示实验数据绘制成的曲线。

⑤重做实验：实验结束后，需要重做实验可以点击此按钮。另外，当实验操作出现错误，无法继续进行实验时，也可点击此按钮。

⑥帮助：点击后显示本实验的相关信息，如实验目的、实验原理、实验操作步骤等。

⑦关于：点击后显示本软件的相关信息。

⑧退出：点击后退出本仿真实验。

实验的操作过程中，需要对控制面板上的按钮、开关进行操作，可在该面板上点击左键放大此控制面板。操作完毕后，点击右键取消放大。

以上就是仿真实验软件的基本操作方法，对于各仿真实验中不同仪表的操作，在实验的讲解中会详细介绍。

实验一 流体流动阻力实验

一、实验目的

（1）掌握测定流体流经直管、管件（扩大管）和阀门时阻力损失的一般实验方法。

流体流动阻力仿真实验讲解

（2）测定直管摩擦系数 λ 与雷诺数 Re 的关系，验证在一般湍流区内 λ 与 Re 的关系曲线。

（3）测定流体在直管内做层流流动时的阻力，验证层流区内 λ 与 Re 的关系曲线。

（4）测定流体流经管件（扩大管）、阀门时的局部阻力系数 x。

（5）学会倒 U 形压差计的使用方法，了解转子流量计和涡轮流量计的测量原理及使用方法。

（6）识辨组成管路的各种管件、阀门，并了解其作用。

二、仿真操作步骤

在软件主界面选择"流体流动阻力实验"，进入实验主界面后，可点击左上角的"标签显示/标签隐藏"来显示/隐藏实验装置的各部分名称,流体流动阻力实验装置如图3-3所示。

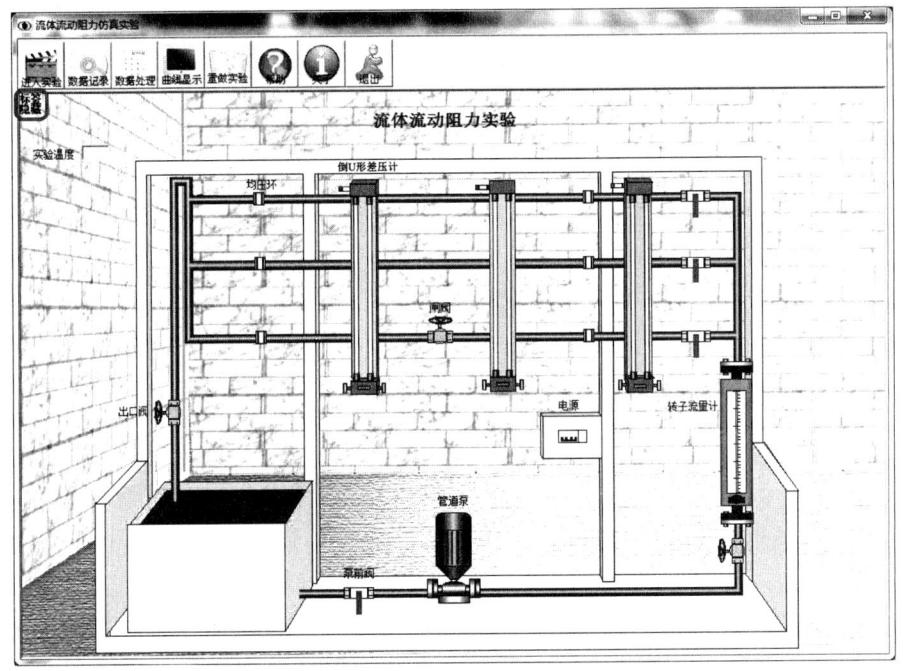

图3-3 流体流动阻力实验装置

(1)在"实验温度"方框内,填入实际将要进行实验的室温。点击"进入实验"按钮或输入完实验温度后直接按回车键进入实验,操作完毕后弹出下一步的操作提示及注意事项,如图3-4所示。

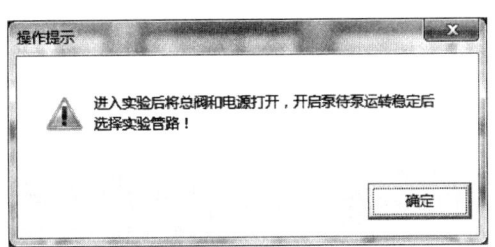

图3-4 操作提示

(2)按照提示开始实验,点击(本书后文所涉及的"点击"如无特别说明均指"左键单击")"泵前阀"开关将其打开,然后点击"电源"开关打开电源。

(3)第一次做某管路实验时要将出口阀全开,以最大流量对其进行冲洗,操作方法为依次将转子流量计前阀门全开(100)、出口阀全开(100),打开待冲洗管路阀门,等待弹出下一步操作提示(图3-5)。此时管路冲洗完毕,可以进行引压导管和倒U形压差计排气。

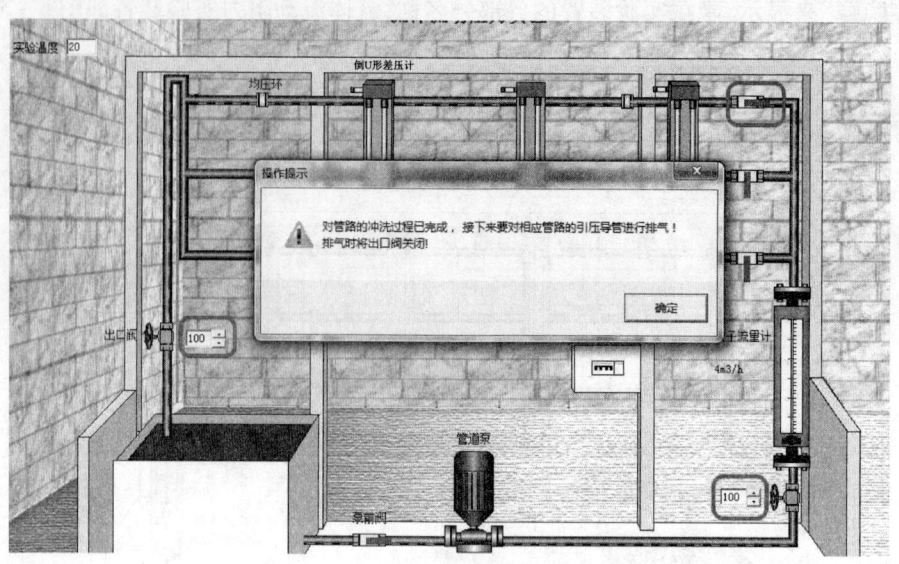

图3-5 冲洗管路

(4)引压导管和倒U形压差计排气。排气时出口阀关闭(0),点击待排气倒U形压差计排气所在管路上的两个均压环显示引压导管,点击倒U形压差计排气,连续弹出两个操作提示,确定后显示压差计详细结构即可开始排气,排气可分为三步,具体如下。

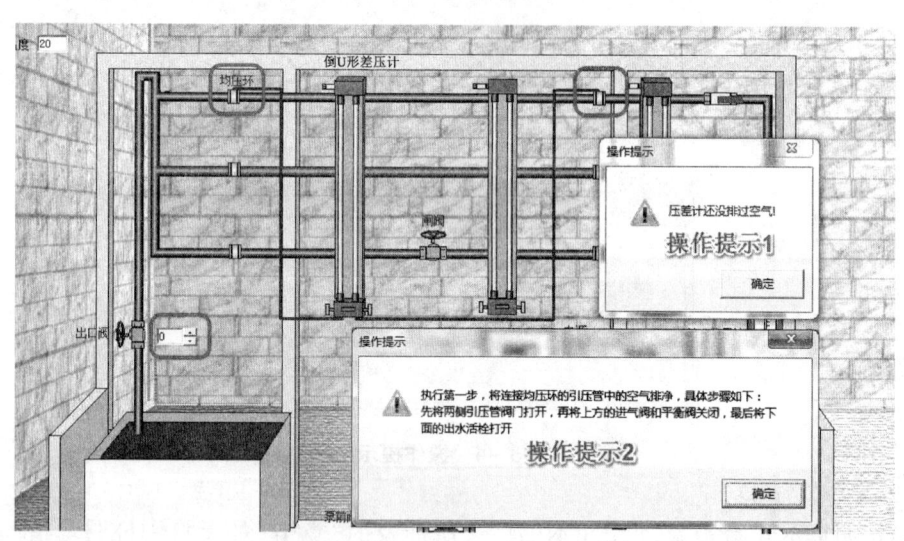

图3-6 显示引压导管,准备排气

①如图3-7所示,点击阀位显示各阀门名称,保持排气阀、平衡阀关闭,点击高、低压侧阀,打开两阀门,打开出水活栓,使压差计两侧玻璃管充满水,第一步操作完成,如图3-8所示。在以上操作过程中可点击操作提示显示详细操作步骤。

②依次关闭高、低压侧阀,打开排气阀、平衡阀,两侧玻璃管内水排尽,第二步操作完成,如图3-9所示。

③关闭排气阀、出水活栓,打开高、低压侧阀,关闭平衡阀,两侧玻璃管中水位相平,第三步操作完成,排气过程完成,如图3-10所示。

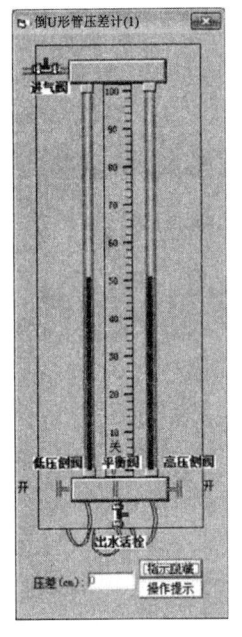 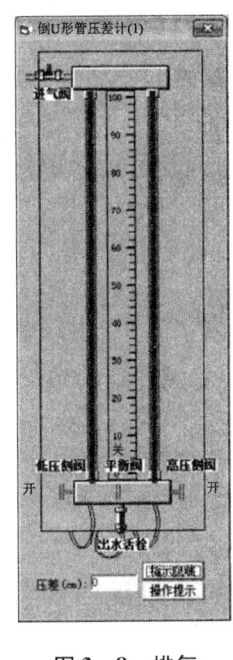 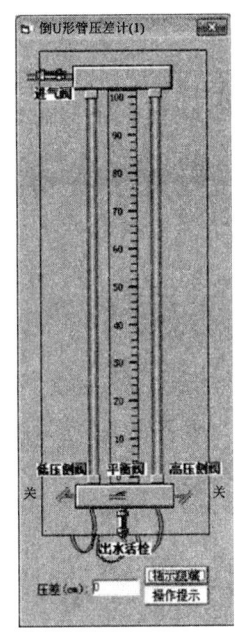 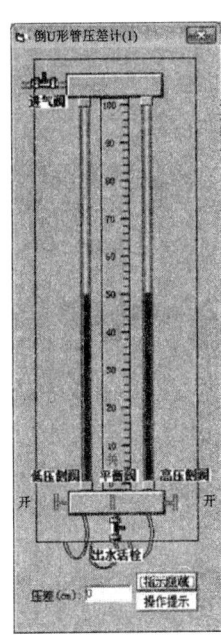

图3-7 压差计　　　图3-8 排气　　　图3-9 排水　　　图3-10 完成

(5)排完气后选择相应管路,打开相应引压导管即可实验,进行某管路实验时,其他管路的引压导管要关闭。调节出口阀开度,选定一个流量,待其稳定后点击"数据记录"按钮记录数据,然后改变流量继续记录数据,至少要记录8组实验数据。

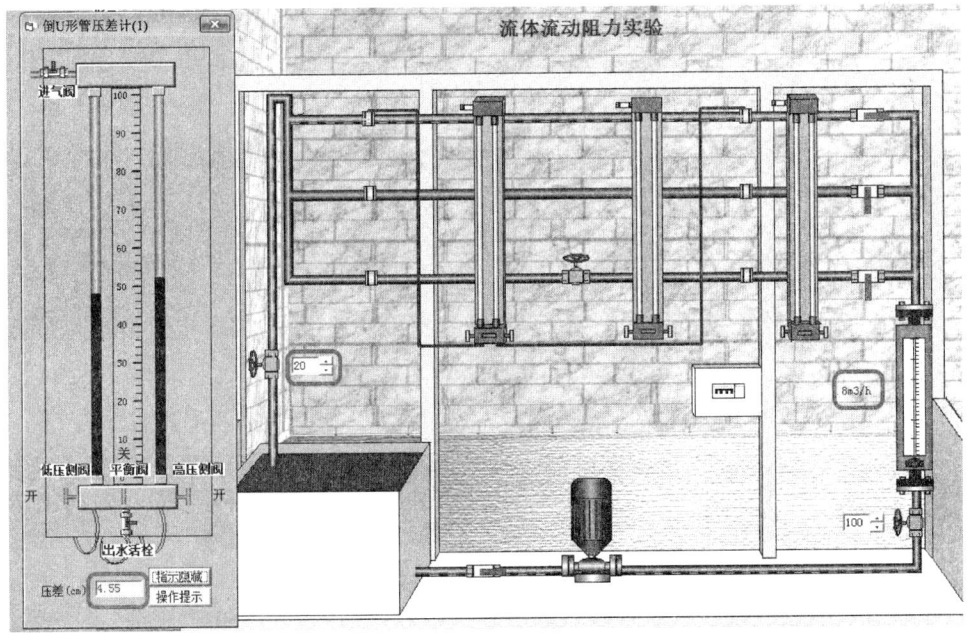

图3-11 调节流量

(6)点击"数据处理"按钮进行数据处理并将结果显示在图 3-12 中。

	流量(m³/h)	温度(℃)	压差(m)	雷诺数 Re	摩擦系数
1	.8	20	.0455	12859.04	.0297121
2	1.2	20	.0925	19288.57	.0268479
3	1.6	20	.153	25718.09	.0249848
4	2	20	.2262	32147.61	.0236292
5	2.4	20	.3112	38577.14	.0225763
6	2.8	20	.4075	45006.66	.0217228
7	3.2	20	.5148	51436.18	.0210096
8	3.6	20	.6327	57865.7	.0204

图 3-12　光滑管实验数据

点击 按钮可以回到实验主界面,点击 按钮可以删除数据。

(7)点击"曲线显示"按钮显示实验曲线,如图 3-13 所示。

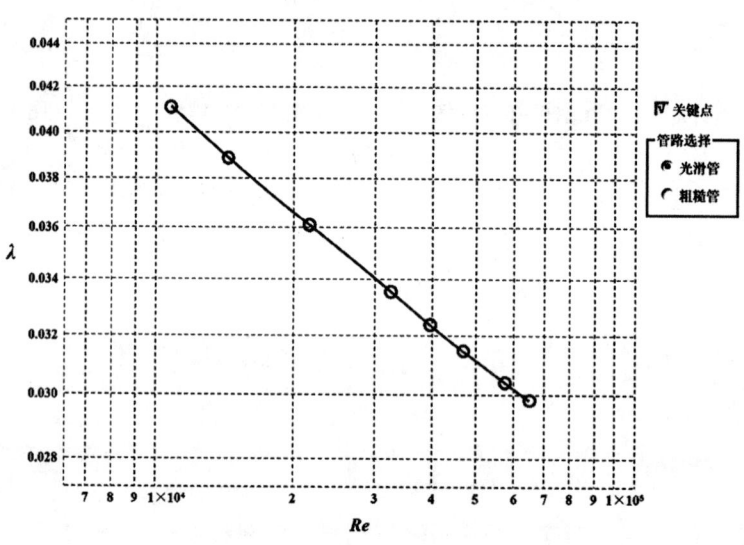

图 3-13　光滑管 $\lambda - Re$ 曲线

(8)选择其他管路重复步骤(3)~(7),可分别模拟实验过程,测得粗糙管和局部阻力管的实验数据。

(9)实验结束,要退出程序必须先关闭电源,最后点击"退出"按钮退出程序。

以上仿真操作中,若有次序问题或错误操作,系统会有警告或提示框出现,点击"确定",并改正操作即可。

三、思考题

1. 对引压导管和倒 U 形压差计排气前为何要将出水阀关闭?

2. 在引压导管和倒 U 形压差计排气过程中,第②步排水操作中,关闭高、低压侧阀和开启排气阀的次序能否颠倒?

实验二　离心泵实验

一、实验目的

(1) 了解离心泵的结构与特性,熟悉离心泵的使用。
(2) 掌握离心泵特性曲线的测定方法。
(3) 了解电动调节阀的工作原理和使用方法。

离心泵特性曲线测定仿真实验讲解

二、仿真操作步骤

在软件主界面选择离心泵实验,点击左上角的"标签显示"显示实验装置的各部分名称,熟悉实验装置,如图 3-14 所示。

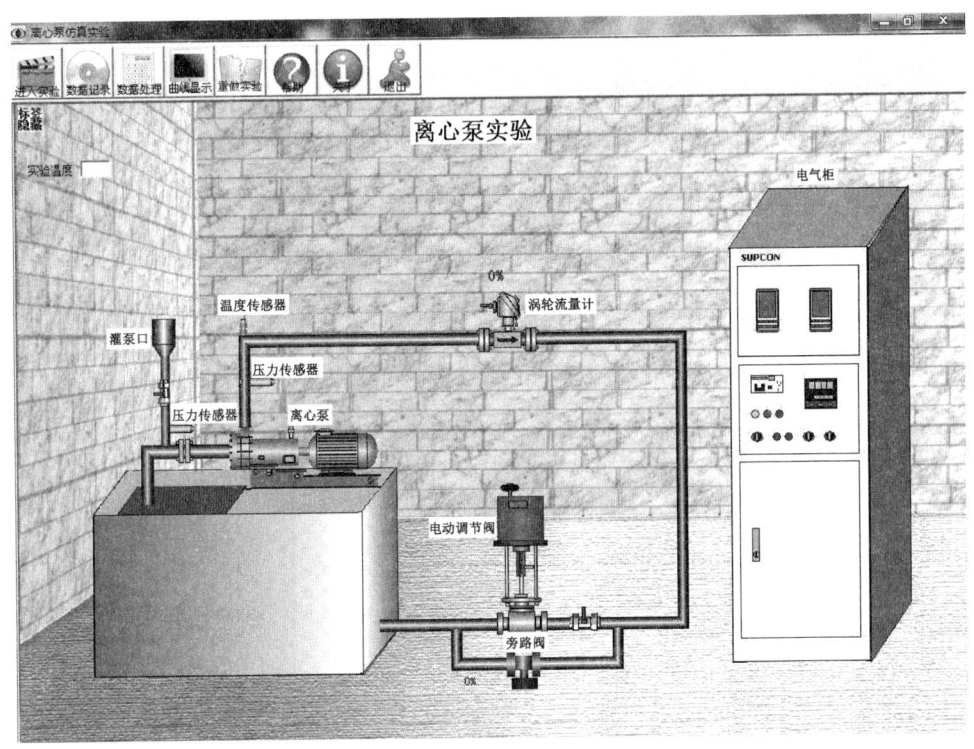

图 3-14　离心泵实验装置

(1) 在"实验温度"方框内,填入将要进行实验的室温,输入实验温度后直接按回车键进入实验。

(2)点击电气柜仪表面板,依次打开总电源、仪表电源、电动阀电源,如图3-15所示。

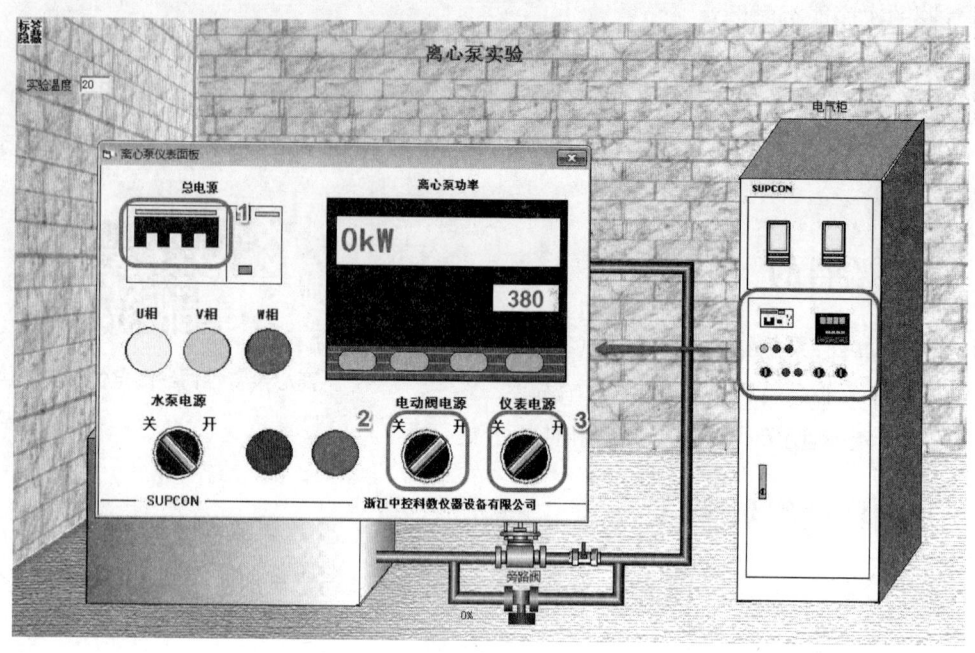

图 3-15　开启电源

(3)在开泵前要对离心泵进行灌泵,以防止离心泵因气缚而打不上水。具体步骤是打开左边的灌泵阀,待水灌满后会提示灌泵步骤已完成,灌泵完成后关闭灌泵阀,如图3-16所示。

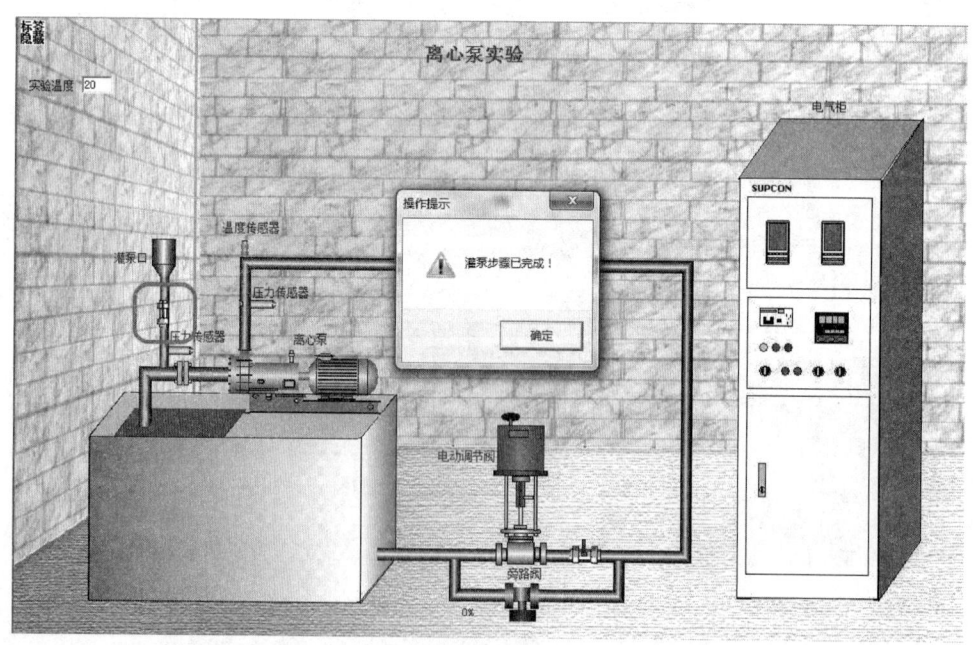

图 3-16　灌泵

(4)点击右边电气柜电源部分进入电气柜仪表面板,在确定出水阀门全关闭后打开水泵电源。电源打开后,将电动调节阀前的阀门打开,点击电动调节阀图标,出现滑动条来调节电动调节阀的开度,以此来调节管路流量,同样,流量也可通过电动调节阀下的旁路阀调节,如图3-17所示。

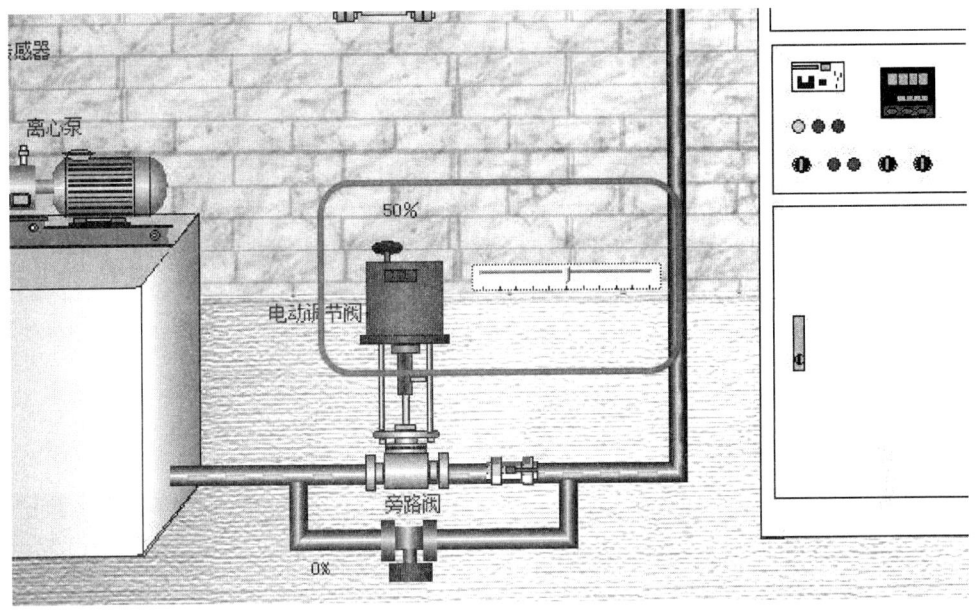

图3-17 调节电动调节阀

(5)点击主界面右边电气柜仪表部分进入仪表面板,可以浏览实时的实验数据,如图3-18所示。

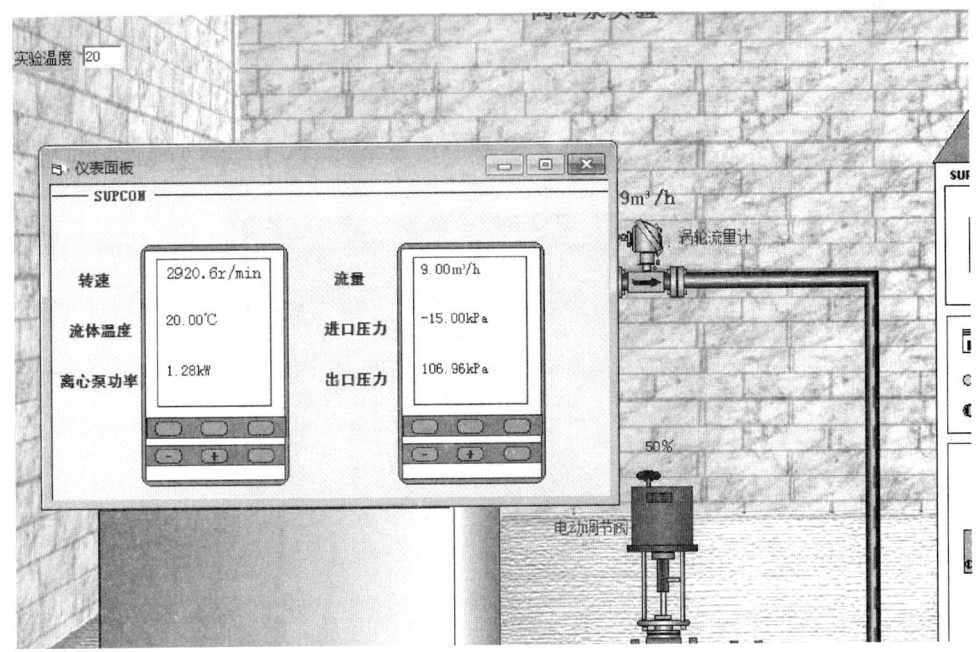

图3-18 实时数据

(6)选定一个流量,待其稳定后点击"数据记录"按钮记录数据,实验数据至少要记录8组流量下的数据。点击"数据处理"按钮,结果如图3-19所示。

离心泵数据

	流量(m³/h)	温度(℃)	电机功率(kW)	进口压力(kPa)	出口压力(kPa)	转速(r/m)	扬程(m)	功率(kW)	效率(%)
1	1.8	20	.9418148	-3	100.5106	2920.904	10.17334	.9418148	5.364825
2	3.6	20	1.037859	-6	105.7907	2891.403	10.40654	1.037859	10.2393
3	5.4	20	1.125933	-9	108.6252	2936.262	10.38962	1.125933	14.09143
4	7.2	20	1.206037	-12	109.0143	2887.354	10.12258	1.206037	16.9212
5	9	20	1.27817	-15	106.9578	2937.145	9.6054	1.27817	18.72863
6	10.8	20	1.342333	-18	102.4558	2944.956	8.838096	1.342333	19.51371
7	12.6	20	1.398525	-21	95.5082	2902.487	7.820664	1.398525	19.27643
8	14.4	20	1.446747	-24	86.11511	2855.35	6.553104	1.446747	18.01681

图 3-19　实验数据

(7)点击"曲线显示"按钮显示实验曲线,如图3-20~图3-22所示。

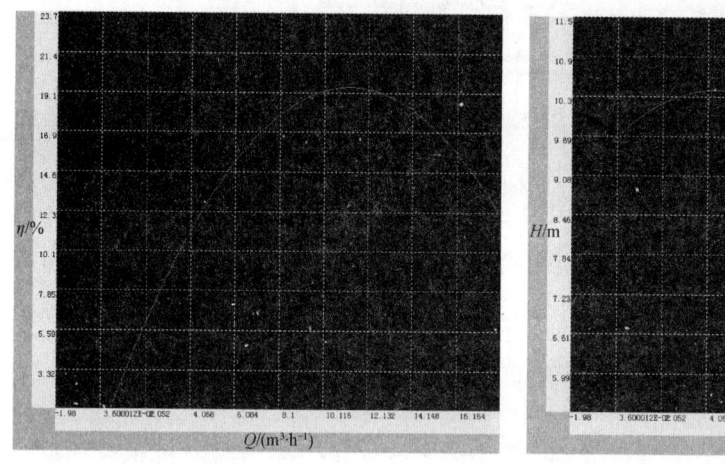

图 3-20　$\eta - Q$ 曲线

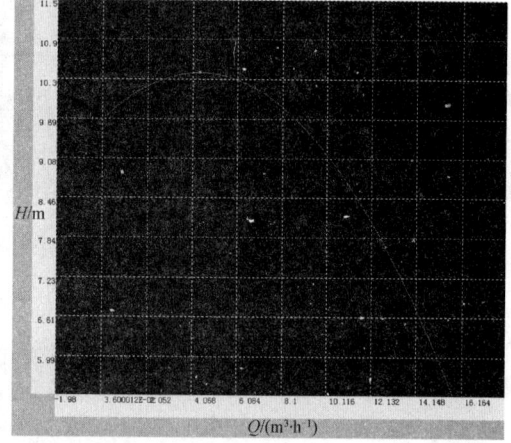

图 3-21　$H - Q$ 曲线

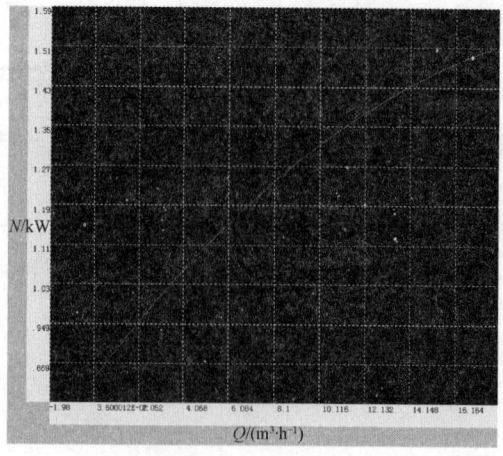

图 3-22　$N - Q$ 曲线

(8)实验结束,退出程序前必须先关闭电源,要注意的是关泵的步骤。关泵前必须保证所有的出水阀全部关闭。最后点击"退出"按钮退出程序。

以上仿真操作中,若有次序问题或错误操作,系统会有警告或提示框出现,点击"确定",并改正操作即可。

三、思考题

1. 怎样确定灌泵已完成?
2. 打开离心泵电源前为何要将泵的出口阀关闭?关泵前为何要将出口阀关闭?

实验三 恒压过滤实验

一、实验目的

(1)熟悉板框压滤机的构造和操作方法。
(2)通过恒压过滤实验验证过滤基本理论。
(3)学会测定过滤常数 K、q_e、τ_e 及压缩性指数 s 的方法。
(4)了解操作压力对过滤速率的影响。

恒压过滤常数测定仿真实验讲解

二、仿真操作步骤

在软件主界面选择恒压过滤实验,点击左上角的"标签显示"显示实验装置的各部分名称,熟悉实验装置,如图 3-23 所示。

(1)在"实验温度"方框内填入将要进行实验的室温,输入实验温度后直接按回车键进入实验。

(2)打开"空压机电源",接着打开空气压缩泵至配料槽一路管道,同时将别的管路关闭,将压缩空气通入配料槽,使 $CaCO_3$ 悬浮液搅拌均匀。搅拌完毕后,关闭气泵至配料槽的阀门,在压力槽排气阀打开的情况下,打开进料阀门,使料浆自动由配料桶流入压力槽至其视镜的1/3~1/2处,关闭进料阀门。

(3)在空气压缩泵打开的情况下,调节各定压阀的压力(左键点击定压阀图标出现图3-24,右键关闭)。具体的使用方法是:在旋柄处点击鼠标右键可以拔出或按回旋柄。拔出旋柄后点击旋柄上下部分可调节压力,调节好后记得要按回旋柄。

(4)接下来要安装滤板、滤框及滤布,各滤框可在水平方向拖动,滤布使用前用水浸湿,具体安装方法是:在滤布上按住鼠标左键拖到水箱浸湿,然后拖到滤框上待到出现向右箭头时松开鼠标,这样就完成了滤布的安装。四块滤布全部安装完毕后,点击螺旋上部压紧。

图 3-23 恒压过滤实验装置

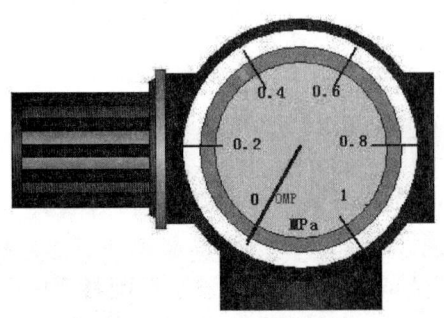

图 3-24 定压阀

(5) 打开各相应阀门进行过滤实验。用双秒表轮流读数记录数据,如图 3-25 所示。秒表的左键是清零,右键是起停。具体的记录方法是:一块秒表清好零准备,另一块计时,当量筒里滤液达到 800 mL 左右时停止运行的秒表,另一块秒表立刻开始计时,记录下滤液体积和过滤时间后(点击"数据记录"按钮记录数据),将该秒表清零准备下次计时。

(6) 进行另一个压力下的实验时,要先清洗板框和滤布。清洗时要关闭料液压入管道,打开清水管路。清洗滤布时需先拆下,滤布的拆卸方法是在板框上点击鼠标右键即可。

(7) 待做完三个压力下的实验后点击"数据处理"按钮进行数据处理并将结果显示在数据表中。

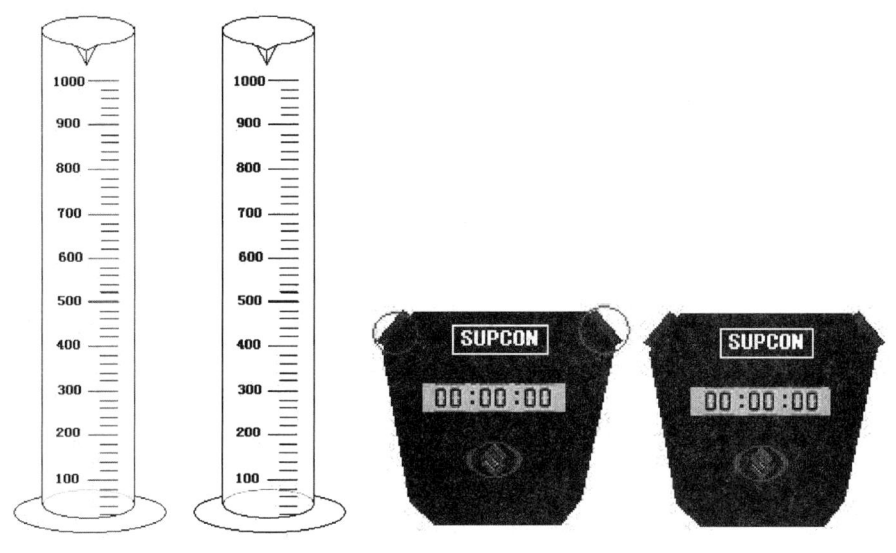

图 3-25 双量筒双秒表法

(8) 点击"曲线显示"按钮可显示实验曲线。

(9) 实验结束,要退出程序必须先关闭电源,最后点击"退出"按钮退出程序。

以上仿真操作中,若有次序问题或错误操作,系统会有警告或提示框出现,点击"确定",并改正操作即可。

三、思考题

1. 怎样调节定压阀?
2. 在真实实验中,配制混合溶液时有什么注意事项?

实验四　填料吸收塔实验

一、实验目的

(1) 了解填料吸收塔装置的基本结构及流程。
(2) 掌握总体积传质系数的测定方法。

填料吸收塔仿真实验讲解

二、仿真操作步骤

在软件主界面选择填料吸收塔实验,点击左上角的"标签显示"显示实验装置的各部分名称,熟悉实验装置,如图 3-26 所示。

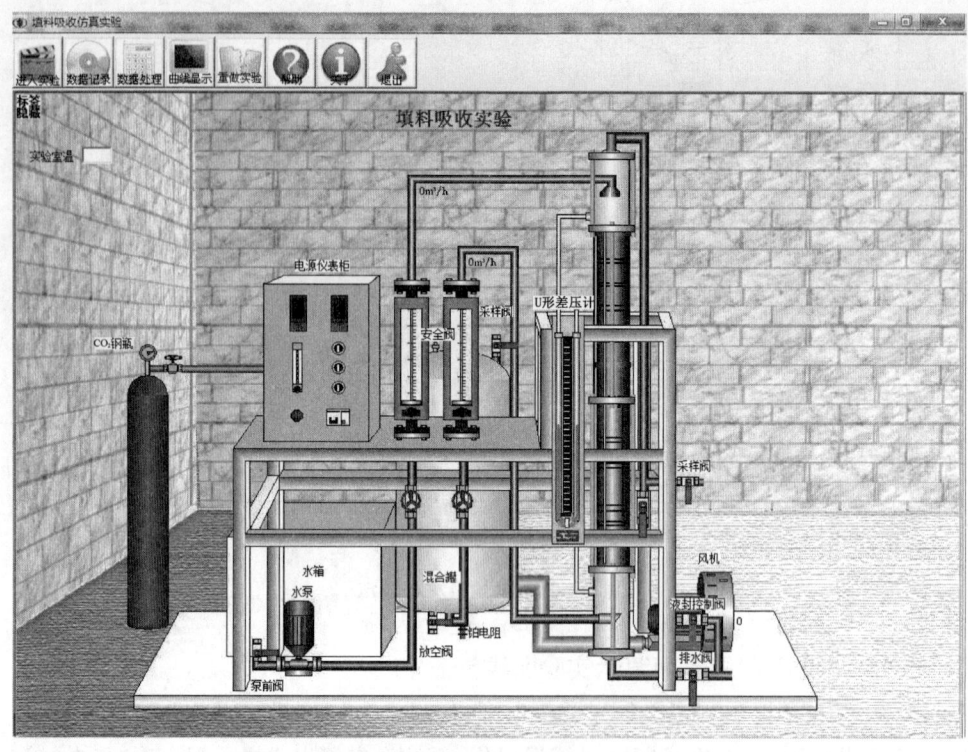

图 3-26 填料吸收仿真实验装置

(1) 在"实验室温"方框内填入实际将要进行实验的室温,该值对其后的模拟数据处理等均有影响,故可供实际状况下操作结果的对比。点击"进入实验"按钮或输完实验温度后直接按回车键进入实验。

(2) 首先要对填料进行浸润,充分润湿填料,以防止吸收不充分。具体步骤是先点击"控制柜"进入电源面板,如图 3-27 所示。在确定泵前阀打开后方可打开水泵电源,接着打开仪表电源。打开水泵一段时间(注意塔底液封以免过高溢满或过低而泄气),填料浸润后会弹出提示。

(3) 通过调节液封控制阀调节液封位置,保持液封高度在混合气体入口和塔底之间,如图 3-28 所示。

(4) 打开混合罐底部的阀门,将冷凝水排走。然后打开风机,调节 CO_2 钢瓶闸阀的开度获得恒定的流量,这样通过调节 CO_2 气体的流量就可以配制出具有不同含量的 CO_2 混合气体,如图 3-29 所示。

(5) 选定一个流量,待其稳定后点击混合气体取样阀和塔顶放空取样阀进行取样,取样完以后点击"数据记录"按钮记录数据。然后改变流量按以上步骤采集数据,结果如图 3-30 所示。

(6) 实验结束,退出程序前必须先关闭电源,注意要先关水再关气以防倒灌。最后点击"退出"按钮退出程序。

以上仿真操作中,若有次序问题或错误操作,系统会有警告或提示框出现,点击"确定",

并改正操作即可。

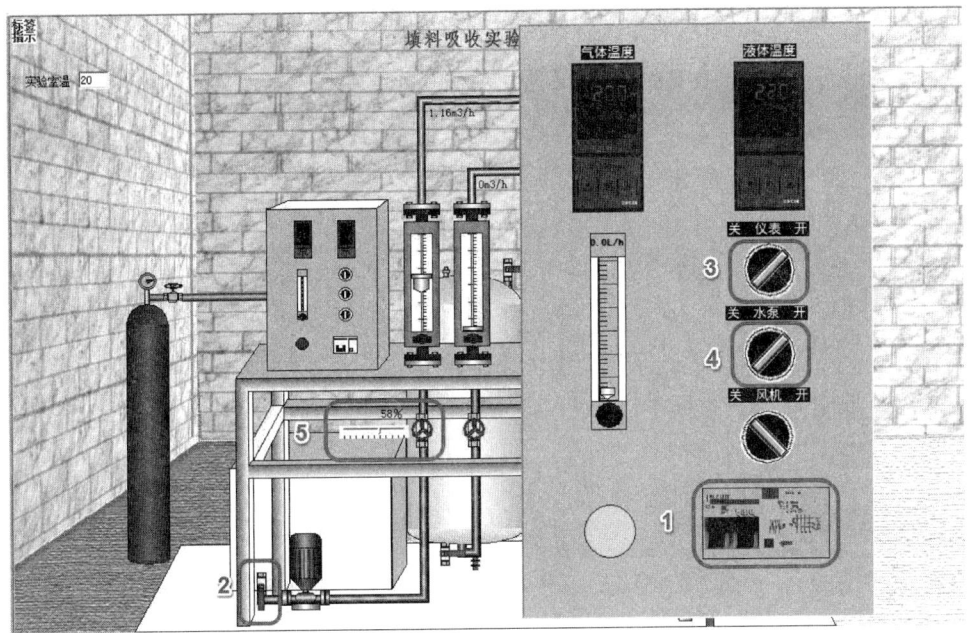

图 3-27 润湿填料

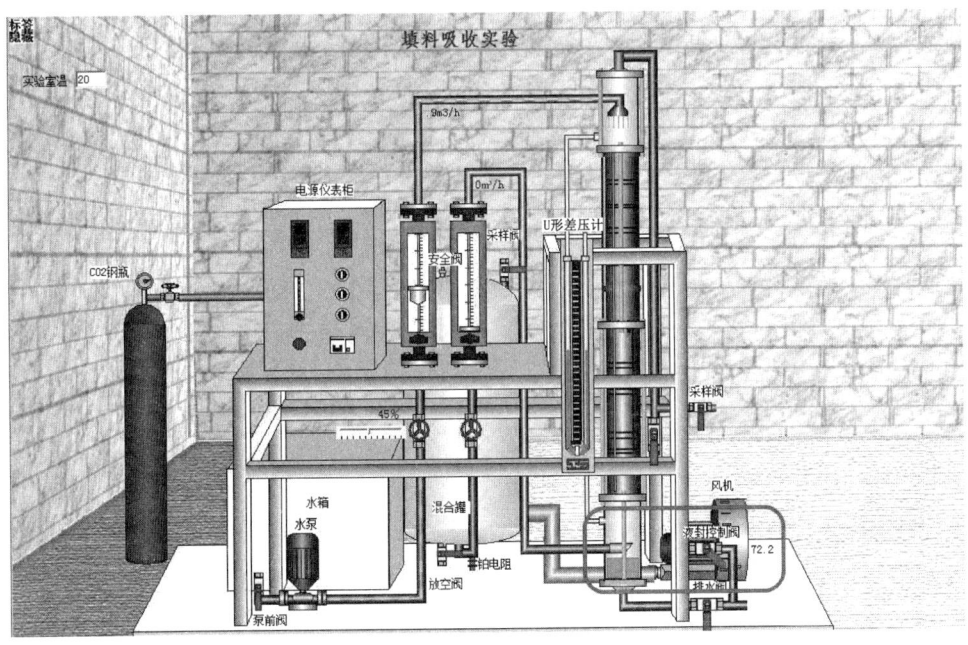

图 3-28 调节液封高度

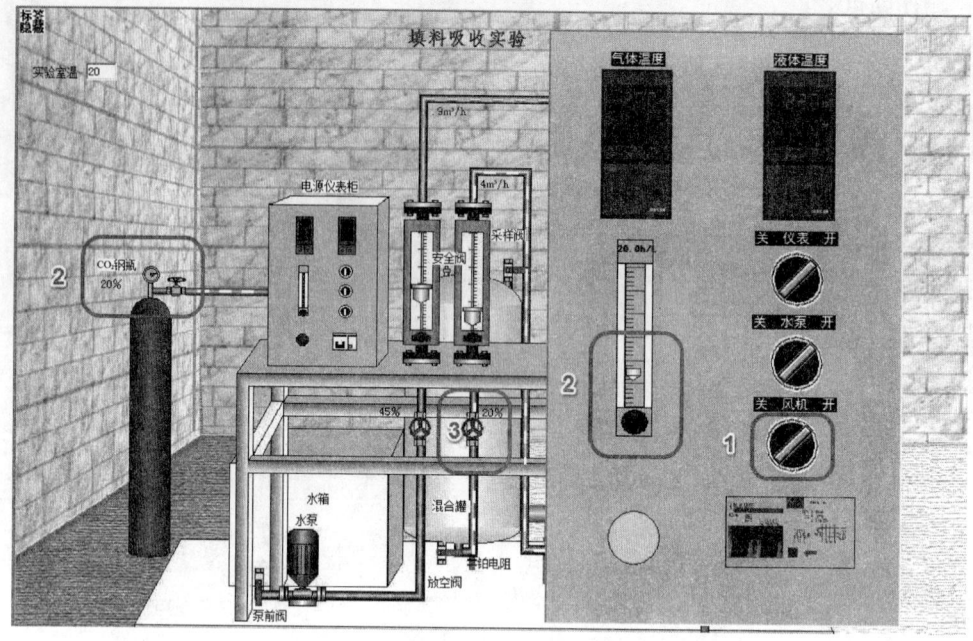

图 3-29 配制 CO_2 混合气体

	液体流量	气体流量	L (kmol/m2	G (kmol/m2	平衡常数m	脱吸因素s	质单元数	液相总传质	液相总传质
1	.9	4	6352.093	20.97453	1468.202	4.847984	4.144826	.4825293	13164.16
2	.9	8	6352.093	41.94905	1468.202	9.695969	4.144826	.4825293	13164.16
3	.9	11	6352.093	57.67995	1468.202	13.33196	4.144826	.4825293	13164.16

图 3-30 吸收实验数据

三、思考题

1. 真实实验中,液封高度过高对设备有何影响?
2. 实验中怎样调节 CO_2 混合气体中 CO_2 的浓度。

实验五　筛板精馏实验

一、实验目的

（1）了解筛板精馏塔及其附属设备的基本结构，掌握精馏过程的基本操作方法。

筛板精馏仿真实验讲解

（2）学会判断系统达到稳定的方法，掌握测定塔顶、塔釜溶液浓度的实验方法。

（3）学习测定精馏塔全塔效率和单板效率的实验方法，研究回流比对精馏塔分离效率的影响。

二、仿真操作步骤

在软件主界面选择筛板精馏实验，点击左上角的"标签显示"显示实验装置的各部分名称，熟悉实验装置，如图3-31所示。

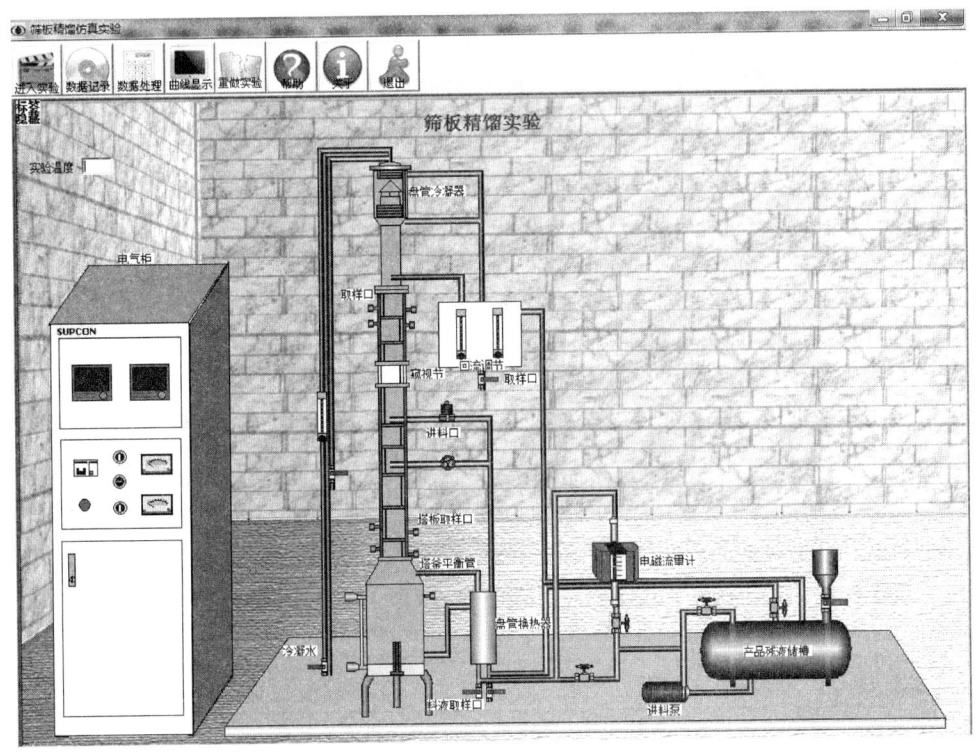

图3-31　筛板精馏实验装置

（1）在"实验温度"方框内填入实际将要进行实验的室温，点击"进入实验"按钮或输完实验温度后直接按回车键进入实验。

(2)将配制好的浓度为 10% ~ 20%(体积分数)的乙醇溶液加入釜中,至釜容积的 2/3 处。在仿真实验中,假设已经配好溶液,就要将溶液由进料泵输送至釜中,具体步骤是先点击电气柜中间部分,进入电源面板,如图 3-32 所示。

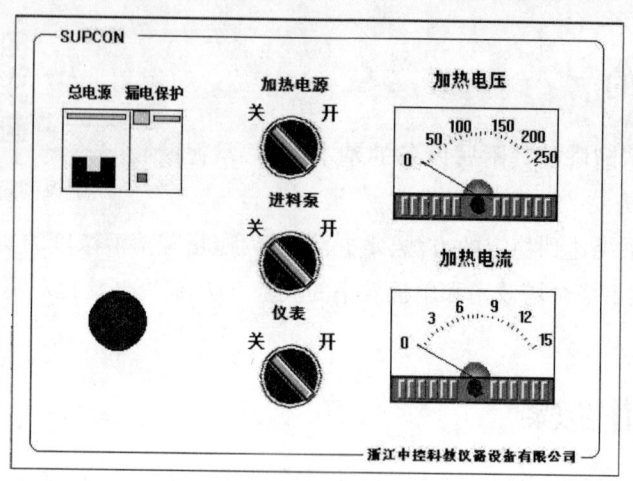

图 3-32 电源面板

(3)打开进料泵电源和仪表电源,打开进料管旁路向塔釜注入一定量的溶液,接着打开冷凝水进水阀和塔顶排气阀,打开加热电源,关闭进料旁路,然后回到主界面,点击电气柜上部进入仪表面板,用左边的无纸记录仪 C3000(图 3-33)来控制流量和塔釜温度。无纸记录仪 C3000 的具体用法为:按一下圆形旋转按钮,在控制界面和显示界面之间切换。旋转按钮可选择不同的控制回路,点击"A/M"进行手自动切换,点击"▲""▼"进行设定值的增减。

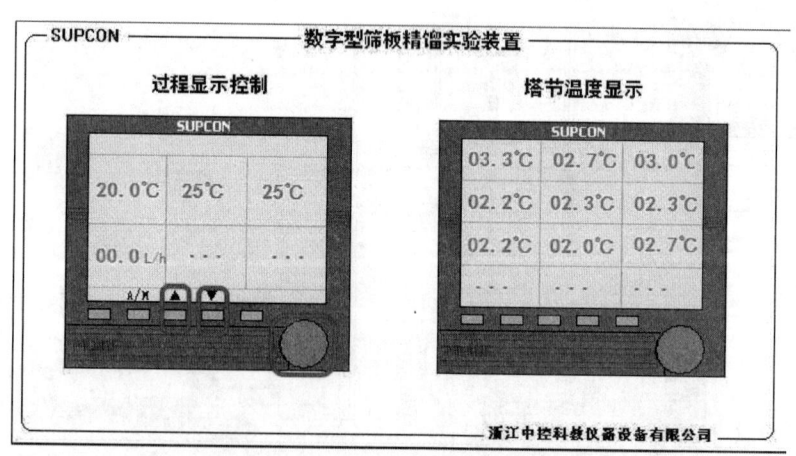

图 3-33 无纸记录仪 C3000

(4)一般根据物料的浓度设定一定的温度,温度太低,产生的蒸汽太少会产生塔板漏液的现象;温度太高,则会溢泛。进料流量的大小根据塔顶馏出液的大小设定,应保持输入和产出的乙醇量相等。实验的回流比由两个转子流量计(图 3-34)调节,进行全回流实验时要将进料泵关闭。

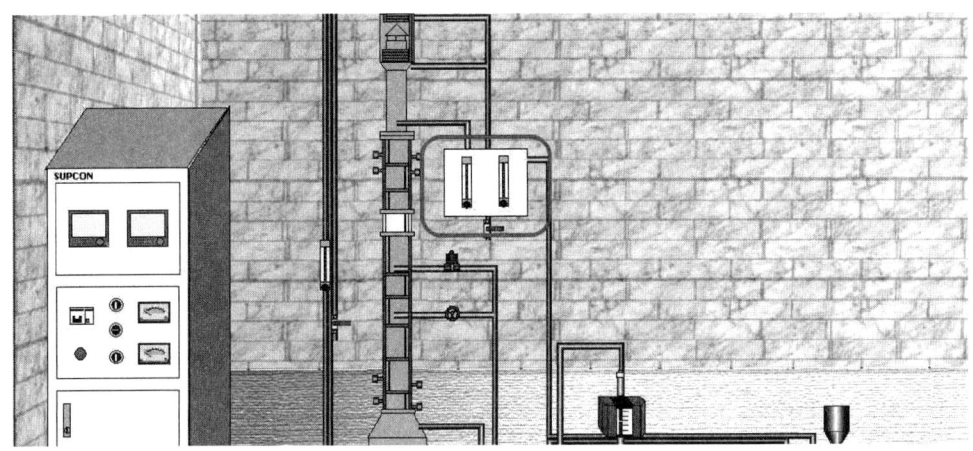

图 3-34　产品流量计和回流流量计

（5）点击装置中的流量计出现流量计。按住旋钮两侧可改变流量计开度,以此来调节回流比。

（6）待温度和流量稳定后进行取样,包括塔顶、塔釜、进料液以及两块板上下气相和液相的取样,完成后点击"数据记录"按钮记录数据,点击"数据处理"按钮进行数据处理。

（7）点击 按钮回到实验主界面,点击"曲线显示"图标显示实验曲线,如图3-35所示。

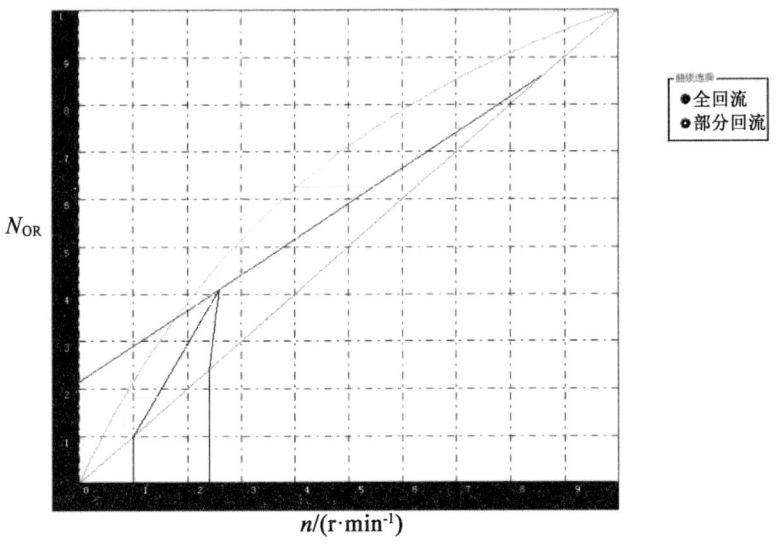

图 3-35　N_{OR}-n 曲线

（8）实验结束,要退出程序必须先关闭电源。然后点击"退出"按钮退出程序。

以上仿真操作中,若有次序问题或错误操作,系统会有警告或提示框出现,点击"确定",并改正操作即可。

三、思考题

1. 在实验中如何测定塔顶、塔釜、进料液以及两块板上下气相和液相的样品中乙醇的含量,其原理是什么?

2. 在真实的实验中,加热器加热功率过高和过低对实验有何影响?

实验六　转盘萃取实验

转盘萃取仿真实验讲解

一、实验目的

(1)了解转盘萃取塔的基本结构、操作方法及萃取的工艺流程。

(2)观察转盘转速变化时,萃取塔内轻、重两相的流动状况,了解萃取操作的主要影响因素,研究萃取操作条件对萃取过程的影响。

(3)掌握每米萃取高度的传质单元数、传质单元高度和萃取率的实验测法。

二、仿真操作步骤

点击转盘萃取实验进入如下界面(图3-36)。

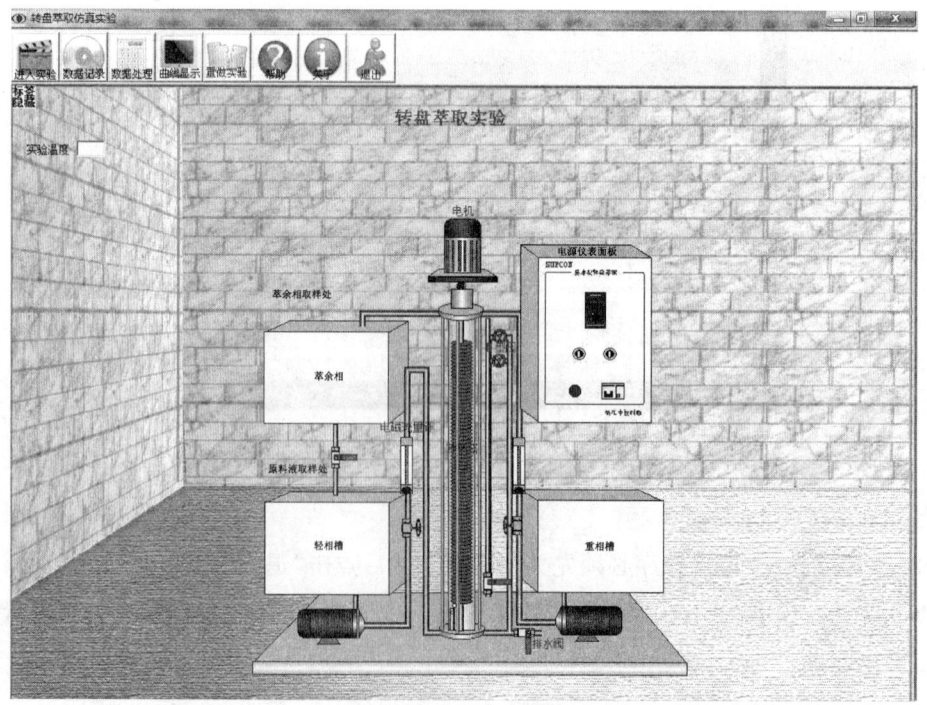

图3-36　转盘萃取实验装置

(1) 在"实验温度"方框内填入实际将要进行实验的室温,点击"进入实验"按钮或输完实验温度后直接按回车键进入实验。

(2) 向萃取塔注入一定量的水,然后启动电机搅拌一段时间。具体步骤是先点击控制柜进入电源仪表面板,如图 3-37 所示。打开重相泵电源,待主界面中的萃取塔液面没过转盘并且液位高度在 Ⅱ 型阀两个阀门之间时,启动电机调节好转速。同时打开出水阀,调节 Ⅱ 型阀开度,使液位恒定在 Ⅱ 型阀两个阀门之间,如图 3-38 所示。

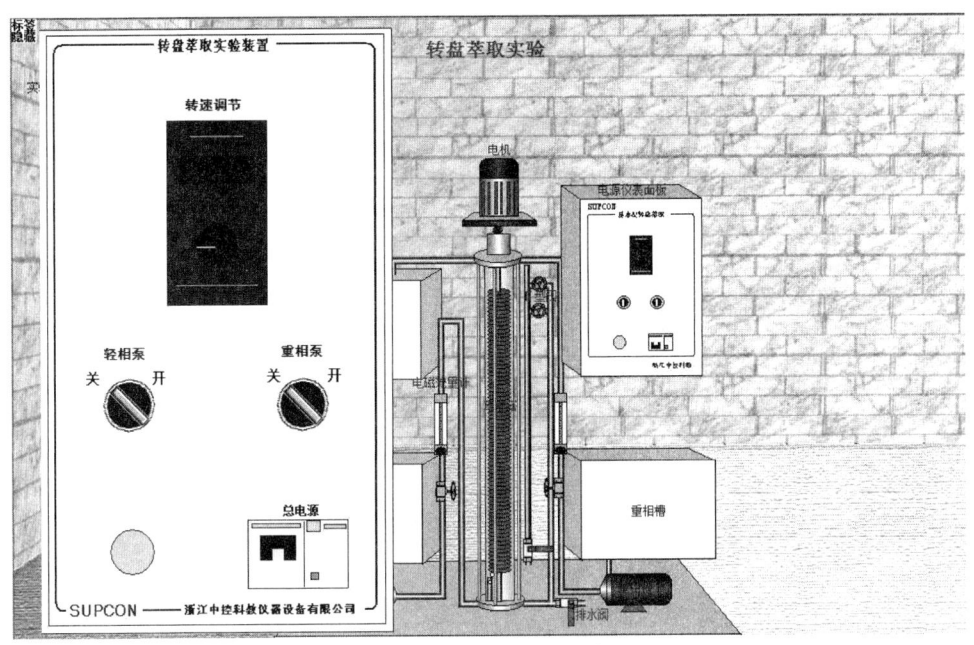

图 3-37 电源仪表面板

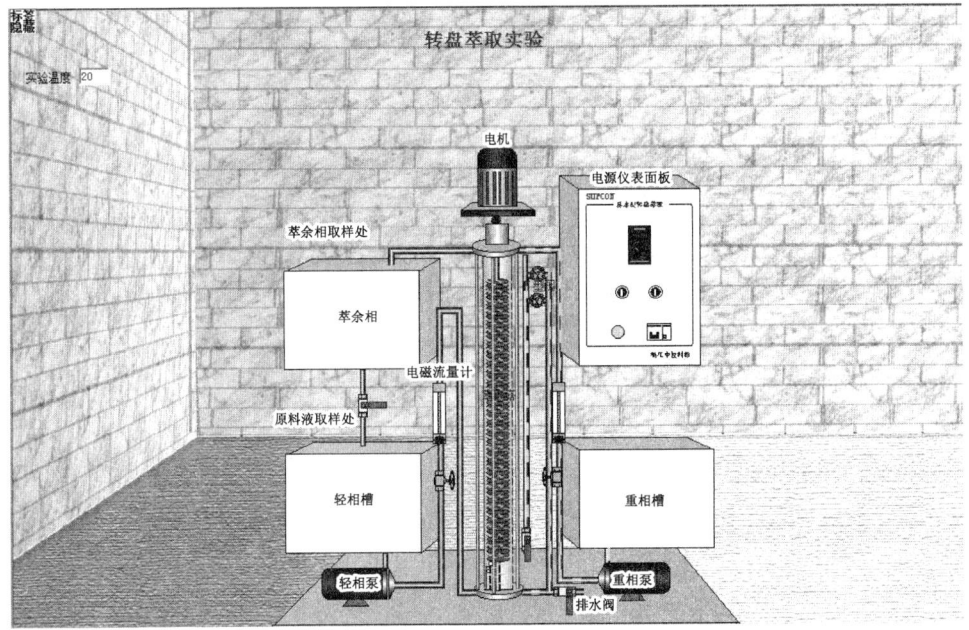

图 3-38 重相液位位置

(3)选定一个转速,开启分散相——煤油管路,调节两相的体积流量一般在 20~40 L/h 范围内,根据实验要求将两相的质量流量比调为 1∶1,待分散相在塔顶凝聚一定厚度的液层后,再通过连续相出口管路中Ⅱ形管上的阀门开度来调节两相界面高度,操作中应维持上集液板中两相界面的恒定,如图 3-39 所示。

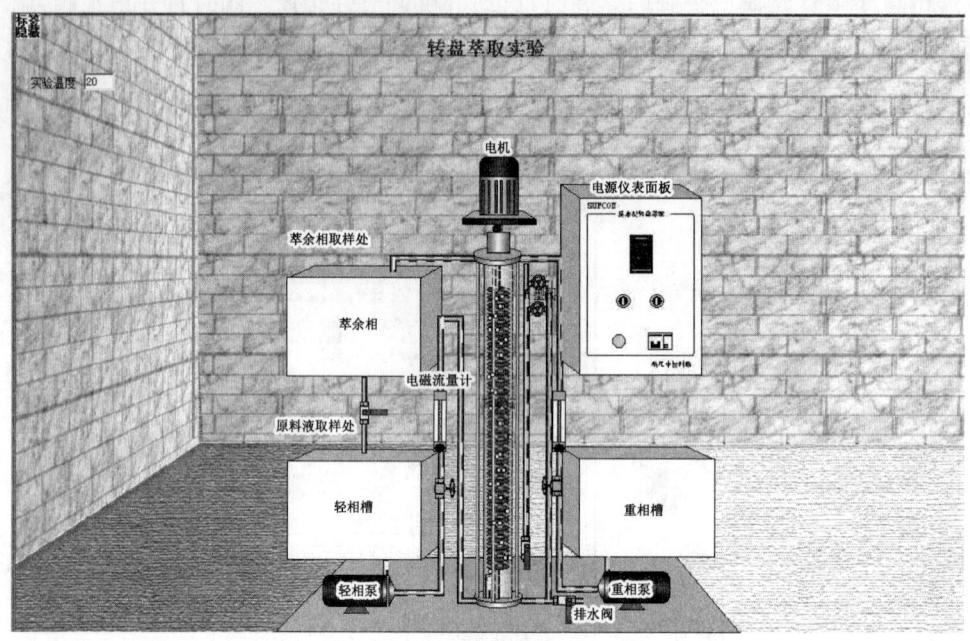

图 3-39　保持两相界面的恒定

(4)通过改变转速来分别测取效率 η 或传质单元高度,然后分别在原料液和萃余相取样处(在轻相槽和萃余相的上方,鼠标移上去有滴管的图标显示)进行取样,取样完成后点击"数据记录"按钮记录数据。点击"数据处理"按钮进行数据处理并将结果显示在图 3-40 中。

	实验室温(℃)	电机转速(r/min)	水质量流量(kg/t)	煤油质量流量(kg/h)	萃取相组成 y_E	平均推动力 Δx_m	传质单元数 N_{OR}	传质单元高度 H_{OR}	萃取率 η
1	20	58	25	25	5.252216E-03	2.149157E-02	.269408	4.639802	.3405863
2	20	109	25	25	5.483531E-03	2.117934E-02	.2854198	4.379515	.3555883
3	20	181	25	25	5.810094E-03	2.073694E-02	.3088691	4.047021	.3767647

图 3-40　转盘萃取数据

(5)点击"返回"按钮回到实验主界面,点击"删除"按钮删除数据,点击"曲线显示"按钮显示实验曲线,如图 3-41 和图 3-42 所示。

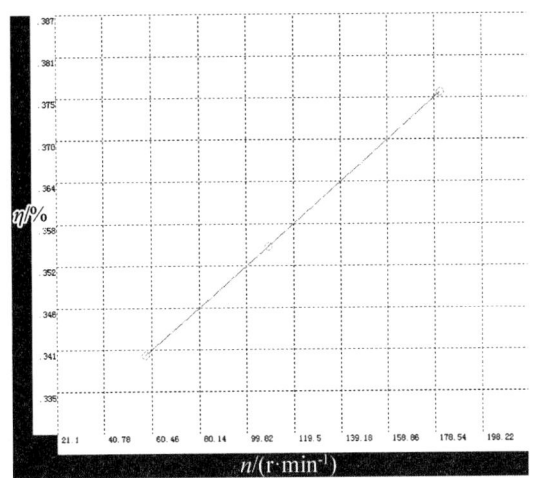
图 3-41 $\eta - n$ 曲线

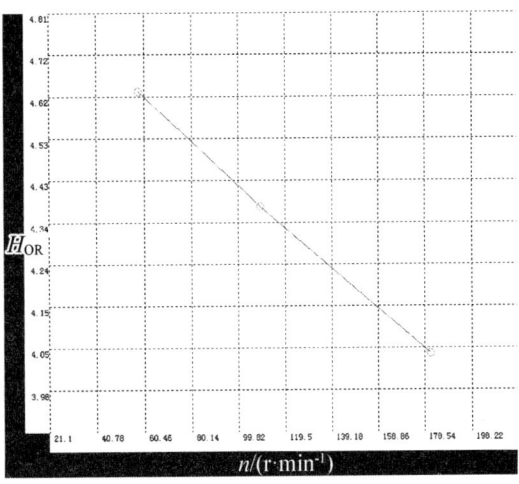
图 3-42 $H_{OR} - n$ 曲线

（6）实验结束，要退出程序必须先关闭电源，正确的关闭步骤是先关闭搅拌电机和轻相泵，然后关闭 II 型阀将顶部煤油压出萃取塔，接着关闭重相泵并打开底部排空阀将水排空，关闭电源。最后点击"退出"按钮退出程序。

以上仿真操作中，若有次序问题或错误操作，系统会有警告或提示框出现，点击"确定"，并改正操作即可。

三、思考题

1. 在实验中怎样调节轻重两相界面的高度？
2. 如何测定原料液、萃余相溶液的浓度，具体步骤是什么？

实验七　洞道干燥实验

一、实验目的

洞道干燥仿真实验讲解

（1）了解洞道式干燥装置的基本结构、工艺流程和操作方法。

（2）学习测定物料在恒定干燥条件下干燥特性的实验方法。

（3）掌握根据实验干燥曲线求取干燥速率曲线以及恒速阶段干燥速率、临界含水量、平衡含水量的实验分析方法。

（4）实验研究干燥条件对于干燥过程特性的影响。

二、仿真操作步骤

(1) 双击仿真程序图标,进入如下界面(图3-43)。

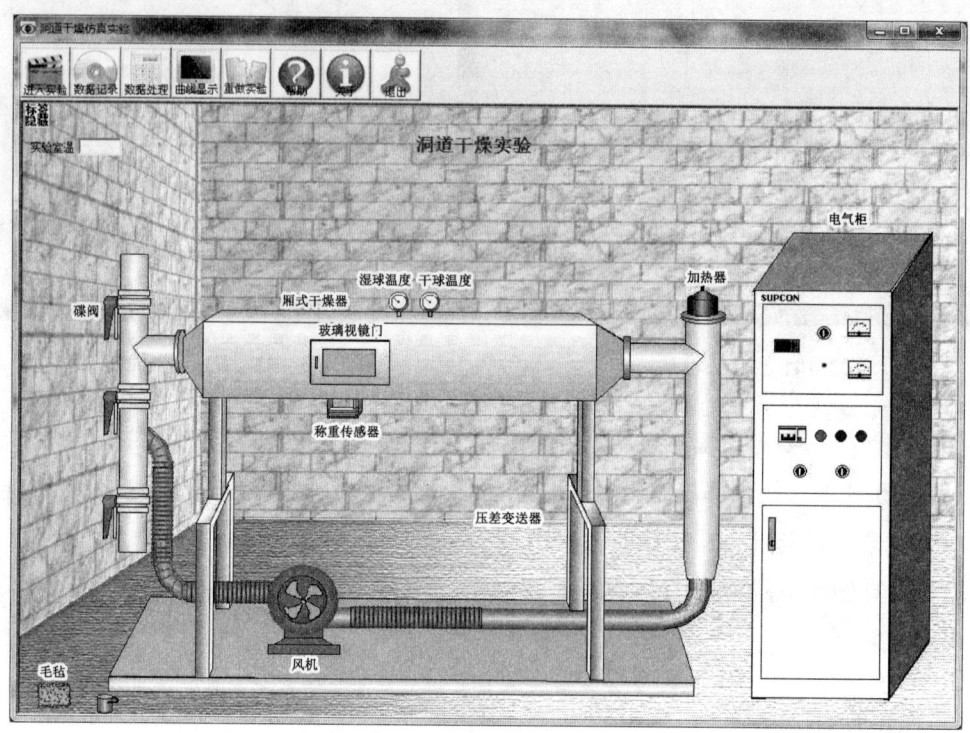

图3-43 洞道干燥实验

(2) 设定实验环境温度,点击"进入实验"按钮进入实验。

(3) 打开风机和仪表电源,具体步骤是先点击电气柜电源部分进入电源面板(图3-44),打开风机和仪表电源,右键点击面板关闭。

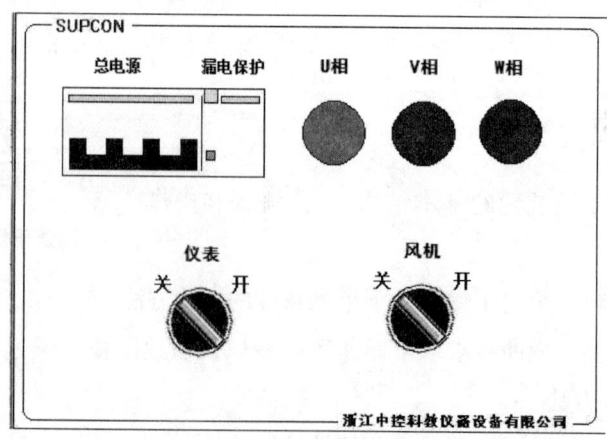

图3-44 电源面板

(4) 点击电气柜上部分打开加热电源,如图 3-45 所示,按照实验要求将干燥箱内的干球温度加热到 70 ℃ 左右。

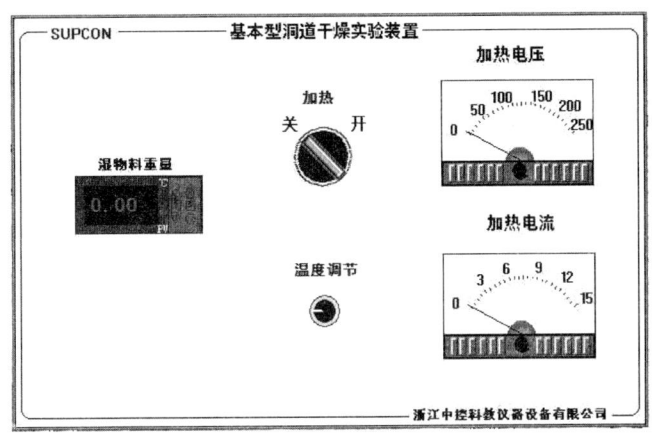

图 3-45 加热电源控制面板

(5) 当温度稳定在 70 ℃ 左右时,将水桶拖到毛毡上将毛毡浸湿,然后打开玻璃视镜门,将浸湿的毛毡用鼠标拖到托盘上(实际做实验时千万不要用力压托盘,以免损坏称重传感器),然后关闭玻璃视镜门,点击"数据记录"按钮开始自动记录数据。

(6) 待毛毡质量稳定后点击"数据处理"按钮进行数据处理并将结果显示在图 3-46 中。

数据序号	干燥时间 t/s	湿物料质量 m/g	物料湿含量 $X/\%$	干燥速率 $V/(\mathrm{kg\cdot m^{-2}\cdot s})$
1	2	23.4	10.7	5.000003E-04
2	4	22.8	10.4	5.000003E-04
3	6	22.2	10.1	4.999987E-04
4	8	21.6	9.8	5.000003E-04
5	10	21	9.5	5.000003E-04
6	12	20.4	9.2	5.000003E-04
7	14	19.8	8.9	5.000003E-04
8	16	19.2	8.6	4.999987E-04
9	18	18.6	8.3	5.000003E-04
10	20	18	8	5.000003E-04
11	22	17.4	7.7	5.000003E-04
12	24	16.8	7.4	4.999995E-04
13	26	16.2	7.1	5.000003E-04
14	28	15.6	6.8	4.999995E-04
15	30	15	6.5	5.000003E-04
16	32	14.4	6.2	5.000003E-04
17	34	13.8	5.9	4.999995E-04
18	36	13.2	5.6	5.000003E-04
19	38	12.6	5.3	4.999995E-04
20	40	12	5	5.000003E-04
21	42	11.4	4.7	5.000003E-04
22	44	10.8	4.4	4.999995E-04
23	46	10.2	4.1	5.000003E-04

图 3-46 实验数据

(7) 点击 按钮回到实验主界面,点击"曲线显示"按钮显示实验曲线,如图 3-47、图

3-48所示。

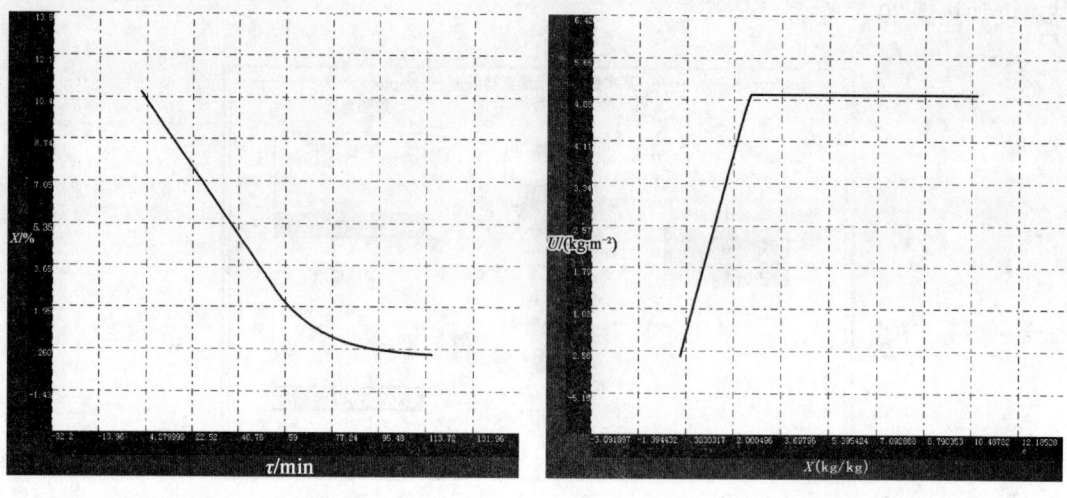

图3-47 干燥曲线　　　　　　　图3-48 干燥速率曲线

(8)实验结束,要退出程序必须先将加热电源关闭,将毛毡取下后,待温度降到室温时关闭风机电源和仪表电源,最后关闭总电源,然后点击"退出"按钮退出程序。

以上仿真操作中,若有次序问题或错误操作,系统会有警告或提示框出现,点击"确定",并改正操作即可。

三、思考题

1. 装置左侧的三个蝶阀的作用是什么?开关蝶阀对实验温度有何影响?
2. 安放湿毛毡时,毛毡应如何放置,与气流方向平行还是垂直,为什么?

实验八　传热系数测定实验

一、实验目的

对流传热系数测定仿真实验讲解

(1)了解间壁式传热元件,掌握传热系数测定的实验方法。

(2)掌握热电阻测温的方法,观察水蒸气在水平管外壁上的冷凝现象。

(3)学会传热系数测定的实验数据处理方法,了解影响传热系数的因素和强化传热的途径。

二、仿真操作步骤

双击仿真程序图标,进入如下界面(图3-49)。

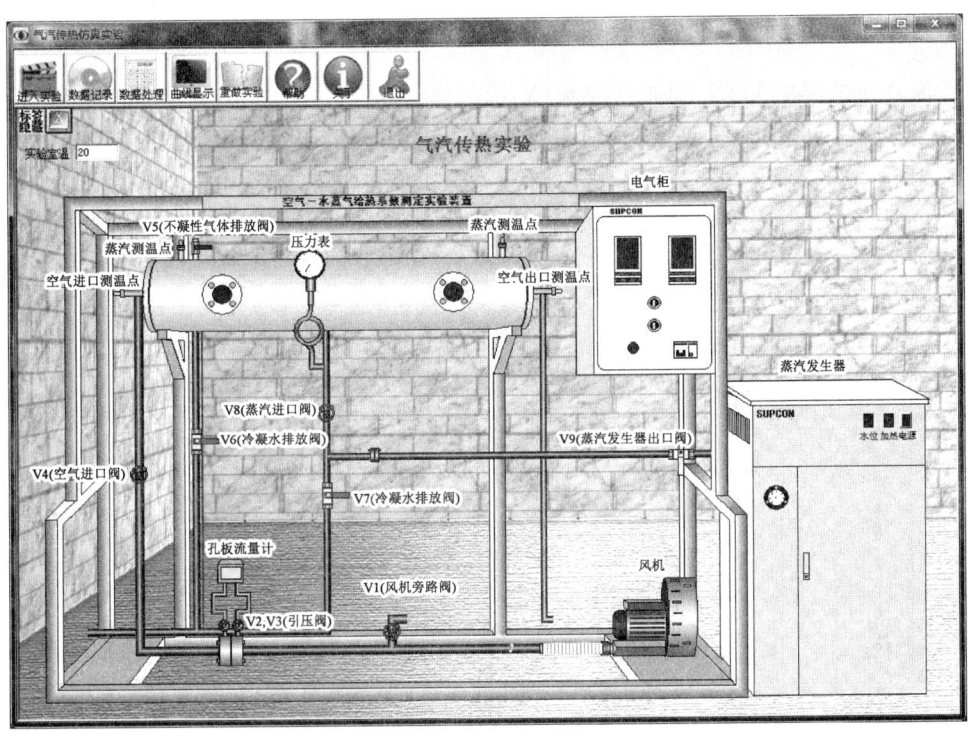

图 3-49 传热系数测定实验

(1)输入实验室温度按回车键或点击"进入实验"按钮进入实验。

(2)打开蒸汽发生器电源加热蒸汽,打开空气进口阀(V4),同时保持风机旁路阀(V1)打开一定开度,防止风机憋风,打开风机电源到全开方式,如图3-50所示。

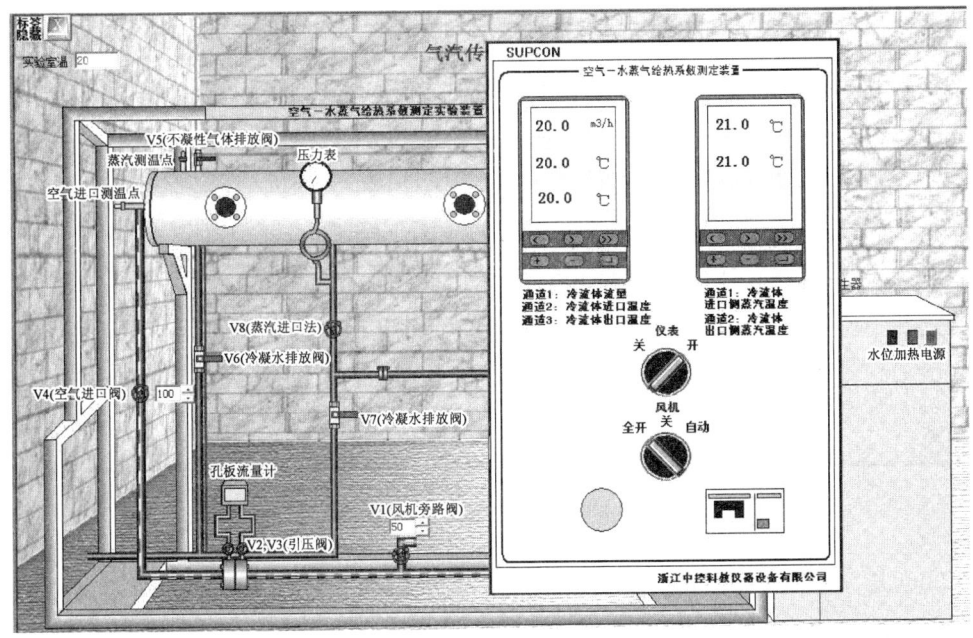

图 3-50 打开风机到全开模式

(3)打开孔板流量计的引压阀(V2、V3),打开两个冷凝水排放阀(V6、V7)和不凝性气体排放阀(V5),实验中应保持冷凝水排放阀(V6)和不凝性气体排放阀(V5)打开,待蒸汽管路中的冷凝水排放完后关闭冷凝水排放阀(V7)。

(4)打开总电源和仪表电源,风机打到自动方式,接着打开蒸汽发生器出口阀(V9)向装置内通入蒸汽,调节蒸汽进口阀(V8)使进口蒸汽压力维持在0.1 MPa左右,接着使用仪表调节风量(图3-51),待状况稳定后点击"数据记录"按钮记录实验数据。

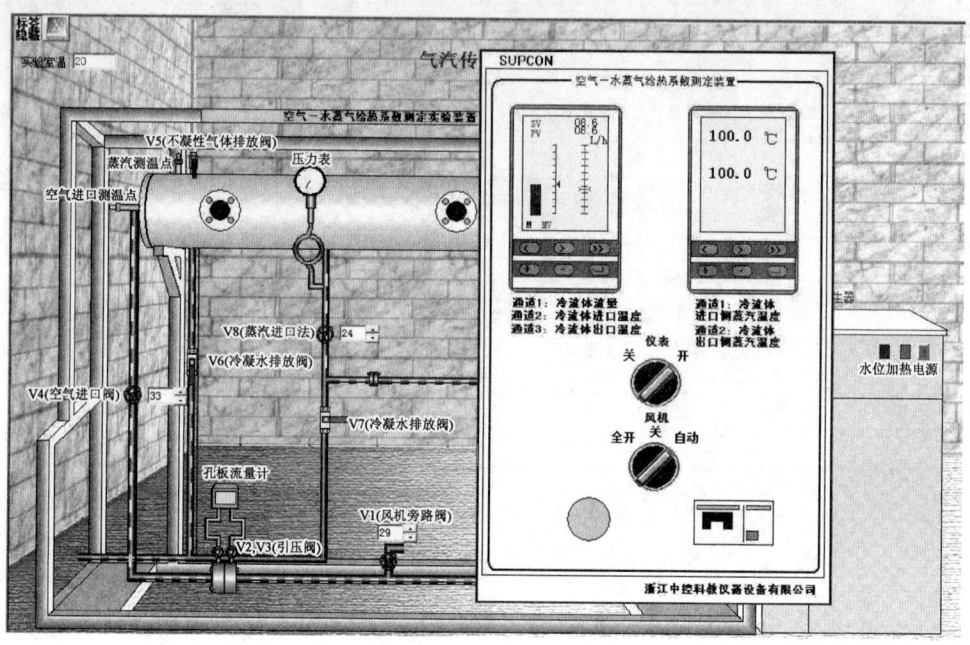

图3-51 调节冷流体流量

(5)本实验点击左上角的 ▨ 按钮可获得操作步骤提示。

(6)点击"数据处理"按钮进行数据处理并将结果显示在图3-52中。

数据序号	空气流量	冷空气进口	冷空气出口	水汽进口温	水汽出口温	空气比热	总给热系数	雷诺数 Re	普朗特数	对流给热系	努塞尔数
	1.6	20	77.571 41	100	100	1005	13.623 8	2179.852	.695 746 2	16.333 93	9.249 352
	3.1	20	76.687 03	100	100	1005	25.593 38	4228.055	.695 840 4	27.699 15	15.704 28
	4.6	20	75.789 25	100	100	1005	36.813 43	6280.825	.695 936 1	37.955 93	21.546 21
	6.1	20	74.878 11	100	100	1005	47.308 91	8338.28	.696 033 5	47.542 3	27.022 16
	7.35	20	74.108 58	100	100	1005	55.518 5	10056.49	.696 115 9	55.163 46	31.387 39
	8.6	20	73.329 77	100	100	1005	63.253 85	11778.11	.696 199 2	62.522 58	35.613 18
	10.35	20	72.223 81	100	100	1005	73.309 52	14194.24	.696 317 9	72.467 96	41.341 72
	12.1	20	71.099 64	100	100	1005	82.490 46	16617.39	.696 438 8	82.070 54	46.893 28

图3-52 实验数据

(7)点击"返回"按钮回到实验主界面,点击"曲线显示"按钮显示实验曲线,如图3-53所示。

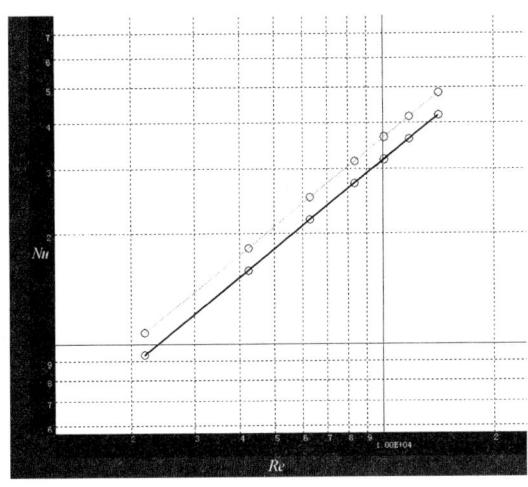

图 3-53 由准数法(细线)和近似法(粗浅)得到的 $Nu-Re$ 曲线

(8)实验结束,要退出程序必须先关闭电源,最后点击"退出"按钮退出程序。

以上仿真操作中,若有次序问题或错误操作,系统会有警告或提示框出现,点击"确定",并改正操作即可。

三、思考题

1. 实验过程中,换热器上左右两侧的蒸汽测温点,哪一侧的温度较高,原因是什么?

2. 在真实的实验过程中,当实验平稳进行时,冷凝水排放阀 V6 是何种状态,全开、关闭还是部分开启,这么做的原因是什么?开关冷凝水排放阀 V6 时应注意什么?

第4章 操作类实验

实验一 流体流动阻力测定实验

一、实验目的

(1)掌握测定流体流经直管、变径管、管件和阀门时阻力损失的一般实验方法。

流体流动阻力测定实验讲解

(2)测定直管摩擦系数 λ 与雷诺数 Re 的关系,验证在一般湍流区内 λ 与 Re 的关系曲线。

(3)测定流体流经管件、阀门时的局部阻力系数 ξ。

(4)掌握转子流量计的使用方法。

(5)识辨组成管路的各种管件、阀门,并了解其作用。

二、基本原理

流体通过由直管、变径管、管件(如三通和弯头等)和阀门等组成的管路系统时,由于黏性剪应力和涡流应力的存在,要损失一定的机械能。流体流经直管时所造成机械能损失称为直管阻力损失。流体通过管件、阀门时,因流体运动方向和速度大小改变所引起的机械能损失称为局部阻力损失。

1. 直管阻力摩擦系数 λ 的测定

流体在水平等径直管中稳定流动时,阻力损失为

$$h_\mathrm{f} = \frac{\Delta p_\mathrm{f}}{\rho^2} = \frac{p_1 - p_2}{\rho} = \lambda \frac{l}{d} \cdot \frac{u^2}{2} \tag{4-1}$$

即

$$\lambda = \frac{2d\Delta p_\mathrm{f}}{\rho l u^2} \tag{4-2}$$

式中 λ ——直管阻力摩擦系数,无因次;

d ——直管内径,m;

Δp_f ——流体流经 l m 直管的压力降,Pa;

h_f ——单位质量流体流经 l m 直管的机械能损失,J/kg;

ρ ——流体密度,kg/m³;

l ——直管长度,m;

u ——流体在管内流动的平均流速,m/s。

滞流(层流)时,

$$\lambda = \frac{64}{Re} \qquad (4-3)$$

$$Re = \frac{du\rho}{\mu} \qquad (4-4)$$

式中 Re ——雷诺数,无因次;

μ ——流体黏度,$kg/(m \cdot s)$。

湍流时,λ 是雷诺数 Re 和相对粗糙度(ε/d)的函数,须由实验确定。

由式(4-2)可知,欲测定 λ,需确定 l、d,测定 Δp_f、u、ρ、μ 等参数。l、d 为装置参数(装置参数表格中给出),ρ、μ 通过测定流体温度,再查有关手册可得,u 通过测定流体流量,再由管径计算得到。

例如本装置采用转子流量计测量流量 V m³/h。

$$u = \frac{V}{900\pi d^2} \qquad (4-5)$$

Δp_f 可用倒 U 形压差计和二次仪表显示。

当采用倒 U 形压差计时,

$$\Delta p_f = \rho g R \qquad (4-6)$$

式中 R ——两侧水柱的高度差,m。

根据实验装置装置参数 l、d,指示液密度 ρ_0,流体温度 t_0(查流体物性 ρ、μ)及实验时测定的流量 V、压差计的读数 R 或差压变送器读数,通过式(4-2)、式(4-4)、式(4-5)和式(4-6)求取 Re 和 λ,再将 Re 和 λ 标绘在双对数坐标纸上。

2. 局部阻力系数 ξ 的测定

局部阻力损失通常有两种表示方法,即当量长度法和阻力系数法。

(1)当量长度法。

将流体流过某管件或阀门时造成的机械能损失看作与某一长度为 l_e 的同直径的管道所产生的机械能损失相当,此折合的管道长度称为当量长度,用符号 l_e 表示。这样,就可以用直管阻力的公式来计算局部阻力损失,而且在管路计算时可将管路中的直管长度与管件、阀门的当量长度合并在一起计算,则流体在管路中流动时的总机械能损失 $\sum h_f$ 为

$$\sum h_f = \lambda \frac{l + \sum l_e}{d} \cdot \frac{u^2}{2} \qquad (4-7)$$

(2)阻力系数法。

流体通过某一管件或阀门时的机械能损失表示为流体在小管径内流动时平均动能的某一倍数,局部阻力的这种计算方法称为阻力系数法,即

$$h_f' = \frac{\Delta p_f'}{\rho g} = \xi \frac{u^2}{2} \qquad (4-8)$$

故
$$\xi = \frac{2\Delta p_f'}{\rho g u^2} \tag{4-9}$$

式中 ξ——局部阻力系数,无因次;

$\Delta p_f'$——局部阻力压强降,Pa(本装置中,所测得的压降应扣除两侧压口间直管段的压降,直管段的压降由直管阻力实验结果求取);

ρ——流体密度,kg/m³;

g——重力加速度,9.81 m/s²;

u——流体在小截面管中的平均流速,m/s。

$$\Delta p_f' = 2\Delta p_1 - \Delta p_2 \tag{4-10}$$

式中 Δp_1——短管压强降(距离压差计近的取压口测量值),Pa;

Δp_2——短管压强降(距离压差计远的取压口测量值),Pa。

本实验采用阻力系数法表示管件或阀门的局部阻力损失。根据连接管件或阀门两端管径中小管的直径 d,指示液密度 ρ_0,流体温度 t_0(查流体物性 ρ、μ)及实验时测定的流量 V、压差计的读数 R,通过式(4-5)、式(4-6)、式(4-9)求取管件或阀门的局部阻力系数 ξ。

三、实验装置与流程

实验装置由水箱,离心泵,不同管径、材质的水管,各种阀门、管件、涡轮流量计、转子流量计和倒 U 形压差计等组成。整个设备主要包括流体流动阻力系数测定和离心泵特性曲线测定管路两部分实验内容。在流体流动系数测定部分有四段并联的长直管,分别用于测定光滑管直管阻力系数、粗糙管直管阻力系数、变径管局部阻力系数和闸阀局部阻力系数。

流体流动阻力测定实验(旧设备)

流体流动阻力测定实验(新设备)

表 4-1 各管段参数

管段名称	管径(内径)d/m	管长 l/m	材料
光滑直管	0.02	1.6	不锈钢
粗糙直管	0.02	1.6	不锈钢
变径管	0.02~0.032	1.6	不锈钢
局部阻力管(带球阀)	0.02	1.6	不锈钢

表 4-2 主要仪表参数

仪表	型号	量程
压力传感器	LXWY	0~200 kPa
压力显示仪	AI-501	0~200 kPa

续表 4-2

仪表	型号	量程
玻璃转子流量计(大)	LZB-40	160~1 600 l/h
玻璃转子流量计(小)	LZB-15	40~400 l/h

流体综合实验装置如图 4-1 所示。

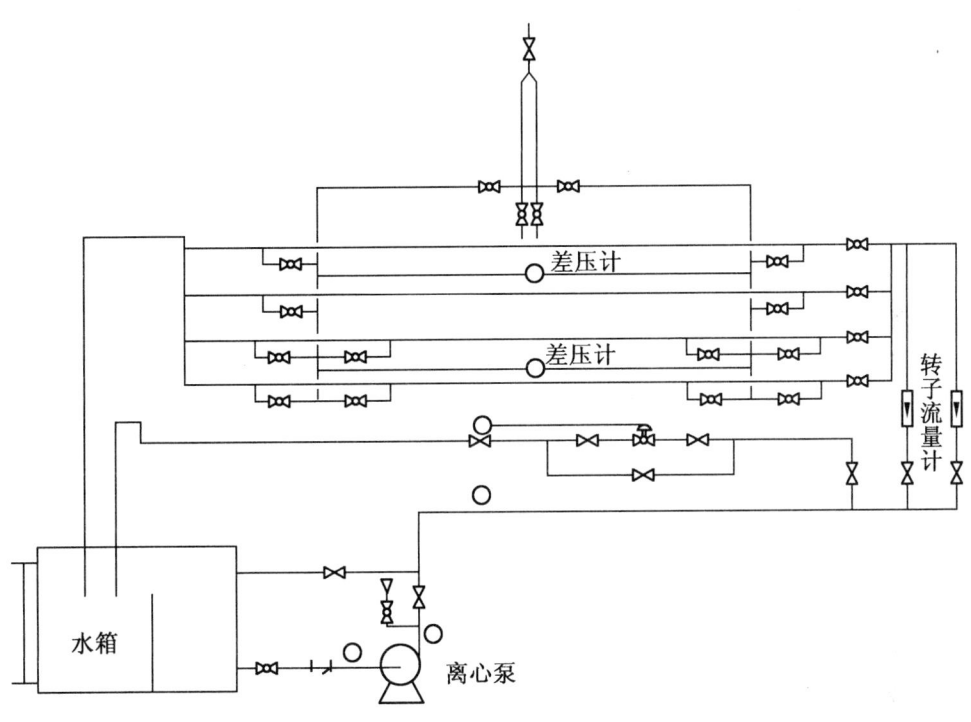

图 4-1 流体综合实验装置示意图

闸板阀盘根漏气及排除

球阀结构原理

涡轮流量计

四、实验步骤及注意事项

1. 实验步骤

(1)向水箱注水至 2/3 处,打开仪表电源开关。

(2)泵启动。打开离心泵入口阀,关闭出口阀,关闭电动调节阀;打开离心泵电源开关,按离心泵变频控制器上的运行按钮启动离心泵,待频率稳定后开始实验。

(3)直管阻力的测量(粗糙直管、光滑直管)。选择实验管路,把对应的进口阀打开,并在出口阀最大开度下,保持全流量流动 5 min,排出系统内气泡。

(4)排气。打开压差计两侧取压阀。参照图 4-2,打开倒 U 形压差计上 B、C 两个阀门,在最大流量下将压差计取压管内气泡排出,当在倒 U 形压差计内观察不到气泡时,关闭压差计取压阀,将阀门 A 打开。分别缓慢打开阀门 D、E 排出倒 U 形压差计内的部分水,保持水柱液位在两侧管中间位置并且液面保持在同一水平。最后关闭阀门 A、D、E,排气结束。

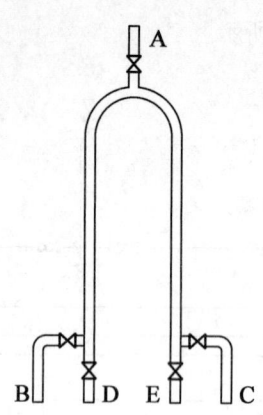

图 4-2 倒 U 形压差计示意图

(5)流量调节。关闭两个转子流量计的入口阀,打开压差计两侧取压阀,打开倒 U 形压差计阀门 B、C。缓慢打开小量程流量计入口阀,调节流量至需要流量后,待流量稳定后读取流量数值和倒 U 形压差计读数,然后增大流量重复上述步骤,测量其他流量下的压差数据。当流量增加到小流程流量计量程的上限时,将小量程流量计关闭,用大量程流量计继续调节流量。还需注意,当压差增大到倒 U 形压差计无法测量时,应关闭阀门 B、C,在控制面板上读取电子压差计的读数,直至全部数据测量完毕。

(6)局部阻力的测量(变径管、闸阀管)。将待测管路的进口阀打开,并在出口阀最大开度下,保持全流量流动 5 min,同时打开管路上的 4 个取压阀,即可排出系统内气泡。

(7)流量调节。关闭两个转子流量计的入口阀,打开压差计两侧距离近的一组取压阀,缓慢打开小量程流量计入口阀,调节流量至需要流量。流量稳定后,读取电子压差计的数值(Δp_1),然后关闭压差计两侧距离近的取压阀,打开距离远的一组取压阀,压差稳定后,记录电子压差计的数值(Δp_2)。然后增大流量重复上述步骤,测量其他流量下的压差数据。

(8)实验结束。关闭出口阀,关闭水泵和仪表电源,清理装置。

2. 注意事项

(1)实验装置中离心泵使用 380 V 的电源,故使用时应小心,不能私自拆装设备。

(2)水泵开启前需检查水箱液位,泵的空转会导致无法正常实验。

(3)实验开始之前,T 倒 U 形压差计导压管中的空气一定要排空,否则测得差压值不准确。

(4)开启水泵前,应确认 T 倒 U 形压差计各阀门处于正确的位置。

(5)实验结束后,如果长期不使用,应排空管路中和 T 倒 U 形压差计玻璃管中的存水,利于设备的维护。

五、实验数据处理

将上述实验测得的数据填写到表 4-3 中。

表 4-3 流体阻力测定实验数据记录表

序号	光滑管 $d=$____mm		粗糙管 $d=$____mm		局部阻力管(闸阀管) $d=$____mm			变径管 $d_{\min}=$____mm		
	流量 $V/(\text{L}\cdot\text{h}^{-1})$	压差 $\Delta p_f(\text{kPa})$	流量 $V/(\text{L}\cdot\text{h}^{-1})$	压差 $\Delta p_f(\text{kPa})$	流量 $V/(\text{L}\cdot\text{h}^{-1})$	压差(短) $\Delta p_1(\text{kPa})$	压差(长) $\Delta p_2(\text{kPa})$	流量 $V/(\text{L}\cdot\text{h}^{-1})$	压差(短) $\Delta p_1(\text{kPa})$	压差(长) $\Delta p_2(\text{kPa})$
1										
2										
3										
4										
5										
6										
7										
8										
9										
10										
11										
12										
13										
14										
15										
16										
水温: ℃										

六、实验报告

（1）根据粗糙管实验结果，在双对数坐标纸上标绘出 $\lambda - Re$ 曲线，对照《化工原理》教材上的有关曲线图，即可估算出该管的相对粗糙度和绝对粗糙度。

（2）根据光滑管实验结果，对照柏拉修斯方程，计算其误差。

流体流动阻力测定实验练习题

(3)根据局部阻力实验结果,求出闸阀全开时的平均 ξ 值。
(4)对实验结果进行分析讨论。

七、思考题

1. 如何检测管路中的空气已经被排除干净?
2. 以水作介质所测得的 $\lambda - Re$ 关系能否适用于其他流体?如何应用?
3. 在不同设备上(包括不同管径),不同水温下测定的 $\lambda - Re$ 数据能否关联在同一条曲线上?
4. 如果测压口、孔边缘有毛刺或安装不垂直,对静压的测量有何影响?

实验二 离心泵特性曲线测定实验

一、实验目的

(1)了解离心泵的结构与特性,熟悉离心泵的使用。
(2)掌握离心泵特性曲线的测定方法。
(3)了解电动调节阀的工作原理和使用方法。

离心泵实验讲解

二、基本原理

离心泵的特性曲线是选择和使用离心泵的重要依据之一,其特性曲线是在恒定转速下泵的扬程 H、轴功率 N 及效率 η 与泵的流量 Q 之间的关系曲线,它是流体在泵内流动规律的宏观表现形式。由于泵内部流动情况复杂,不能用理论方法推导出泵的特性关系曲线,只能依靠实验测定。

1. 扬程 H 的测定与计算

取离心泵进口真空表和出口压力表处为1、2两截面,列机械能衡算方程:

$$z_1 + \frac{p_1}{\rho g} + \frac{u_1^2}{2g} + H = z_2 + \frac{p_2}{\rho g} + \frac{u_2^2}{2g} + \sum h_f \qquad (4-11)$$

式中 ρ——流体密度,kg/m^3;
g——重力加速度,m/s^2;
p_1、p_2——分别为泵进、出口的真空度和表压,Pa;
u_1、u_2——分别为泵进、出口的流速,m/s;
z_1、z_2——分别为真空表、压力表的安装高度,m。

由于两截面间的管长较短,通常可忽略阻力项 $\sum h_f$,速度平方差也很小故可忽略,则有

$$H = (z_2 - z_1) + \frac{p_2 - p_1}{\rho g} = H_0 + H_1 + H_2 \qquad (4-12)$$

式中 H_0——泵出口和进口间的位差,m,$H_0 = z_2 - z_1$;

H_1、H_2——分别为泵进、出口的真空度和表压对应的压头,m。

由上式可知,只要直接读出真空表和压力表上的数值及两表的安装高度差,就可计算出泵的扬程。

2. 轴功率 N 的测量与计算

$$N = N_{电} \times k \tag{4-13}$$

式中　$N_{电}$——电功率表显示值；

　　　k——电动机传动效率,可取 $k = 0.95$。

3. 效率 η 的计算

泵的效率 η 是泵的有效功率 N_e 与轴功率 N 的比值。有效功率 N_e 是单位时间内流体经过泵时所获得的实际功,轴功率 N 是单位时间内泵轴从电动机得到的功,两者差异反映了水力损失、容积损失和机械损失的大小。

泵的有效功率 N_e 可用下式计算：

$$N_e = HQ\rho g \tag{4-14}$$

故泵效率为

$$\eta = \frac{HQ\rho g}{N} \times 100\% \tag{4-15}$$

4. 转速改变时的换算

泵的特性曲线是在定转速下的实验测定所得。但是,实际上感应电动机在转矩改变时,其转速也会有变化,这样随着流量 Q 的变化,多个实验点的转速 n 将有所差异,因此在绘制特性曲线之前,须将实测数据换算为某一定转速 n' 下(可取离心泵的额定转速 2 900 r/min)的数据。换算关系如下。

流量

$$Q' = Q\frac{n'}{n} \tag{4-16}$$

扬程

$$H' = H\left(\frac{n'}{n}\right)^2 \tag{4-17}$$

轴功率

$$N' = N\left(\frac{n'}{n}\right)^3 \tag{4-18}$$

效率

$$\eta' = \frac{Q'H'\rho g}{N'} = \frac{QH\rho g}{N} = \eta \tag{4-19}$$

三、实验装置与流程

离心泵特性曲线测定装置流程如图 4-3 所示。

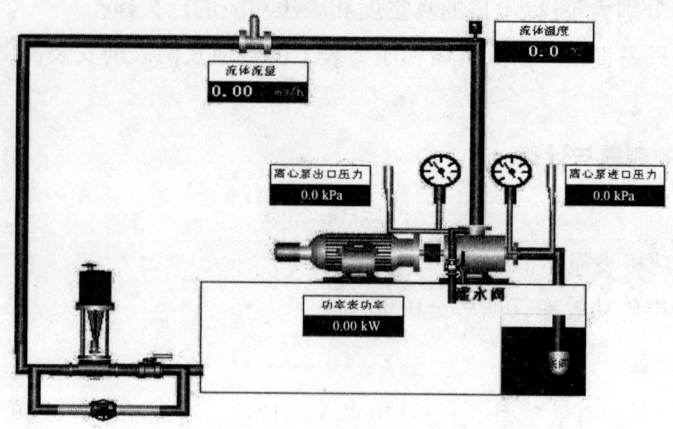

图 4-3 实验装置流程

四、实验步骤及注意事项

1. 实验步骤

(1) 清洗水箱,并加装实验用水。给离心泵灌水,排出泵内气体。

(2) 检查电源和信号线是否与电气柜连接正确,检查各阀门开度和仪表自检情况,试开状态下检查电动机和离心泵是否正常运转。

(3) 实验时,逐渐打开调节阀以增大流量,待各仪表读数显示稳定后,读取相应数据(离心泵特性实验部分,主要获取的实验参数为流量 Q、泵进口压力 p_1、泵出口压力 p_2、电动机功率 $N_电$、泵转速 n 及流体温度 t 和两测压点间高度差 H_0)。

(4) 测取 10 组左右数据后,可以停泵,同时记录下设备的相关数据(如离心泵型号、额定流量、扬程和功率等)。

2. 注意事项

(1) 一般每次实验前,均需对泵进行灌泵操作,以防止离心泵气缚。同时注意定期对泵进行保养,防止叶轮被固体颗粒损坏。

(2) 泵运转过程中,勿触碰泵的主轴部分,因其高速转动可能会缠绕并伤害到身体的接触部位。

五、数据处理

(1) 记录实验原始数据(表4-4)。

表 4-4　离心泵特性曲线测定实验数据记录表

实验日期：_____　　实验人员：_____　　学号：_____　　装置号：_____
离心泵型号：_____　　额定流量 =_____　　额定扬程 =_____　　额定功率 =_____
泵进出口测压点高度差 H_0 =_____　　流体温度 t =_____

实验次数	流量 Q/ ($m^3 \cdot h^{-1}$)	泵进口压力 p_1/ kPa	泵出口压力 p_2/ kPa	电机功率 $N_电$/ kW	泵转速 n/ ($r \cdot min^{-1}$)

（2）根据原理部分的公式，按比例定律校核转速后，计算各流量下的泵扬程、轴功率和效率。

表 4-5　离心泵特性曲线测定实验数据计算表

实验次数	流量 Q/ ($m^3 \cdot h^{-1}$)	扬程 H/ m	轴功率 N/ kW	泵效率 η/ %

六、实验报告

（1）分别绘制一定转速下的 $H-Q$、$N-Q$、$\eta-Q$ 曲线。
（2）分析实验结果，判断泵最为适宜的工作范围。

七、思考题

1. 试从所测实验数据分析，离心泵在启动时为什么要关闭出口阀门？
2. 启动离心泵之前为什么要引水灌泵？如果灌泵后依然启动不起来，你认为可能的原因是什么？
3. 为什么用泵的出口阀门调节流量？这种方法有什么优缺点？是否还有其他方法调节流量？

4. 泵启动后,出口阀如果不开,压力表读数是否会逐渐上升?为什么?

5. 正常工作的离心泵,在其进口管路上安装阀门是否合理?为什么?

6. 试分析,用清水泵输送密度为 1 200 kg/m³ 的盐水,在相同流量下,你认为泵的压力是否变化?轴功率是否变化?

离心泵

电磁流量计

离心泵特性曲线测定实验练习题

实验三　恒压过滤常数测定实验

一、实验目的

(1) 熟悉板框压滤机的构造和操作方法。
(2) 通过恒压过滤实验验证过滤基本理论。
(3) 学会测定过滤常数 K、q_e、τ_e 及压缩性指数 s 的方法。
(4) 了解操作压力对过滤速率的影响。

恒压过滤常数测定实验讲解

二、基本原理

过滤是以某种多孔物质为介质来处理悬浮液以达到固、液分离的一种操作过程,即在外力的作用下,悬浮液中的液体通过固体颗粒层(即滤渣层)及多孔介质的孔道,固体颗粒被截留下来形成滤渣层,从而实现固、液分离。因此,过滤操作本质上是流体通过固体颗粒层的流动,而这个固体颗粒层的厚度随着过滤的进行而不断增加,故在恒压过滤操作中,过滤速度不断降低。

过滤速度 u 定义为单位时间单位过滤面积内通过过滤介质的滤液量。影响过滤速度的主要因素除过滤推动力(压强差) Δp、滤饼厚度 L 外,还有滤饼和悬浮液的性质、悬浮液温度、过滤介质的阻力等。

过滤时滤液流过滤渣和过滤介质的流动过程基本上处在层流流动范围内,因此,可利用流体通过固定床压降的简化模型寻求滤液量与时间的关系,可得过滤速度计算式为

$$u = \frac{dV}{Ad\tau} = \frac{dq}{d\tau} = \frac{A\Delta p^{(1-s)}}{\mu rC(V+V_e)} = \frac{A\Delta p^{(1-s)}}{\mu r'C'(V+V_e)} \quad (4-20)$$

式中　u——过滤速度,m/s;
　　　V——通过过滤介质的滤液量,m³;
　　　A——过滤面积,m²;
　　　τ——过滤时间,s;

q——通过单位面积过滤介质的滤液量,m^3/m^2;

Δp——过滤压力(表压),Pa;

s——滤渣压缩性系数;

μ——滤液的黏度,Pa·s;

r——滤渣比阻,$1/m^2$;

C——单位滤液体积的滤渣体积,m^3/m^3;

V_e——过滤介质的当量滤液体积,m^3;

r'——滤渣比阻,m/kg;

C'——单位滤液体积的滤渣质量,kg/m^3。

对于一定的悬浮液,在恒温和恒压下过滤时,μ、r、C 和 Δp 都恒定,为此令

$$K = \frac{2\Delta p^{(1-s)}}{\mu r C} \tag{4-21}$$

于是式(4-20)可改写为

$$\frac{dV}{d\tau} = \frac{KA^2}{2(V+V_e)} \tag{4-22}$$

式中 K——过滤常数,由物料特性及过滤压差所决定,m^2/s。

将式(4-22)分离变量积分,整理得

$$\int_{V_e}^{V+V_e} (V+V_e) d(V+V_e) = \frac{1}{2} K A^2 \int_0^\tau d\tau \tag{4-23}$$

即

$$V^2 + 2VV_e = KA^2\tau \tag{4-24}$$

将式(4-23)的积分极限改为从 0 到 V_e 和从 0 到 τ_e 积分,则

$$V_e^2 = KA^2\tau_e \tag{4-25}$$

将式(4-24)和式(4-25)相加,可得

$$(V+V_e)^2 = KA^2(\tau+\tau_e) \tag{4-26}$$

式中 τ_e——虚拟过滤时间,相当于滤出滤液量 V_e 所需时间,s。

再将式(4-26)微分,得

$$2(V+V_e)dV = KA^2 d\tau \tag{4-27}$$

将式(4-27)写成差分形式,则

$$\frac{\Delta\tau}{\Delta q} = \frac{2}{K}\bar{q} + \frac{2}{K}q_e \tag{4-28}$$

式中 Δq——每次测定的单位过滤面积滤液体积(在实验中一般等量分配),m^3/m^2;

$\Delta\tau$——每次测定的滤液体积 Δq 所对应的时间,s;

$\bar{q}$——相邻两个 q 值的平均值,m^3/m^2。

以 $\frac{\Delta\tau}{\Delta q}$ 为纵坐标,$\bar{q}$ 为横坐标将式(4-28)标绘成一直线,可得该直线的斜率和截距。

斜率为

$$S = \frac{2}{K}$$

截距为

$$I = \frac{2}{K}q_e$$

则

$$K = \frac{2}{S} \; m^2/s$$

$$q_e = \frac{KI}{2} = \frac{I}{S} \; m^3/m^2$$

$$\tau_e = \frac{q_e^2}{K} = \frac{I^2}{KS^2} \; s$$

改变过滤压差 Δp 可测得不同的 K 值，由 K 的定义式(4-21)两边取对数得

$$\lg K = (1-s)\lg \Delta p + B \tag{4-29}$$

在实验压差范围内，若 B 为常数，则 $\lg K - \lg \Delta p$ 的关系在直角坐标上应是一条直线，斜率为 $(1-s)$，可得滤饼压缩性指数 s。

三、实验装置与流程

本实验装置由空气压缩机、配料罐、压力罐、板框过滤机等组成，其流程如图 4-4 所示。

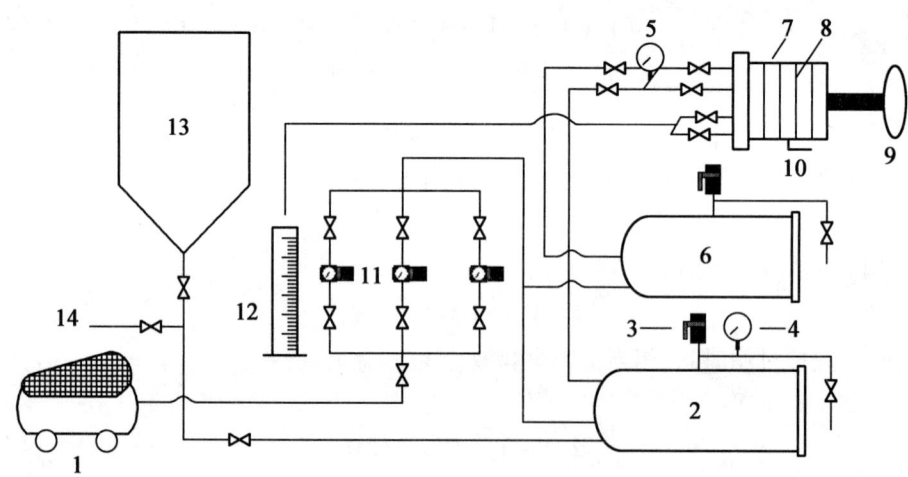

1—空气压缩机；2—压力罐；3—安全阀；4,5—压力表；6—清水罐；7—滤框；8—滤板；9—手轮；
10—通孔切换阀；11—调压阀；12—量筒；13—配料罐；14—地沟

图 4-4 板框压滤机过滤流程

弹簧式安全阀结构原理　　　　　　　　滑片式空气压缩机的结构与原理

$CaCO_3$ 的悬浮液在配料桶内配制一定浓度后，利用压差送入压力料槽中，用压缩空气加

以搅拌使 $CaCO_3$ 不致沉降,同时利用压缩空气的压力将滤浆送入板框压滤机过滤,滤液流入量筒计量,压缩空气从压力料槽上排空管中排出。

板框压滤机的结构尺寸为框厚度 20 mm,每个框过滤面积 0.038 m^2,框数 2 个。

空气压缩机规格型号为风量 0.06 m^3/min,最大气压 0.8 MPa。

四、实验步骤

1. 实验准备

(1)配料。在配料罐内配制含 $CaCO_3$ 10% ~ 30%(质量分数)的水悬浮液,$CaCO_3$ 事先由天平称重,水位高度按标尺示意,筒身直径 35 mm。配置时,应将配料罐底部阀门关闭。

(2)搅拌。开启空气压缩机,将压缩空气通入配料罐(空气压缩机的出口小球阀保持半开,进入配料罐的两个阀门保持适当开度),使 $CaCO_3$ 悬浮液搅拌均匀。搅拌时,应将配料罐的顶盖合上。

(3)设定压力。分别打开进压力罐的三路阀门,从空压机过来的压缩空气经各定值调节阀分别设定为 0.1 MPa、0.2 MPa 和 0.3 MPa(每个间隔压力大于 0.05 MPa,若操作 0.3 MPa 以上压力过滤,需调节压力罐安全阀)。设定定值调压阀时,压力罐泄压阀可略开。

(4)装板框。正确装好滤板、滤框及滤布。滤布使用前用水浸湿,滤布要绷紧,不能起皱。滤布紧贴滤板,密封垫贴紧滤布(注意:用螺旋压紧时,注意手指不要压伤,先慢慢转动手轮使板框合上,然后再压紧)。

(5)灌清水。向清水罐通入自来水,液面达视镜 $\frac{2}{3}$ 高度左右。灌清水时,应将安全阀处的泄压阀打开。

(6)灌料。在压力罐泄压阀打开的情况下,打开配料罐和压力罐间的进料阀门,使料浆自动由配料罐流入压力罐至其视镜 $\frac{1}{2} \sim \frac{1}{3}$ 处,关闭进料阀门。

2. 过滤过程

(1)鼓泡。向压力罐通压缩空气,使容器内料浆不断搅拌。压力罐的排气阀应不断排气,但又不能喷浆。

(2)过滤。将中间双面板下通孔切换阀开到通孔通路状态。打开进板框前料液进口的两个阀门,打开出板框后清液出口球阀。此时,压力表指示过滤压力,清液出口流出滤液。

(3)每次实验应在滤液从汇集管刚流出的时候作为开始时刻,每次 ΔV 取 800 mL 左右,记录相应的过滤时间 $\Delta \tau$。每个压力下,测量 8 ~ 10 个读数即可停止实验。欲得到干而厚的滤饼,则应在每个压力下做到没有清液流出为止。量筒交换接滤液时不要流失滤液,等量筒内滤液静止后读出 ΔV 值(注意:ΔV 约 800 mL 时替换量筒,这时量筒内滤液量并非正好 800 mL,要事先熟悉量筒刻度,不要打碎量筒),此外,要熟悉双秒表轮流读数的方法。

(4)每次滤液及滤饼均收集在小桶内,滤饼弄细后重新倒入料浆桶内搅拌配料,进入下一个压力实验。注意若清水罐内水不足时,可补充一定水源,补水时仍应打开该罐的泄压阀。

3. 清洗过程

（1）关闭板框过滤的进出阀门。将中间双面板下通孔切换阀开到通孔关闭状态。

（2）打开清洗液进入板框的进出阀门（板框前有两个进口阀，板框后有一个出口阀）。此时，压力表指示清洗压力，清液出口流出清洗液。清洗液速度比同压力下的过滤速度小很多。

（3）清洗液流动约 1 min，可观察混浊变化情况判断实验结束。一般物料可不进行清洗过程。结束清洗过程，也是关闭清洗液进出板框的阀门，关闭定值调节阀后的进气阀门。

4. 实验结束

（1）先关闭空气压缩机出口球阀，再关闭空气压缩机电源。

（2）打开安全阀处泄压阀，使压力罐和清水罐泄压。

（3）冲洗滤框、滤板，滤布不要折，应当用刷子刷洗。

（4）将压力罐内物料反压到配料罐内备下次实验使用，或将这两罐物料直接排空后用清水冲洗。

五、数据处理

1. 滤饼常数 K 的求取

计算举例：以 $p = 1.0 \text{ kg/cm}^2$ 时的一组数据为例。

过滤面积 $A = 0.024 \times 2 = 0.048 \text{ m}^2$；

$\Delta V_1 = 637 \times 10^{-6} \text{ m}^3$；

$\Delta \tau_1 = 31.98 \text{ s}$；

$\Delta V_2 = 630 \times 10^{-6} \text{ m}^3$；

$\Delta \tau_2 = 35.67 \text{ s}$；

$\Delta q_1 = \Delta V_1 / A = 637 \times 10^{-6} / 0.048 = 0.013\ 271 \text{ m}^3/\text{m}^2$；

$\Delta q_2 = \Delta V_2 / A = 630 \times 10^{-6} / 0.048 = 0.013\ 125 \text{ m}^3/\text{m}^2$；

$\Delta \tau_1 / \Delta q_1 = 31.98 / 0.013\ 271 = 2\ 409.766 \text{ s} \cdot \text{m}^2/\text{m}^3$；

$\Delta \tau_2 / \Delta q_2 = 35.67 / 0.013\ 125 = 2\ 717.714 \text{ s} \cdot \text{m}^2/\text{m}^3$；

$q_0 = 0 \text{ m}^3/\text{m}^2$；

$q_1 = q_0 + \Delta q_1 = 0.013\ 271 \text{ m}^3/\text{m}^2$；

$q_2 = q_1 + \Delta q_2 = 0.026\ 396 \text{ m}^3/\text{m}^2$；

$\bar{q}_1 = \frac{1}{2}(q_0 + q_1) = 0.006\ 635\ 5 \text{ m}^3/\text{m}^2$；

$\bar{q}_2 = \frac{1}{2}(q_1 + q_2) = 0.019\ 833\ 5 \text{ m}^3/\text{m}^2$。

依此算出多组 $\Delta \tau / \Delta q$ 及 $\bar{q}$。

在直角坐标系中绘制 $\frac{\Delta \tau}{\Delta q} - q$ 的关系曲线,如图4-5所示,从该图中读出斜率可求得 K。将不同压力下的 K 值列于表4-6中。

表4-6 不同压力下的 K 值

$\Delta p/(\text{kg} \cdot \text{cm}^{-2})$	过滤常数 $K/(\text{m}^2 \cdot \text{s}^{-1})$
1.0	8.524×10^{-5}
1.5	1.191×10^{-4}
2.0	1.486×10^{-4}

2. 滤饼压缩性指数 s 的求取

计算举例:在压力 $p = 1.0 \text{ kg/cm}^2$ 时的 $\frac{\Delta \tau}{\Delta q} - q$ 直线上,拟合得直线方程,根据斜率为 $2/K_3$,则 $K_3 = 0.000\ 085\ 24$。

用不同压力下测得的 K 值作 $\lg K - \lg \Delta p$ 曲线,如图4-6所示,也拟合得直线方程,根据斜率为 $(1-s)$,可计算得 $s = 0.198$。

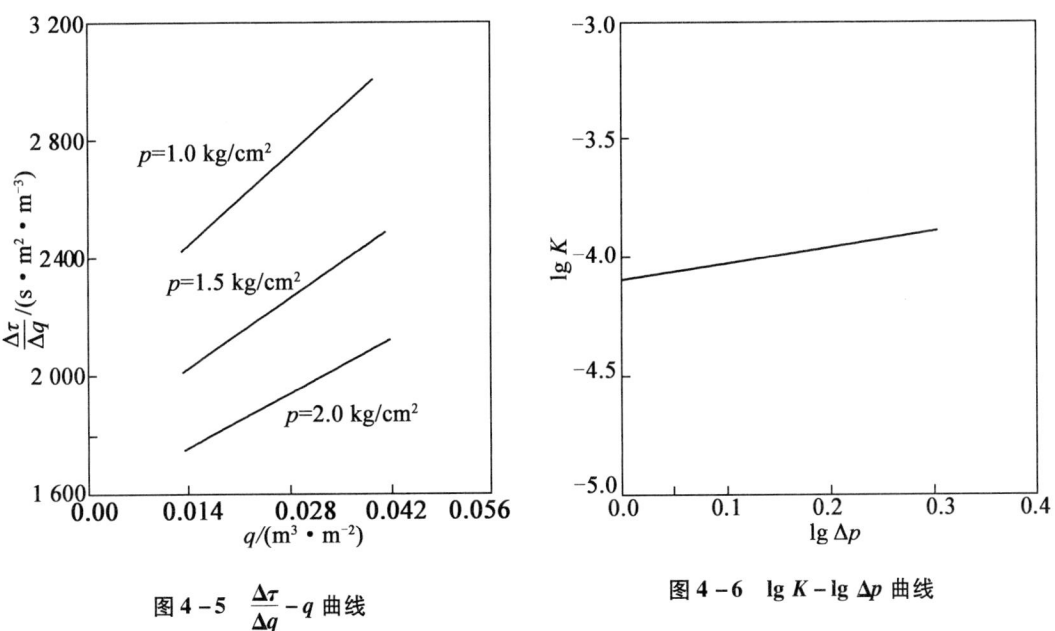

图4-5 $\frac{\Delta \tau}{\Delta q} - q$ 曲线 　　　　图4-6 $\lg K - \lg \Delta p$ 曲线

六、实验报告

(1) 比较几种压差下的 K、q_e、τ_e 值,讨论压差变化对以上参数数值的影响。
(2) 在直角坐标纸上绘制 $\lg K - \lg \Delta p$,由恒压过滤实验数据求过滤常数 K、q_e、τ_e。
(3) 作关系曲线,求出 s。
(4) 实验结果分析与讨论。

七、思考题

1. 板框过滤机的优缺点是什么？适用于什么场合？
2. 板框过滤机的操作分哪几个阶段？

恒压过滤常数测定实验练习题

3. 为什么过滤开始时，滤液常常有点浑浊，过段时间后才变清？
4. 影响过滤速率的主要因素有哪些？当你在某一恒压下测得 K、q_e、τ_e 的值后，若将过滤压强提高一倍，问上述三个值将有何变化？

实验四　干燥特性曲线测定实验

一、实验目的

（1）了解洞道式干燥装置的基本结构、工艺流程和操作方法。

干燥特性曲线测定实验讲解

（2）学习测定物料在恒定干燥条件下干燥特性的实验方法。
（3）掌握根据实验干燥曲线求取干燥速率曲线以及恒速阶段干燥速率、临界含水量、平衡含水量的实验分析方法。
（4）实验研究干燥条件对于干燥过程特性的影响。

二、基本原理

在设计干燥器的尺寸或确定干燥器的生产能力时，被干燥物料在给定干燥条件下的干燥速率、临界湿含量和平衡湿含量等干燥特性数据是最基本的技术依据参数。由于实际生产中的被干燥物料的性质千变万化，因此对于大多数具体被干燥物料而言，其干燥特性数据常常需要通过实验测定。

按干燥过程中空气状态参数是否变化，可将干燥过程分为恒定干燥条件操作和非恒定干燥条件操作两大类。若用大量空气干燥少量物料，则可以认为湿空气在干燥过程中温度、湿度均不变，再加上气流速度、与物料的接触方式不变，则称这种操作为恒定干燥条件下的干燥操作。

1. 干燥速率的定义

干燥速率的定义为单位干燥面积（提供湿分汽化的面积）、单位时间内所除去的湿分质量，即

$$U = \frac{dW}{Ad\tau} = -\frac{G_c dX}{Ad\tau} \qquad (4-30)$$

式中　U——干燥速率，又称干燥通量，$kg/(m^2 \cdot s)$；

　　　A——干燥表面积，m^2；

W——汽化的湿分量,kg;

τ——干燥时间,s;

G_C——绝干物料的质量,kg;

X——物料湿含量,kg(湿分)/kg(干物料);

式(4-30)中负号表示 X 随干燥时间的增加而减少。

2. 干燥速率的测定方法

将湿物料试样置于恒定空气流中进行干燥实验,随着干燥时间的延长,水分不断汽化,湿物料质量减少。若记录物料不同时间下的质量 G,直到物料质量不变为止,也就是物料在该条件下达到干燥极限为止,此时留在物料中的水分就是平衡水分 X^*。再将物料烘干后称重得到绝干物料重 G_C,则物料中瞬间含水率 X 为

$$X = \frac{G - G_C}{G_C} \tag{4-31}$$

计算出每一时刻的瞬间含水率 X,然后将 X 对干燥时间 τ 作图,如图4-7所示,即为干燥曲线。

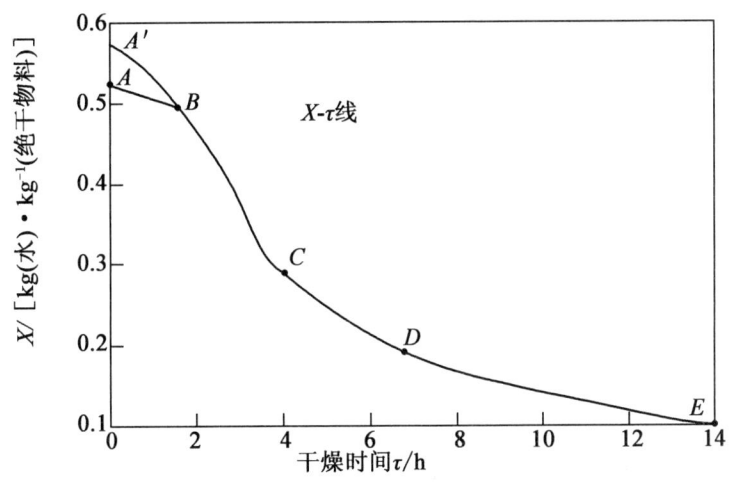

图4-7 恒定干燥条件下的干燥曲线

上述干燥曲线还可以变换得到干燥速率曲线。由已测得的干燥曲线求出不同 X 下的斜率 $\dfrac{dX}{d\tau}$,再由式(4-30)计算得到干燥速率 U,将 U 对 X 作图,就是干燥速率曲线,如图4-8所示。

3. 干燥过程分析

(1)预热段。

如图4-7和图4-8中的 AB 段或 $A'B$ 段。物料在预热段中,含水率略有下降,温度则升至湿球温度 t_W,干燥速率可能呈上升趋势变化,也可能呈下降趋势变化。预热段经历的时间很短,通常在干燥计算中忽略不计,有些干燥过程甚至没有预热段。本实验也没有预热段。

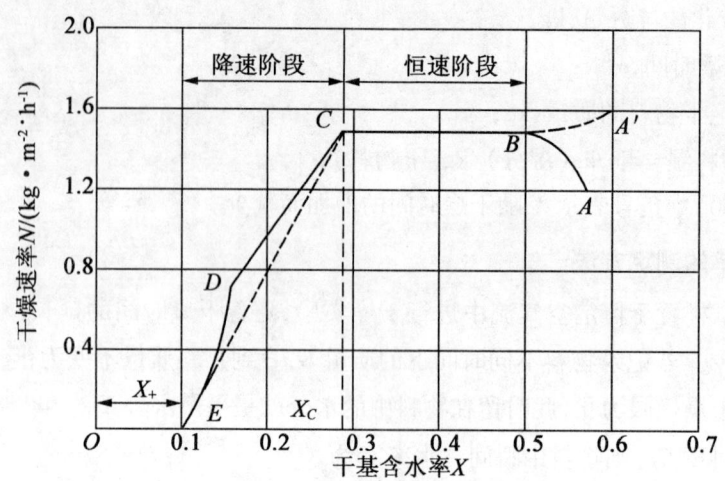

图 4-8　恒定干燥条件下的干燥速率曲线

(2) 恒速干燥阶段。

如图 4-7 和图 4-8 中的 BC 段。该段物料水分不断汽化，含水率不断下降。但由于这一阶段去除的是物料表面附着的非结合水分，水分去除的机理与纯水的相同，故在恒定干燥条件下，物料表面始终保持为湿球温度 t_W，传质推动力保持不变，因而干燥速率也不变。于是，在图 4-8 中，BC 段为水平线。

只要物料表面保持足够湿润，物料的干燥过程中总有恒速阶段。而该段的干燥速率大小取决于物料表面水分的汽化速率，亦即决定于物料外部的空气干燥条件，故该阶段又称为表面汽化控制阶段。

(3) 降速干燥阶段。

随着干燥过程的进行，物料内部水分移动到表面的速度赶不上表面水分的气化速率，物料表面局部出现干区，尽管这时物料其余表面的平衡蒸汽压仍与纯水的饱和蒸汽压相同、传质推动力也仍为湿度差，但以物料全部外表面计算的干燥速率因干区的出现而降低，此时物料中的含水率称为临界含水率，用 X_C 表示，对应图 4-8 中的 C 点，称为临界点。过 C 点以后，干燥速率逐渐降低至 D 点，CD 段称为降速第一阶段。

干燥到点 D 时，物料全部表面都成为干区，汽化面逐渐向物料内部移动，汽化所需的热量必须通过已被干燥的固体层才能传递到汽化面；从物料中汽化的水分也必须通过这层干燥层才能传递到空气主流中。干燥速率因热、质传递的途径加长而下降。此外，在点 D 以后，物料中的非结合水分已被除尽。接下去所汽化的是各种形式的结合水，因而，平衡蒸汽压将逐渐下降，传质推动力减小，干燥速率也随之较快降低，直至到达点 E 时，速率降为 0，这一阶段称为降速第二阶段。

降速阶段干燥速率曲线的形状随物料内部的结构而异，不一定都呈现前面所述的曲线 CDE 的形状。对于某些多孔性物料，可能降速两个阶段的界限不是很明显，曲线好像只有 CD 段；对于某些无孔性吸水物料，汽化只在表面进行，干燥速率取决于固体内部水分的扩散速率，故降速阶段只有类似 DE 段的曲线。

与恒速阶段相比,降速阶段从物料中除去的水的分量相对少许多,但所需的干燥时间却长得多。总之,降速阶段的干燥速率取决于物料本身结构、形状和尺寸,而与干燥介质状况关系不大,故降速阶段又称物料内部迁移控制阶段。

三、实验装置

1. 装置流程

本装置流程如图 4-9 所示。空气由风机送入加热器,经加热后流入干燥室,加热干燥室料盘中的湿物料后,经排出管道通入大气中。随着干燥过程的进行,物料失去的水分量由称重传感器转化为电信号,并由智能数显仪表记录下来(或通过固定间隔时间,读取该时刻的湿物料质量)。

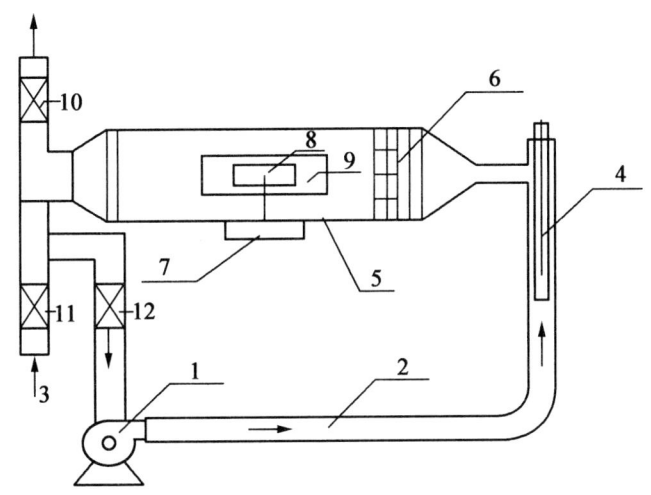

1—风机;2—管道;3—进风口;4—加热器;5—厢式干燥器;6—气流均布器;
7—称重传感器;8—湿毛毡;9—玻璃视镜门;10,11,12—蝶阀

图 4-9 干燥装置流程

2. 主要设备及仪器

(1)风机:BYF7122,370 W。

(2)加热器:额定功率 4.5 kW。

(3)干燥室:180 mm × 180 mm × 1 250 mm。

(4)干燥物料:湿毛毡或湿砂。

(5)称重传感器:CZ1000 型,0~1 000 g。

四、实验步骤及注意事项

1. 实验步骤

(1)放置托盘,开启总电源,开启风机电源。

(2)打开仪表电源开关,加热器通电加热,旋转加热按钮至适当加热电压(根据实验室温和实验讲解时间长短)。在 U 形湿漏斗中加入一定水量,并关注干球温度,干燥室温度(干球温度)要求达到恒定温度(例如 70 ℃)。

(3)向毛毡加入一定量的水并使其润湿均匀,注意水量不能过多或过少。

(4)当干燥室温度恒定在 70 ℃时,将湿毛毡十分小心地放置于称重传感器上。放置毛毡时应特别注意不能用力下压,因称重传感器的测量上限仅为 1 000 g,用力过大容易损坏称重传感器。

(5)记录时间和脱水量,每分钟记录一次质量数据;每两分钟记录一次干球温度和湿球温度。

(6)待毛毡恒重时,即为实验终了时,关闭仪表电源,注意保护称重传感器,非常小心地取下毛毡。

(7)关闭风机,切断总电源,清理实验设备。

2. 注意事项

(1)必须先开风机,后开加热器,否则加热管可能会被烧坏。

(2)特别注意传感器的负荷量仅为 1 000 g,放取毛毡时必须十分小心,绝对不能下压,以免损坏称重传感器。

(3)实验过程中,不要拍打、碰撞装置面板,以免引起料盘晃动,影响结果。

五、实验报告

(1)绘制干燥曲线(失水量-时间关系曲线)。

(2)根据干燥曲线作干燥速率曲线。

(3)读取物料的临界湿含量。

(4)对实验结果进行分析讨论。

六、思考题

1. 什么是恒定干燥条件?本实验装置中采用了哪些措施来保持干燥过程在恒定干燥条件下进行?

2. 控制恒速干燥阶段干燥速率的因素是什么?控制降速干燥阶段干燥速率的因素又是什么?

干燥特性曲线测定实验练习题

3. 为什么要先启动风机,再启动加热器?实验过程中干、湿球温度计是否变化?为什么?如何判断实验已经结束?

4. 若加大热空气流量,干燥速率曲线有何变化?恒速干燥速率、临界湿含量又如何变化?为什么?

实验五　液液转盘萃取实验

一、实验目的

(1) 了解转盘萃取塔的基本结构、操作方法及萃取的工艺流程。

液液转盘萃取实验讲解

(2) 观察转盘转速变化时,萃取塔内轻、重两相的流动状况,了解萃取操作的主要影响因素,研究萃取操作条件对萃取过程的影响。

(3) 掌握每米萃取高度的传质单元数 N_{OR}、传质单元高度 H_{OR} 和萃取率 η 的实验测法。

二、基本原理

萃取是分离和提纯物质的重要单元操作之一,是利用混合物中各个组分在外加溶剂中的溶解度的差异而实现组分分离的单元操作。使用转盘塔进行液液萃取操作时,两种液体在塔内做逆流流动,其中一相液体作为分散相,以液滴的形式通过另一种连续相液体,两种液相的浓度则在设备内做微分式的连续变化,并依靠密度差在塔的两端实现两液相间的分离。当轻相作为分散相时,相界面出现在塔的上端;反之,当重相作为分散相时,则相界面出现在塔的下端。

1. 传质单元法的计算

计算微分逆流萃取塔的塔高时,主要是采取传质单元法,即以传质单元数和传质单元高度来表征,传质单元数表示过程分离程度的难易,传质单元高度表示设备传质性能的好坏。

$$H = H_{OR} \cdot N_{OR} \tag{4-32}$$

式中　H——萃取塔的有效接触高度,m;

H_{OR}——以萃余相为基准的总传质单元高度,m;

N_{OR}——以萃余相为基准的总传质单元数,无因次。

按定义,N_{OR} 计算式为

$$N_{OR} = \int_{x_R}^{x_F} \frac{\mathrm{d}x}{x - x^*} \tag{4-33}$$

式中　x_F——原料液的组成,kg(A)/kg(S)(A、S 分别代表溶质和 q 萃取剂,以下同);

x_R——萃余相的组成,kg(A)/kg(S);

x——塔内某截面处萃余相的组成,kg(A)/kg(S);

x^*——塔内某截面处与萃取相平衡时的萃余相组成,kg(A)/kg(S)。

当萃余相浓度较低时,平衡线可近似为过原点的直线,操作线也简化为直线处理,如图 4-10 所示。

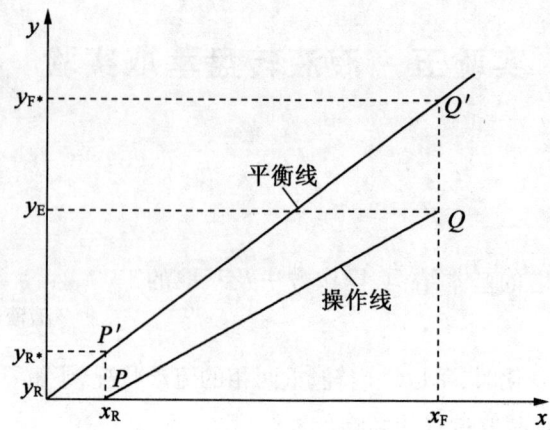

图 4 - 10 萃取平均推动力计算示意图

积分式(4 - 33)得

$$N_{OR} = \frac{x_F - x_R}{\Delta x_m} \tag{4-34}$$

式中 Δx_m 为传质过程的平均推动力,在操作线、平衡线近似为直线的条件下为

$$\Delta x_m = \frac{(x_F - x^*) - (x_R - 0)}{\ln\dfrac{x_F - x^*}{xR - 0}} = \frac{\left(x_F - \dfrac{y_E}{k}\right) - x_R}{\ln\dfrac{x_F - \dfrac{y_E}{k}}{x_R}} \tag{4-35}$$

式中 k——分配系数,例如对于本实验的煤油苯甲酸相 - 水相,$k = 2.26$;
  y_E——萃取相的组成,kg(A)/kg(S)。

对于 x_F、x_R 和 y_E 分别在实验中通过取样滴定分析而得到,y_E 也可通过如下的物料衡算而得

$$F + S = E + R$$
$$F \cdot x_F + S \cdot 0 = E \cdot y_E + R \cdot x_R \tag{4-36}$$

式中 F——原料液流量,kg/h;
  S——萃取剂流量,kg/h;
  E——萃取相流量,kg/h;
  R——萃余相流量,kg/h。

对稀溶液的萃取过程,因为 $F = R, S = E$,有

$$y_E = \frac{F}{S}(x_F - x_R) \tag{4-37}$$

实验中,取 $F/S = 1/1$(质量流量比),式(4 - 37)简化为

$$y_E = x_F - x_R \tag{4-38}$$

2. 萃取率的计算

萃取率 η 为被萃取剂萃取的组分 A 的量与原料液中组分 A 的量之比:

$$\eta = \frac{F \cdot x_F - R \cdot x_R}{F \cdot x_F} \tag{4-39}$$

对稀溶液的萃取过程,因为 $F = R$,所以有

$$\eta = \frac{x_F - x_R}{x_F} \tag{4-40}$$

3. 组成浓度的测定

对于煤油苯甲酸相－水相体系,采用酸碱中和滴定的方法测定进料液组成 x_F、萃余液组成 x_R 和萃取液组成 y_E,即苯甲酸的质量分率,具体步骤如下。

(1) 用移液管量取待测样品 25 mL,加 1~2 滴溴百里酚蓝指示剂。

(2) 用 KOH-CH$_3$OH 溶液滴定至终点,所测浓度为

$$x = \frac{N \cdot \Delta V \times 122}{25 \times 0.8} \tag{4-41}$$

式中 N——KOH-CH$_3$OH 溶液的浓度,N/mL;

ΔV——滴定用去的 KOH-CH$_3$OH 溶液体积量,mL。

苯甲酸的分子量为 122 g/mol,煤油密度为 0.8 g/mL,样品量为 25 mL。

(3) 萃取相组成 y_E 也可按式(4-38)计算得到。

三、实验装置与流程

转子流量计工作原理

操作时应先在塔内灌满连续相——水,然后开启分散相——煤油(含有饱和苯甲酸),待分散相在塔顶凝聚一定厚度的液层后,通过连续相的 Π 管闸阀调节两相的界面于一定高度,对于本装置采用的实验物料体系,凝聚是在塔的上端中进行(塔的下端也设有凝聚段),转盘萃取实验装置如图 4-11 所示。

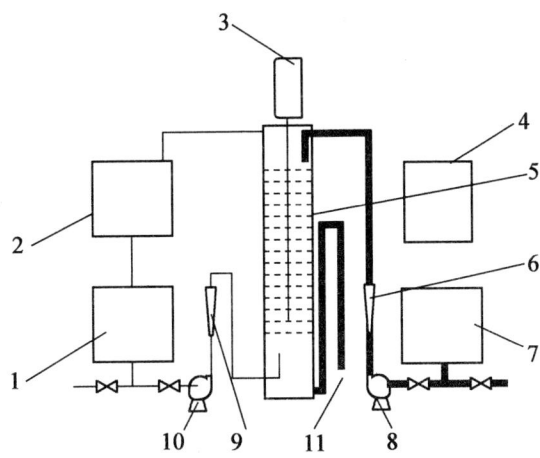

1—轻相槽;2—萃余相(回收槽);3—电机搅拌系统;4—电机控制箱;5—萃取塔;6—水流量计;7—重相槽;8—水泵;9—煤油流量计;10—煤油泵;11—萃取相出口

图 4-11 转盘萃取实验装置图

四、实验步骤

(1)将煤油配制成含苯甲酸的混合物(配制成饱和或近饱和),然后把它灌入轻相槽内。注意:勿直接在槽内配置饱和溶液,防止固体颗粒堵塞煤油输送泵的入口。

(2)接通水管,将水灌入重相槽内,用磁力泵将它送入萃取塔内。注意:磁力泵切不可空载运行。

(3)通过调节转速来控制外加能量的大小,在操作时转速逐步加大,中间会跨越一个临界转速(共振点),一般实验转速可取 500 r/min。

(4)水在萃取塔内搅拌流动,并连续运行 5 min 后,开启分散相——煤油管路,调节两相的体积流量一般在 20~40 L/h 范围内,根据实验要求将两相的质量流量比调为 1:1。注:在进行数据计算时,煤油转子流量计测得的数据要校正,即煤油的实际流量应为 $V_{校} = \sqrt{\dfrac{1\,000}{800}} V_{测}$,其中 $V_{测}$ 为煤油流量计上的显示值。

(5)待分散相在塔顶凝聚一定厚度的液层后,再通过连续相出口管路中 Π 形管上的阀门开度来调节两相界面高度,操作中应维持上集液板中两相界面的恒定。

(6)通过改变转速来分别测取效率 η 或 H_{OR},从而判断外加能量对萃取过程的影响。

(7)取样分析。采用酸碱中和滴定的方法测定进料液组成 x_F、萃余液组成 x_R 和萃取液组成 y_E(苯甲酸的质量分率)。

五、实验报告

(1)测定不同转速下的萃取效率,传质单元高度。

(2)以煤油为分散相,水为连续相,进行萃取过程的操作。

实验数据记录:氢氧化钾的质量浓度 N_{KOH} = _____ mol/mL。

表 4-7 液液转盘萃取实验数据记录表

编号	原料 $F/(L \cdot h^{-1})$	溶剂 $S/(L \cdot h^{-1})$	转速 $n/(r \cdot min^{-1})$	$F\Delta V_F$ /mL(KOH)	$R\Delta V_R$ /mL(KOH)	$S\Delta V_S$ /mL(KOH)
1						
2						
3						
4						

数据处理(表 4-8)。

表 4-8　液液转盘萃取实验数据处理表

编号	转速 n	萃余相浓度 x_R	萃取相浓度 y_E	平均推动力 Δx_m	传质单元数 N_{OR}	传质单元高度 H_{OR}	效率 η
1							
2							
3							
4							

六、思考题

1. 请分析比较萃取实验装置与吸收、精馏实验装置的异同点。

液液转盘萃取实验练习题

2. 说一说本萃取实验装置的转盘转速是如何调节和测量的？根据实验结果分析转盘转速变化对萃取传质系数与萃取率的影响。

3. 测定原料液、萃取相、萃余相的组成可用哪些方法？采用中和滴定法时，标准碱为什么选用 $KOH-CH_3OH$ 溶液，而不选用 $KOH-H_2O$ 溶液？

实验六　空气-蒸汽对流传热系数测定实验

一、实验目的

（1）了解间壁式传热元件，认识套管换热器的结构及工作原理。

（2）掌握对流传热系数的实验方法，了解影响对流传热系数的因素和强化传热的途径。

空气-蒸汽对流传热系数测定实验讲解

（3）学习验证流体在圆形光滑管内强制湍流时的对流传热系数准数关联式。

二、基本原理

在工业生产过程中，大多数情况下，冷、热流体系通过固体壁面（传热元件）进行热量交换，称为间壁式换热。如图 4-12 所示，间壁式传热过程由热流体对固体壁面的对流传热、固体壁面的热传导和固体壁面对冷流体的对流传热所组成。

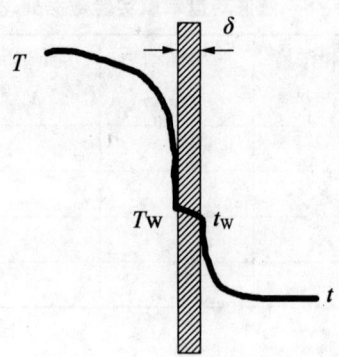

图 4-12　间壁式传热过程示意图

间壁式传热过程达到传热稳定时,传热量 Q 为

$$Q = m_1 c_{p1}(T_1 - T_2) = m_2 c_{p2}(t_2 - t_1) = \alpha_1 A_1 (T - T_W)_m = \alpha_2 A_2 (t_W - t)_m = KA\Delta t_m \tag{4-42}$$

式中　Q——传热量,J/s;

m_1——热流体的质量流率,kg/s;

c_{p1}——热流体的比热容,J/(kg·℃);

T_1——热流体的进口温度,℃;

T_2——热流体的出口温度,℃;

m_2——冷流体的质量流率,kg/s;

c_{p2}——冷流体的比热容,J/(kg·℃);

t_1——冷流体的进口温度,℃;

t_2——冷流体的出口温度,℃;

α_1——热流体与固体壁面的对流传热系数,W/(m²·℃);

A_1——热流体侧的对流传热面积,m²;

$(T - T_W)_m$——热流体与固体壁面的对数平均温差,℃;

α_2——冷流体与固体壁面的对流传热系数,W/(m²·℃);

A_2——冷流体侧的对流传热面积,m²;

$(t_W - t)_m$——固体壁面与冷流体的对数平均温差,℃;

K——以传热面积 A 为基准的总传热系数,W/(m²·℃);

Δt_m——冷热流体的对数平均温差,℃。

热流体与固体壁面的对数平均温差计算式为

$$(T - T_W)_m = \frac{(T_1 - T_{W_1}) - (T_2 - T_{W_2})}{\ln \dfrac{T_1 - T_{W_1}}{T_2 - T_{W_2}}} \tag{4-43}$$

式中　T_{W_1}——热流体进口处热流体侧的壁面温度,℃;

T_{W_2}——热流体出口处热流体侧的壁面温度,℃。

固体壁面与冷流体的对数平均温差计算式为

$$(t_W - t)_m = \frac{(t_{W_1} - t_1) - (t_{W_2} - t_2)}{\ln \dfrac{t_{W_1} - t_1}{t_{W_2} - t_2}} \qquad (4-44)$$

式中　t_{W_1}——冷流体进口处冷流体侧的壁面温度,℃；

t_{W_2}——冷流体出口处冷流体侧的壁面温度,℃。

热、冷流体间的对数平均温差计算式为

$$\Delta t_m = \frac{(T_1 - t_2) - (T_2 - t_1)}{\ln \dfrac{T_1 - t_2}{T_2 - t_1}} \qquad (4-45)$$

当在套管式间壁换热器中,环隙通以水蒸气,内管管内通以冷空气或水进行对流传热系数测定实验时,则由式(4-42)得内管内壁面与冷空气或水的对流传热系数:

$$\alpha_2 = \frac{m_2 c_{p2}(t_2 - t_1)}{A_2 (t_W - t)_m} \qquad (4-46)$$

实验中测定紫铜管的壁温 t_{W_1}、t_{W_2},冷空气或水的进出口温度 t_1、t_2,实验用紫铜管的长度 l,内径 d_2,$A_2 = \pi d_2 l$ 和冷流体的质量流量,即可计算 α_2。

然而,直接测量固体壁面的温度,尤其管内壁的温度,实验技术难度大,而且所测得的数据准确性差,容易带来较大的实验误差。因此,通过测量相对较易测定的冷热流体温度来间接推算流体与固体壁面间的对流传热系数就成为人们广泛采用的一种实验研究手段。

由式(4-42)得

$$K = \frac{m_2 c_{p2}(t_2 - t_1)}{A \Delta t_m} \qquad (4-47)$$

实验测定 m_2、t_1、t_2、T_1、T_2,并查取 $t_{平均} = \dfrac{1}{2}(t_1 + t_2)$ 下冷流体对应的 c_{p2}、换热面积 A,即可由上式计算得总传热系数 K。

下面通过两种方法来求对流传热系数。

1. 近似法求算对流传热系数 α_2

以管内壁面积为基准的总传热系数与对流传热系数间的关系为

$$\frac{1}{K} = \frac{1}{\alpha_2} + R_{S2} + \frac{b d_2}{\lambda d_m} + R_{S1}\frac{d_2}{d_1} + \frac{d_2}{\alpha_1 d_1} \qquad (4-48)$$

式中　d_1——换热管外径,m；

d_2——换热管内径,m；

d_m——换热管的对数平均直径,m；

b——换热管的壁厚,m；

λ——换热管材料的导热系数,W/(m·℃)；

R_{S1}——换热管外侧的污垢热阻,(m²·K)/W；

R_{S2}——换热管内侧的污垢热阻,(m²·K)/W。

用本装置进行实验时,管内冷流体与管壁间的对流传热系数为几十到几百 W/(m²·K)；

而管外为蒸汽冷凝，冷凝传热系数 α_1 可达 10^4 W/(m²·K) 左右，因此冷凝传热热阻 $\dfrac{d_2}{\alpha_1 d_1}$ 可忽略，同时蒸汽冷凝较为清洁，因此换热管外侧的污垢热阻 R_{S1} 也可忽略。实验中的传热元件材料采用紫铜，导热系数为 383.8 W/(m·℃)，壁厚为 2.5 mm，因此换热管壁的导热热阻 $\dfrac{bd_2}{\lambda d_m}$ 可忽略。若换热管内侧的污垢热阻 R_{S2} 也忽略不计，则由式(4-48)得

$$\alpha_2 \approx K \tag{4-49}$$

由此可见，被忽略的传热热阻与冷流体侧对流传热热阻相比越小，此法所得的准确性越高。

2. 传热准数式求算对流传热系数 α_2

对于流体在圆形直管内做强制湍流对流传热时，若符合如下范围：$Re = 1.0 \times 10^4 \sim 1.2 \times 10^5$，$Pr = 0.7 \sim 120$，管长与管内径之比 $l/d \geqslant 60$，则传热准数经验式为

$$Nu = 0.023 Re^{0.8} Pr^n \tag{4-50}$$

式中 Nu——努塞尔数，$Nu = \dfrac{\alpha d}{\lambda}$，无因次；

Re——雷诺数，$Re = \dfrac{du\rho}{\mu}$，无因次；

Pr——普朗特数，$Pr = \dfrac{c_p \mu}{\lambda}$，无因次；

n——当流体被加热时 $n = 0.4$，流体被冷却时 $n = 0.3$；

α——流体与固体壁面的对流传热系数，W/(m²·℃)；

d——换热管内径，m；

λ——流体的导热系数，W/(m·℃)；

u——流体在管内流动的平均速度，m/s；

ρ——流体的密度，kg/m³；

μ——流体的黏度，Pa·s；

c_p——流体的比热容，J/(kg·℃)。

对于水或空气在管内强制对流被加热时，可将式(4-50)改写为

$$\dfrac{1}{\alpha_2} = \dfrac{1}{0.023} \times \left(\dfrac{\pi}{4}\right)^{0.8} \times d_2^{1.8} \times \dfrac{1}{\lambda_2 Pr_2^{0.4}} \times \left(\dfrac{\mu_2}{m_2}\right)^{0.8} \tag{4-51}$$

令

$$m = \dfrac{1}{0.023} \times \left(\dfrac{\pi}{4}\right)^{0.8} \times d_2^{1.8} \tag{4-52}$$

$$X = \dfrac{1}{\lambda_2 Pr_2^{0.4}} \times \left(\dfrac{\mu_2}{m_2}\right)^{0.8} \tag{4-53}$$

$$Y = \dfrac{1}{K} \tag{4-54}$$

$$C = R_{S2} + \dfrac{bd_2}{\lambda d_m} + R_{S1}\dfrac{d_2}{d_1} + \dfrac{d_2}{\alpha_1 d_1} \tag{4-55}$$

则式(4-54)可写为

$$Y = mX + C \qquad (4-56)$$

当测定管内不同流量下的对流传热系数时,由式(4-56)计算所得的 C 值为一常数。管内径 d_2 一定时,m 也为常数。因此,实验时测定不同流量所对应的 t_1、t_2、T_1、T_2,由式(4-46)、式(4-48)、式(4-50)、式(4-53)求取一系列 X、Y 值,再在 $X-Y$ 图上作图或将所得的 X、Y 值回归成一直线,该直线的斜率即为 m。任一冷流体流量下的传热系数 α_2 可用下式求得:

$$\alpha_2 = \frac{\lambda_2 Pr_2^{0.4}}{m} \times \left(\frac{m_2}{\mu_2}\right)^{0.8} \qquad (4-57)$$

3. 空气质量流量的测定

用涡轮流量计测冷流体的流量,则

$$m_2 = \rho V \qquad (4-58)$$

式中　V——空气进口体积流量,m^3/h;

　　　ρ——空气进口温度下对应的密度,kg/m^3。

4. 冷流体物性与温度的关系式

在 $0 \sim 100$ ℃之间,冷流体的物性与温度的关系有如下拟合公式。

(1) 空气的密度与温度的关系式:$\rho = 10^{-5}t^2 - 4.5 \times 10^{-3}t + 1.2916$

(2) 空气的比热容与温度的关系式:60 ℃以下时,$c_p = 1005$ J/(kg·℃);70 ℃以上时,$c_p = 1009$ J/(kg·℃)。

(3) 空气的导热系数与温度的关系式:$\lambda = -2 \times 10^{-8}t^2 + 8 \times 10^{-5}t + 0.0244$。

(4) 空气的黏度与温度的关系式:$\mu = (-2 \times 10^{-6}t^2 + 5 \times 10^{-3}t + 1.7169) \times 10^{-5}$。

5. 强化套管换热器传热系数及强化比的测定

强化传热能减小设计换热器的传热面积,减小换热器的体积和质量,提高换热器的换热能力,降低冷热流体的平均传热温度差,还可以减少换热器的阻力以减少换热器的动力消耗,降低操作费用。强化传热的方法有多种,本实验管内空气对流传热热阻远大于管外蒸汽冷凝传热热阻,因此采用在换热器内管插入螺旋线圈的方法来强化传热。

螺旋线圈内部结构图如图 4-13 所示,螺旋线圈由直径 3 mm 以下的铜丝和钢丝按一定节距绕成。在近壁区域,管内流体由于螺旋线圈的作用而发生旋转,还周期性地受到线圈的螺旋金属丝的扰动,因而可以使传热强化。

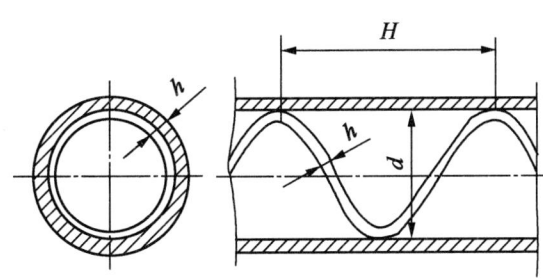

图 4-13　螺旋线圈内部结构图

单纯研究强化手段的强化效果(不考虑阻力的影响),可以用强化比的概念作为评判准则,它的形式是 Nu/Nu_0,其中 Nu 是强化管的努塞特数,Nu_0 是光滑管的努塞特数。显然,强化比 $Nu/Nu_0 > 1$,而且它的值越大,说明强化效果越好。

三、实验装置与流程

1. 实验装置

空气-水蒸气换热流程图如图 4-14 所示。

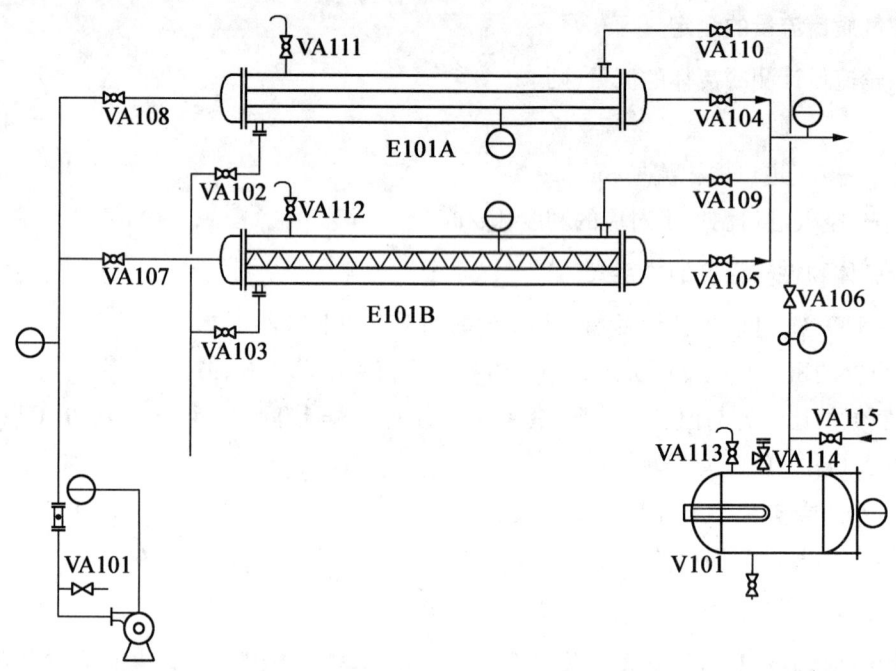

图 4-14　空气-水蒸气换热流程图

来自蒸汽发生器的水蒸气进入不锈钢套管换热器环隙,与来自风机的空气在套管换热器内进行热交换,冷凝水经疏水器排入地沟。冷空气经孔板流量计或转子流量计进入套管换热器内管(紫铜管),热交换后排出装置外。

冷凝器

浮头式换热器

2. 设备与仪表规格

设备主要技术数据见表 4-9。

表 4-9　实验装置结构参数

实验内管内径 d_i/mm	20.00
实验内管外径 d_o/mm	22.0
实验外管内径 D_i/mm	50
实验外管外径 D_o/mm	57.0
测量段(紫铜内管)长度 L/m	1.00
加热釜操作电压	≤200 V

3. 测量仪表

温度的测量:采用 PT100 热电阻温度计测得,由多路巡检表以数值的形式显示。

气源(风机):又称旋涡气泵,XGB-12 型,电机功率约 0.55 kW。

四、实验步骤及注意事项

1. 实验步骤

(1)向蒸汽发生器水箱加水,依次打开控制柜上仪表电源开关、蒸汽发生器加热开关,开始自动加热。

(2)检查设备阀门,确认蒸汽发生器出口阀关闭,空气流量旁路调节阀打开,其他阀门全部关闭。

(3)实验开始,打开蒸汽发生器出口阀,打开疏水阀前后的阀门(也可使用疏水阀旁路的截止阀),打开通向简单套管的蒸汽进口阀门,当简单套管换热器的放空口有水蒸气冒出时,打开简单套管的蒸汽出口阀门,关闭放空阀,可启动风机。在整个实验过程中始终保持换热器出口处有水蒸气冒出。

(4)启动风机后用旁路和蒸汽入口阀来调节流量,调好某一流量后稳定 8~10 min,分别测量空气的体积流量,空气进、出口的温度及蒸汽温度,然后改变流量继续测量数据。一般从小流量到最大流量需要测量 8~10 组数据。

(5)测定简单套管换热器的数据后,可按照步骤(3)、(4)进行强化管换热器实验。

(6)实验结束后,依次关闭加热电源、风机和总电源,一切复原。

2. 注意事项

(1)打开冷凝水排放阀,注意开度,开得过大会使换热器里的蒸汽跑掉,开得过小会使换热不锈钢管里的蒸汽压力增大,不锈钢管炸裂。

(2)一定要在套管换热器内管输以一定量的空气后,方可开启蒸汽阀门,且必须在排除蒸汽管线上原先积存的凝结水后,方可把蒸汽通入套管换热器中。

(3)刚开始通入蒸汽时,要仔细调节蒸汽进口阀的开度,让蒸汽徐徐流入换热器中,逐渐加热,由"冷态"转变为"热态",不得少于 10 min,以防止不锈钢管因突然受热、受压而爆裂。

(4)操作过程中,蒸汽压力一般控制在 0.02 MPa(表压)以下,否则可能造成不锈钢管爆裂和填料损坏。

(5)确定各参数时,必须在稳定传热状态下,随时注意蒸汽量的调节和压力表读数的调整。

(6)注意在强化传热对流传热系数测定时所调整的空气流量要与光滑管对流传热系数测定时的各组空气流量相同。

五、实验报告

(1)采用近似法计算不同空气流量下空气-水蒸气对流传热系数。

(2)采用准数法计算不同空气流量下空气-水蒸气对流传热系数,并与近似法计算值进行比较。

(3)绘制以 $\ln \dfrac{Nu}{Pr^{0.4}}$ 为纵坐标,$\ln Re$ 为横坐标的双对数坐标图,并与书中的准数关联式进行比较分析。

(4)计算强化传热的强化比。

六、思考题

1. 实验中冷流体和蒸汽的流向对传热效果有何影响?

2. 计算空气质量流量时所用到的密度值与求雷诺数时的密度值是否一致?它们分别表示什么位置的密度,应在什么条件下进行计算?

3. 实验过程中,冷凝水不及时排走,会产生什么影响?如何及时排走冷凝水?如果采用不同压强的蒸汽进行实验,对 α 关联式有何影响?

4. 简单套管与强化管测得的对流传热系数有何差别?试分析原因。

5. 为什么强化丝是缠绕在内管的内壁而不是缠绕在内管的外壁,试分析原因。

空气-蒸汽对流传热系数
测定实验练习题

实验七 填料吸收塔传质系数测定实验

一、实验目的

(1)了解填料吸收塔装置的基本结构及流程。

(2)掌握总体积传质系数的测定方法。

(3)了解气相色谱仪和六通阀的使用方法。

填料吸收塔传质系数测定实验讲解

二、基本原理

气体吸收是典型的传质过程之一。由于 CO_2 气体无味、无毒、廉价的特点,所以气体吸收实验常选择 CO_2 作为溶质组分。本实验采用水吸收空气中的 CO_2 组分。一般 CO_2 在水中的溶解度很小,即使预先将一定量的 CO_2 气体通入空气中混合以提高空气中的 CO_2 浓度,水中的 CO_2 含量仍然很低,所以吸收的计算方法可按低浓度来处理,并且此体系 CO_2 气体的解吸过程属于液膜控制。实验主要测定 K_{xa} 和 H_{OL}。

1. 计算公式

填料层高度 Z 为

$$Z = \int_0^Z dZ = \frac{L}{K_{xa}} \int_{x_2}^{x_1} \frac{dx}{x - x^*} = H_{OL} \cdot N_{OL} \quad (4-59)$$

式中　L——液体通过塔截面的摩尔流量，$kmol/(m^2 \cdot s)$；

　　　K_{xa}——以 ΔX 为推动力的液相总体积传质系数，$kmol/(m^3 \cdot s)$；

　　　H_{OL}——液相总传质单元高度，m；

　　　N_{OL}——液相总传质单元数，无因次。

令吸收因数 $A = L/mG$，则

$$N_{OL} = \frac{1}{1-A} \ln\left[(1-A)\frac{y_1 - mx_2}{y_1 - mx_1} + A\right] \quad (4-60)$$

2. 测定方法

(1) 空气流量和水流量的测定。

采用转子流量计测得空气和水的流量，并根据实验条件(温度和压力)和有关公式换算成空气和水的摩尔流量。

(2) 测定填料层高度 Z 和塔径 D。

(3) 测定塔顶和塔底气相组成 y_1 和 y_2。

(4) 平衡关系。

$$y = mx \quad (4-61)$$

式中　m——相平衡常数，$m = E/p$；

　　　E——亨利常数，$E = f(t)$，Pa，根据液相温度由相关工具书查得；

　　　p——总压，Pa，取 1 atm。

采用清水吸收，$x_2 = 0$，由全塔物料衡算：

$$G(Y_1 - Y_2) = L(X_1 - X_2) \quad (4-62)$$

可得 x_1。

三、实验装置

1. 装置流程

由自来水水源来的水送入填料塔塔顶经喷头喷淋在填料顶层。由压缩机送来的空气和由二氧化碳钢瓶内的二氧化碳混合后，一起进入气体中间贮罐，然后再直接进入塔底，与水在塔内进行逆流接触，进行质量和热量的交换，由塔顶出来的尾气放空。由于本实验为低浓度气体的吸收，所以热量交换可忽略，整个实验过程看成是等温操作。

填料塔结构及原理

压差计

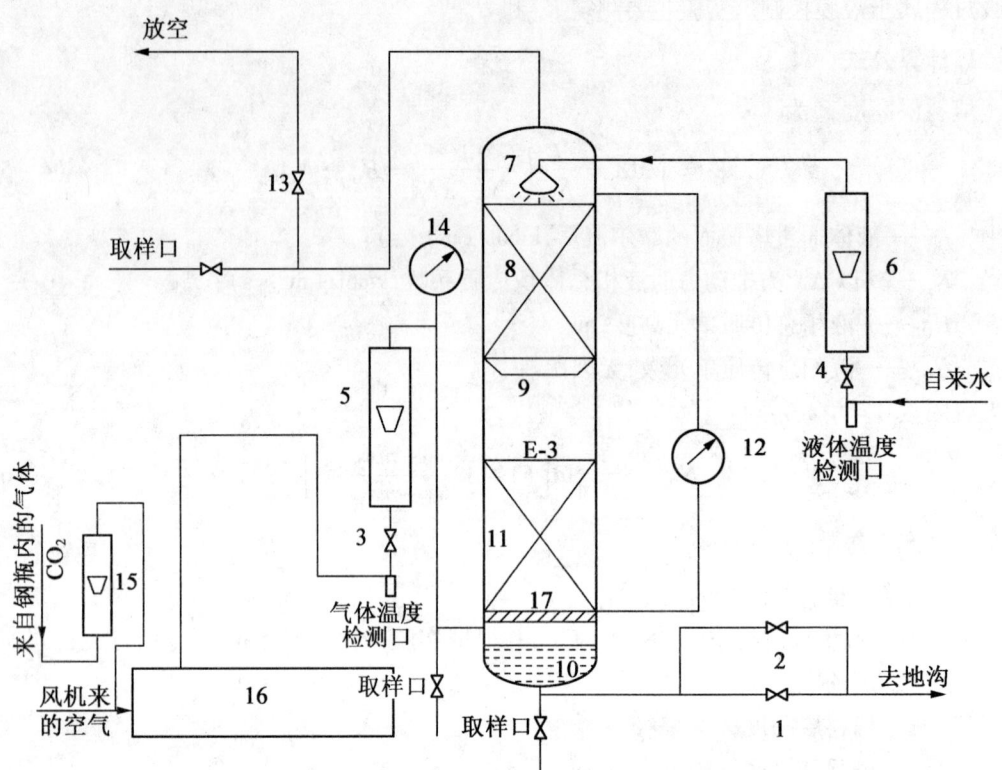

1,2,13—球阀；3—气体流量调节阀；4—液体流量调节阀；5—气体转子流量计；
6—液体转子流量计；7—喷淋头；8,11—填料层；9—液体再分布器；10—塔底
12—压差计；14—气压表；15—二氧化碳转子流量计；16—气体混合罐；17—支撑板

图 4-15　吸收装置流程图

2. 主要设备

(1)吸收塔。高效填料塔，塔径 100 mm，塔内装有金属丝网波纹规整填料或 θ 环散装填料，填料层总高度为 2 000 mm。塔顶有液体初始分布器，塔中部有液体再分布器，塔底部有栅板式填料支承装置。填料塔底部有液封装置，避免气体泄漏。

(2)填料规格和特性。金属丝网波纹规整填料：型号 JWB-700Y，规格 ϕ100 mm × 100 mm，比表面积 700 m^2/m^3。

(3)转子流量计主要参数(表 4-107)。

表 4-10　转子流量计主要参数

介质	条件			
	常用流量	最小刻度	标定介质	标定条件
空气	4 m^3/h	0.1 m^3/h	空气	20 ℃　1.013 3 × 10^5 Pa
CO_2	60 L/h	10 L/h	空气	20 ℃　1.013 3 × 10^5 Pa
水	600 L/h	20 L/h	水	20 ℃　1.013 3 × 10^5 Pa

(4)空气风机。型号为旋涡式气泵。
(5)二氧化碳钢瓶。
(6)气相色谱仪分析。

四、实验步骤及注意事项

1. 实验步骤

(1)打开混合罐底部排空阀,排放掉空气混合贮罐中的冷凝水。
(2)打开仪表电源开关及空气压缩机电源开关,进行仪表自检。
(3)开启进水阀门,让水进入填料塔润湿填料,仔细调节液体转子流量计,使其流量稳定在某一实验值。(塔底液封控制:仔细调节阀门2的开度,使塔底液位缓慢地在一段区间内变化,以免塔底液封过高溢满或过低而泄气)。
(4)启动风机,打开CO_2钢瓶总阀,并缓慢调节钢瓶的减压阀。
(5)仔细调节风机出口阀门的开度(转子流量计调节CO_2的流量,使其稳定在某一数值)。
(6)待塔中的压力靠近某一实验值时,仔细调节尾气放空阀的开度,直至塔中压力稳定在实验值。
(7)待塔操作稳定后,读取各流量计的读数及通过温度、压差计、压力表上读取各温度、压力、塔顶塔底压差读数,通过六通阀在线进样,利用气相色谱仪分析出塔顶、塔底气相组成。
(8)实验完毕,关闭CO_2钢瓶和转子流量计、液体转子流量计、风机出口阀门,再关闭进水阀门及风机电源开关(实验完成后一般先停止水的流量再停止气体的流量,这样做的目的是为了防止液体从进气口倒压破坏管路及仪器),清理实验仪器和实验场地。

2. 注意事项

(1)固定好操作点后,应随时注意调整以保持各量不变。
(2)在填料塔操作条件改变后,需要有较长的稳定时间,一定等到稳定以后方能读取有关数据。

五、实验报告

(1)将原始数据列表。
(2)在双对数坐标纸上绘图表示CO_2解吸时体积传质系数、传质单元高度与气体流量的关系。
(3)列出实验结果与计算示例。

六、思考题

1. 本实验中,为什么塔底要有液封?液封高度如何计算?
2. 测定K_{xa}有什么工程意义?

填料塔体积吸收系数测定
实验练习题

3. 为什么 CO_2 吸收过程属于液膜控制？

4. 当气体温度和液体温度不同时，应用什么温度计算亨利常数？

实验八　筛板精馏过程实验

一、实验目的

(1) 了解筛板精馏塔及其附属设备的基本结构，掌握精馏过程的基本操作方法。

筛板精馏过程实验讲解

(2) 学会判断系统达到稳定的方法，掌握测定塔顶、塔釜溶液浓度的实验方法。

(3) 学习测定精馏塔全塔效率和单板效率的实验方法，研究回流比对精馏塔分离效率的影响。

二、基本原理

1. 全塔效率 E_T

全塔效率又称总板效率，是指达到指定分离效果所需理论板数与实际板数的比值，即

$$E_T = \frac{N_T - 1}{N_P} \tag{4-63}$$

式中　N_T——完成一定分离任务所需的理论塔板数，包括蒸馏釜；

N_P——完成一定分离任务所需的实际塔板数，本装置 $N_P = 10$。

全塔效率反映了整个塔内塔板的平均效率，说明了塔板结构、物性系数、操作状况对塔分离能力的影响。对于塔内所需理论塔板数 N_T，可由已知的双组分物系平衡关系，以及实验中测得的塔顶、塔釜出液的组成，回流比 R 和热状况 q 等，用图解法求得。

2. 单板效率 E_M

单板效率又称莫弗里板效率，如图 4-16 所示，是指气相或液相经过一层实际塔板前后的组成变化值与经过一层理论塔板前后的组成变化值之比。

按气相组成变化表示的第 n 层塔板单板效率为

$$E_{MV} = \frac{y_n - y_{n+1}}{y_n^* - y_{n+1}} \tag{4-64}$$

按液相组成变化表示的单板效率为

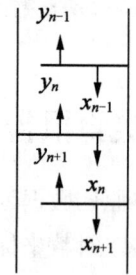

图 4-16　塔板气液流向示意

$$E_{ML} = \frac{x_{n-1} - x_n}{x_{n-1} - x_n^*} \tag{4-65}$$

式中　y_n、y_{n+1}——离开第 n、$(n+1)$ 块塔板的气相摩尔分数；

x_{n-1}、x_n——离开第 $(n-1)$、n 块塔板的液相摩尔分数；

y_n^*——与 x_n 平衡的气相摩尔分数；

x_n^*——与 y_n 平衡的液相摩尔分数。

3. 图解法求理论塔板数 N_T

图解法又称麦卡勃 – 蒂列(McCabe – Thiele)法,简称 M – T 法,其原理与逐板计算法完全相同,只是将逐板计算过程在 $x - y$ 图上直观地表示出来。

精馏段的操作线方程为

$$y_{n+1} = \frac{R}{R+1}x_n + \frac{x_D}{R+1} \tag{4-66}$$

式中 y_{n+1}——精馏段第$(n+1)$块塔板上升的蒸汽摩尔分数;

x_n——精馏段第 n 块塔板下流的液体摩尔分数;

x_D——塔顶馏出液的液体摩尔分数;

R——泡点回流下的回流比。

提馏段的操作线方程为

$$y_{m+1} = \frac{L'}{L'-W}x_m - \frac{Wx_W}{L'-W} \tag{4-67}$$

式中 y_{m+1}——提馏段第$(m+1)$块塔板上升的蒸汽摩尔分数;

x_m——提馏段第 m 块塔板下流的液体摩尔分数;

x_W——塔底釜液的液体摩尔分数;

L'——提馏段内下流的液体量,kmol/s;

W——釜液流量,kmol/s。

加料线(q 线)方程可表示为

$$y = \frac{q}{q-1}x - \frac{x_F}{q-1} \tag{4-68}$$

$$q = 1 + \frac{c_{pF}(t_S - t_F)}{r_F} \tag{4-69}$$

式中 q——进料热状况参数;

r_F——进料液组成下的汽化潜热,kJ/kmol;

t_S——进料液的泡点温度,℃;

t_F——进料液温度,℃;

c_{pF}——进料液在平均温度$(t_S - t_F)/2$下的比热容,kJ/(kmol·℃);

x_F——进料液摩尔分数。

回流比 R 的确定为

$$R = \frac{L}{D} \tag{4-70}$$

式中 L——回流液量,kmol/s;

D——馏出液量,kmol/s。

式(4 – 70)只适用于泡点下回流时的情况,而实际操作时为了保证上升气流能完全冷凝,冷却水量一般都比较大,回流液温度往往低于泡点温度,即冷液回流。

如图4-17所示,从全凝器出来的温度为t_R、流量为L的液体回流进入塔顶第一块板,由于回流温度低于第一块塔板上的液相温度,离开第一块塔板的一部分上升蒸汽将被冷凝成液体,这样,塔内的实际流量将大于塔外回流量。

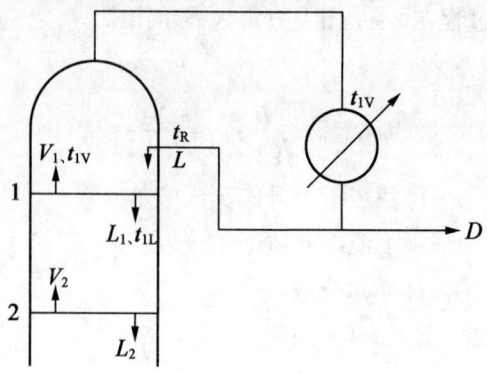

图4-17 塔顶回流示意图

对第一块板进行物料、热量衡算为

$$V_1 + L_1 = V_2 + L \tag{4-71}$$

$$V_1 I_{V1} + L_1 I_{L1} = V_2 I_{V2} + L I_L \tag{4-72}$$

对式(4-71)、式(4-72)整理、化简后,近似可得

$$L_1 \approx L\left[1 + \frac{c_p(t_{1L} - t_R)}{r}\right] \tag{4-73}$$

即实际回流比为

$$R_1 = \frac{L_1}{D} \tag{4-74}$$

$$R_1 = \frac{L\left[1 + \dfrac{c_p(t_{1L} - t_R)}{r}\right]}{D} \tag{4-75}$$

式中 V_1、V_2——离开第1、2块板的气相摩尔流量,kmol/s;

L_1——塔内实际液流量,kmol/s;

I_{V1}、I_{V2}、I_{L1}、I_L——对应V_1、V_2、L_1、L下的焓值,kJ/kmol;

r——回流液组成下的汽化潜热,kJ/kmol;

c_p——回流液在t_{1L}与t_R平均温度下的平均比热容,kJ/(kmol·℃)。

(1)全回流操作。

在精馏全回流操作时,操作线在$y-x$图上与对角线重合,如图4-18所示,根据塔顶、塔釜的组成在操作线和平衡线间画梯级,即可得到理论塔板数。

(2)部分回流操作。

部分回流操作时,如图4-19,图解法的主要步骤如下。

①根据物系和操作压力在$x-y$图上作出相平衡曲线,并画出对角线作为辅助线。

②在x轴上定出$x=x_D$、x_F、x_W三点,依次通过这三点作垂线分别交对角线于点a、f、b。

③在 y 轴上定出 $y_C = x_D/(R+1)$ 的点 c，连接 a、c 作出精馏段操作线。

④由进料热状况求出 q 线的斜率 $q/(q-1)$，过点 f 作出 q 线交精馏段操作线于点 d。

⑤连接点 d、b 作出提馏段操作线。

⑥从点 a 开始在平衡线和精馏段操作线之间画阶梯，当梯级跨过点 d 时，就改在平衡线和提馏段操作线之间画阶梯，直至梯级跨过点 b 为止。

⑦所画的总阶梯数就是全塔所需的理论塔板数（包含再沸器），跨过点 d 的那块板就是加料板，其上的阶梯数为精馏段的理论塔板数。

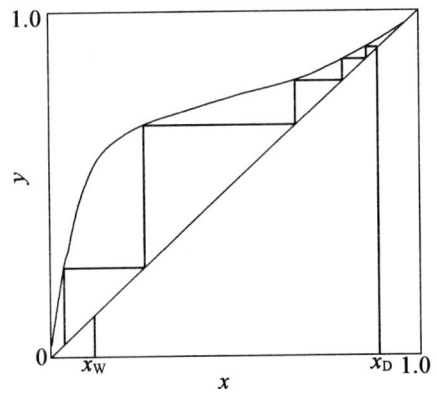

图 4-18　全回流时理论板数的确定

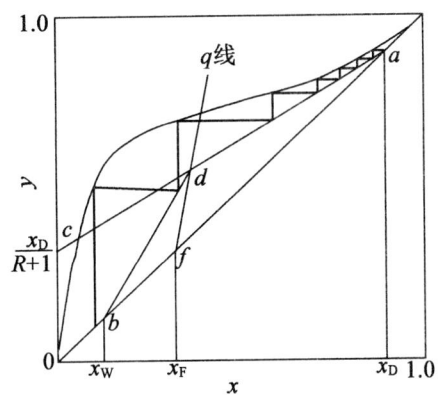

图 4-19　部分回流时理论板数的确定

三、实验装置和流程

本实验装置的主体设备是筛板精馏塔，配套的有加料系统、回流系统、产品出料管路、残液出料管路、进料泵和一些测量、控制仪表。

筛板塔主要结构参数：塔内径 $D = 68$ mm，厚度 $\delta = 2$ mm，塔节 $\phi 76 \times 4$，塔板数 $N = 10$ 块，板间距 $H_T = 100$ mm。加料位置为由下向上起数第 3 块和第 5 块之间。降液管采用弓形、齿形堰，堰长 56 mm，堰高 7.3 mm，齿深 4.6 mm，齿数 9 个。降液管底隙 4.5 mm。筛孔直径 $d_0 = 1.5$ mm，正三角形排列，孔间距 $t = 5$ mm，开孔数为 74 个。塔釜为内电加热式，加热功率 2.5 kW，有效容积为 10 L。塔顶冷凝器、塔釜换热器均为盘管式。单板取样为自下而上第 1 块和第 10 块，斜向上为液相取样口，水平管为气相取样口。

实验料液为乙醇水溶液，釜内液体由电加热器产生蒸汽逐板上升，经与各板上的液体传质后，进入盘管式换热器壳程，冷凝成液体后再从集液器流出，一部分作为回流液从塔顶流入塔内，另一部分作为产品馏出，进入产品贮罐；残液经釜液转子流量计流入釜液贮罐。精馏实验装置图如图 4-20 所示。

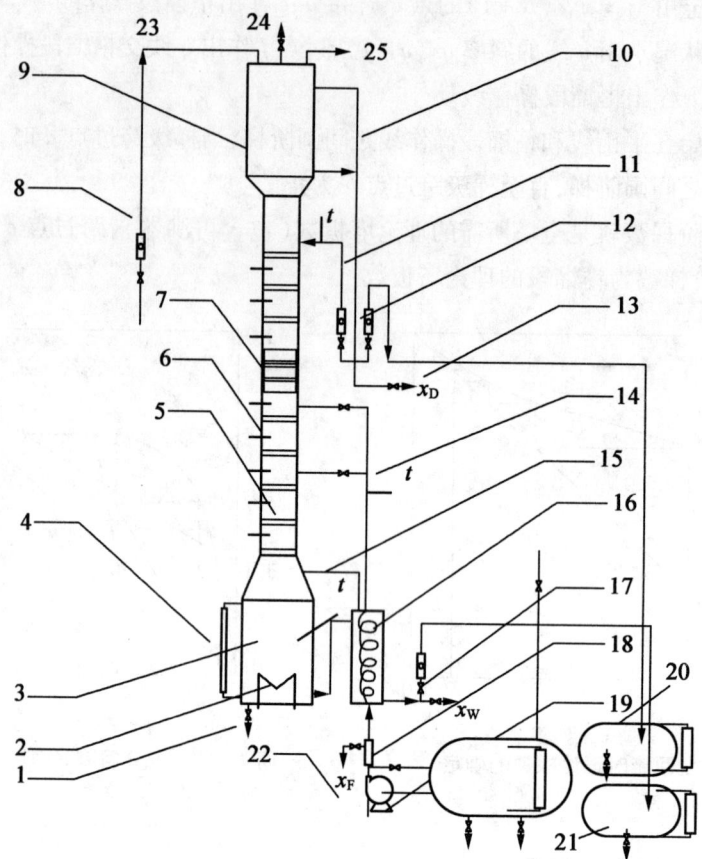

1—塔釜排液口；2—电加热器；3—塔釜；4—塔釜液位计；5—塔板；6—温度计；7—窥视节；8—冷却水流量计；9—盘管冷凝器；10—塔顶平衡管；11—回流液流量计；12—塔顶出料流量计；13—产品取样口；14—进料管路；15—塔釜平衡管；16—盘管加热器；17—塔釜出料流量计；18—进料流量计；19—进料泵；20—产品储槽；21—残液储槽；22—料液取样口；23—冷却水进口；24—惰性气体出口；25—冷却水出口

图 4-20 筛板精馏塔实验装置图

板式塔的结构原理

热电阻温度计结构原理

四、实验步骤及注意事项

1. 实验操作

（1）全回流。

①配制浓度 10%～20%（体积分数）的料液加入贮罐中，打开进料管路上的阀门，由进料泵将料液加入塔釜，至釜容积的 2/3 处（由塔釜液位计可观察）。

②关闭塔身进料管路上的阀门,启动电加热管电源,调节加热电压至适中,使塔釜温度缓慢上升(因塔中部玻璃部分较为脆弱,若加热过快玻璃极易碎裂,使整个精馏塔报废,故升温过程应尽可能缓慢)。

③打开塔顶冷凝器的冷却水,调节合适冷凝量,并关闭塔顶出料管路,使整塔处于全回流状态。

④当塔顶温度、回流量和塔釜温度稳定后,分别取塔顶浓度 X_D 和塔釜浓度 X_W,送色谱分析仪分析。

(2)部分回流。

①在储料罐中配制一定浓度的乙醇水溶液(10% ~ 20%)(体积分数)。

②待塔全回流操作稳定时,打开进料阀,调节进料量至适当的流量。

③控制塔顶回流和出料两转子流量计,调节回流比 $R(R = 1 \sim 4)$。

④当塔顶、塔内温度读数稳定后即可取样。

(3)取样与分析。

①进料、塔顶、塔釜从各相应的取样阀放出。

②塔板取样用注射器从所测定的塔板中缓缓抽出,取 1 mL 左右注入事先洗净烘干的针剂瓶中,并给该瓶盖标号以免出错,各个样品尽可能同时取样。

③将样品进行色谱分析。

2. 注意事项

(1)塔顶放空阀一定要打开,否则容易因塔内压力过大导致危险。

(2)料液一定要加到设定液位 2/3 处方可打开加热管电源,否则塔釜液位过低会使电加热丝露出干烧致坏。

五、实验报告

(1)将塔顶、塔底温度和组成,以及各流量计读数等原始数据列表。

(2)按全回流和部分回流分别用图解法计算理论板数。

(3)计算全塔效率和单板效率。

(4)分析并讨论实验过程中观察到的现象。

六、思考题

1. 测定全回流和部分回流总板效率与单板效率时各需测几个参数?取样位置在何处?

筛板精馏过程实验练习题

2. 全回流时测得板式塔上第 n、$(n-1)$ 层液相组成后,如何求得 x_n^*,部分回流时,又如何求 x_n^*?

3. 在全回流时,测得板式塔上第 n、$(n-1)$ 层液相组成后,能否求出第 n 层塔板上的以气相组成变化表示的单板效率?

  4. 查取进料液的汽化潜热时,定性温度取何值?

  5. 若测得单板效率超过 100%,如何解释?

  6. 试分析实验结果成功或失败的原因,提出改进意见。

第5章 演示类实验

实验一 流体流动型态及临界雷诺数测定实验

一、实验目的

(1)实验装置,观察流体流动过程的不同流动型态及其转变过程,观测流速分布和流动边界层等现象。

(2)测定流动型态转变时的临界雷诺数。

二、实验原理

经许多研究者实验证明:流体流动存在两种截然不同的型态,主要决定因素为流体的密度和黏度、流体流动的速度,以及设备的几何尺寸(在圆形导管中为导管直径)。

将这些因素整理归纳为一个无因次数群,称该无因次数群为雷诺数,即

$$Re = \frac{du\rho}{\mu} \tag{5-1}$$

式中 d——导管直径,m;

ρ——流体密度,kg/m³;

μ——流体黏度,Pa·s;

u——流体流速,m/s。

大量实验测得,当雷诺数小于某一下临界值时,流体流动型态恒为层流;当雷诺数大于某一上临界值时,流体流动型态恒为湍流;在上临界值与下临界值之间,则为不稳定的过渡区域。对于圆形导管,下临界雷诺数为2 000,上临界雷诺数为10 000。一般情况下,上临界雷诺数为4 000时,即可形成湍流。

应当指出,层流与湍流之间并非是突然的转变,而是两者之间相隔一个不稳定的过渡区域,因此,临界雷诺数测定值和流动型态的转变在一定程度上受一些不稳定因素的影响。

三、实验装置

雷诺数测定实验装置主要由稳压溢流水槽、实验导管和转子流量计等部分组成,如图5-1所示。自来水不断注入并充满稳压水槽。稳压水槽的水流经实验导管和转子流量计,

最后排入下水道。稳压水槽的溢流水也直接排入下水道。水流量由水流量调节阀调节。

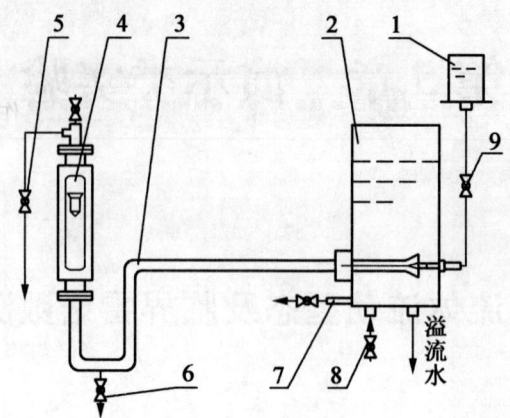

1—示踪剂瓶；2—稳压水槽；3—实验导管；4—转子流量计；5—水流量调节阀；
6、7—泄水截止阀；8—上水调节阀；9—示踪剂调节阀

图5-1 雷诺数测定实验装置及流程

四、实验步骤及注意事项

1. 实验的准备工作

（1）实验前，先用自来水充满稳压水槽，将适量示踪剂（红墨水）加入贮瓶内备用，并排尽贮瓶与针头之间管路内的空气。

（2）实验前，先对转子流量计进行标定，作好流量标定曲线。

（3）用温度计测定水温。

2. 实验步骤

（1）开启自来水阀门，保持稳压水槽有一定的溢流量，以保证实验时具有稳定的压头。

（2）用放风阀排出流量计内的空气，再缓慢开启转子流量计后的调节阀，将流量调至最小值，以便观察稳定的层流流动型态，再精细地调节示踪剂管路阀，使示踪剂（红墨水）的注水流速与实验导管内主体流体的流速相近，一般略低于主体流体的流速为宜。精心调节至能观察到一条平直的红色细流为止。

（3）缓慢地增大调节阀的开度，使水通过实验导管的流速平稳地增大。直至实验导管内直线流动的红色细流开始发生波动时，记下水的流量和温度，以供计算下临界雷诺数。

（4）继续缓慢地增大调节阀开度，使水流量平稳地增加。这时，导管内的流体的流动型态逐步由层流向湍流过渡。当流量增大到某一数据值后，示踪剂（红墨水）一进入实验导管，立即被分散，呈烟雾状，这时表明流体的流动型态已进入湍流区域。记下水的流量和温度数据，以供计算上临界雷诺数。

实验操作需反复进行数次（至少5次），以便取得较为准确的实验数据。

3. 注意事项

（1）本实验示踪剂采用红墨水，它由红墨水贮瓶，经连接软管和注射针头，注入实验导

管。应注意适当调节注射针头的位置,使针头位于管轴线上为佳。红墨水的注射速度应与主流流体速度相近(略低些为宜),因此,随着水流速的增大,需相应地细心调节红墨水注射流量,才能得到较好的实验效果。

(2)在实验过程中,应随时注意稳压水槽的溢流水量。随着操作流量的变化,相应调节自来水给水量,防止稳压水槽内液面下降或泛滥事故的发生。

(3)在整个实验过程中,切勿碰撞设备,操作时也要轻巧缓慢,以免干扰流体流动过程的稳定性。实验过程有一定滞后现象,因此,调节流量过程切勿操之过急,状态确实稳定之后,再继续调节或记录数据。

五、实验报告

(1)实验设备基本参数:

实验导管内径 d = _____ mm。

(2)实验数据记录及整理(表 5 – 1)。

表 5 – 1 实验数据记录及处理表

实验序号	流量 V_s/ $(m^3 \cdot s^{-1})$	温度 T/ ℃	黏度 μ/ $(Pa \cdot s)$	密度 ρ/ $(kg \cdot m^{-3})$	流速 u/ $(m \cdot s^{-1})$	临界雷诺数 Re	实验现象及流动型态
1							
2							
3							
4							
5							
6							
7							
8							

六、思考题

1. 影响流体流动型态的因素有哪些?

2. 如果管子不是透明的,不能用直接观察来判断管中的流体流型,你认为可以用什么办法来判断?

3. 有人说可以只用流速来判断管中流体流型,流速低于某一具体数值时是层流,否则是湍流,你认为这种看法对否?在什么条件下可以由流速的数值来判断流动型态?

4. 流量标定曲线见图 5 – 2,依据图 5 – 2 可由流量计读数直接确定流量值。

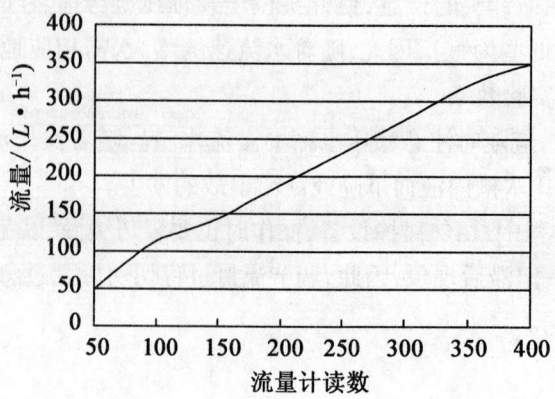

图 5-2 转子流量计读数与流量关系曲线

实验二 伯努利实验

一、实验目的

伯努利实验讲解

（1）实验观察不可压缩流体在导管内流动时的各种形式机械能的相互转化现象。

（2）验证机械能衡算方程（伯努利方程）。

（3）通过实验，加深对流体流动过程基本原理的理解。

二、实验原理

流动流体所具有的总能量是由各种形式的能量所组成的，并且各种形式的能量之间又可相互转换。当流体在导管内做定常流动时，在导管的各截面之间的各种形式机械能的变化规律可由机械能衡算基本方程来表达。这些规律对于解决流体流动过程的管路计算、流体压强、流速与流量的测量，以及流体输送等问题，都有着十分重要的作用。

对于不可压缩流体，在导管内做稳态流动，系统与环境又无功的交换时，若以单位质量流体为衡算基准，则对确定的系统即可列出机械能衡算方程为

$$gH_1 + \frac{v_1^2}{2} + \frac{p_1}{\rho} = gH_2 + \frac{v_2^2}{2} + \frac{p_2}{\rho} + \sum h_f \quad (5-2)$$

若以单位质量流体为衡算基准时，则又可表达为

$$H_1 + \frac{v_1^2}{2g} + \frac{p_1}{\rho g} = H_2 + \frac{v_2^2}{2g} + \frac{p_2}{\rho g} + \sum H_f \quad (5-3)$$

式中 H——流体的位压头，m 液柱（下标 1 和 2 分别为系统的进口和出口两个截面）；

p——流体的压强，Pa；

v——流体的平均流速,m/s(下标 1 和 2 分别为系统的进口和出口两个截面);

ρ——流体的密度,kg/m³;

$\sum h_f$——流动系统内因阻力造成的能量损失,J/kg;

$\sum H_f$——流动系统内因阻力造成的压头损失,m 液柱。

不可压缩流体的机械能衡算方程,应用于各种具体情况下可做适当简化。

(1)当流体为理想液体时,于是式(5-2)和式(5-3)可简化为

$$gH_1 + \frac{v_1^2}{2} + \frac{p_1}{\rho_2} = gH_2 + \frac{v_2^2}{2} + \frac{p_2}{\rho} \tag{5-4}$$

$$H_1 + \frac{v_1^2}{2g} + \frac{p_1}{\rho g} = H_2 + \frac{v_2^2}{2g} + \frac{p_2}{\rho g} \tag{5-5}$$

该式即为流动型态伯努利(Bernoulli)方程。

(2)当液体流经的系统为一水平装置的管道时,则式(5-2)和式(5-3)又可简化为

$$\frac{v_1^2}{2} + \frac{p_1}{\rho_2} = \frac{v_2^2}{2} + \frac{p_2}{\rho} + \sum h_f \tag{5-6}$$

$$\frac{v_1^2}{2g} + \frac{p_1}{\rho g} = \frac{v_2^2}{2g} + \frac{p_2}{\rho g} + \sum H_f \tag{5-7}$$

(3)当流体处于静止状态时,则式(5-2)和式(5-3)又可简化为

$$gH_1 + \frac{p_1}{\rho_2} = gH_2 + \frac{p_2}{\rho} \tag{5-8}$$

$$H_1 + \frac{p_1}{\rho g} = H_2 + \frac{p_2}{\rho g} \tag{5-9}$$

或者将上式可改写为

$$p_2 - p_1 = \rho g (H_1 - H_2) \tag{5-10}$$

这就是流体静力学基本方程。

三、实验装置

本实验装置主要由实验导管、稳压水槽和四对测压管所组成。

实验导管为一水平装置的变径圆管,沿程分四点处设置测压管。每处测压管由一对并列的测压管组成,分别测量该截面处的静压头和冲压头。

实验装置及流程如图 5-3 所示。液体由稳压水槽流入实验导管,途经直径分别为 14 mm、28 mm、14 mm 和 14 mm 的管子,最后排出设备。流体流量由出口调节阀调节,流量需直接由计时称量测定。

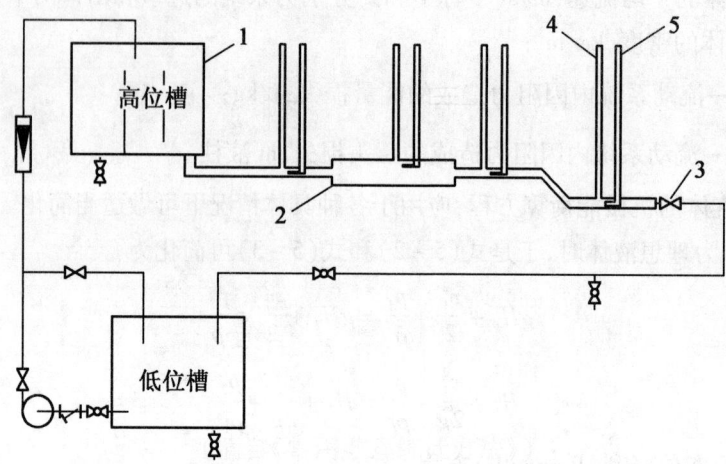

1—稳压水槽；2—实验导管；3—出口调节阀；4—静压头测量管；5—冲压头测量管

图 5-3 伯努利实验装置及流程

四、实验步骤及注意事项

实验前，先缓慢开启进水阀，将水充满稳压水槽，并保持有适量溢流水流出，使槽内液面平稳不变。最后，设法排净设备内的空气泡。

1. 实验步骤

（1）关闭实验导管出口调节阀，观察和测量液体处于静止状态下各测试点（A、B、C 和 D 四点）的压强。

（2）开启实验导管出口调节阀，观察比较液体在流动情况下的各测试点的压头变化。

（3）缓慢开启实验导管的出口调节阀，测量流体在不同流量下的各测试点的静压头、动压头和损失压头。

2. 注意事项

（1）实验前一定要将实验导管和测压管中的空气泡排除干净，否则会干扰实验现象和测量的准确性。

（2）开启进水阀向稳压水槽注水，或开关实验导管出口调节阀时，一定要缓慢地调节开启程度，并随时注意设备内的变化。

（3）实验过程中需根据测压管量程范围，确定最小和最大流量。

（4）为了便于观察测压管的液柱高度，可在临实验测定前，向各测压管滴入几滴红墨水。

五、实验结果

1. 测量并记录实验基本参数

流体种类。

实验导管内径：$d_A = \phi$ _____ mm　　$l_1 = $ _____ mm；

$d_B = \phi$ _____ mm $l_2 =$ _____ mm；

$d_C = \phi$ _____ mm $l_3 =$ _____ mm；

$d_D = \phi$ _____ mm $l_4 =$ _____ mm。

实验系统的总压头：$H =$ _____ mmH$_2$O。

2. 非流动体系的机械能分布及其转换

(1) 实验数据记录（表 5-2）。

表 5-2　伯努利实验数据记录表（静止状态）

水温 T/℃	密度 ρ/(kg·m^{-3})	各测试点的静压头			
		$\dfrac{p_A}{\rho g}$/mmH$_2$O	$\dfrac{p_B}{\rho g}$/mmH$_2$O	$\dfrac{p_C}{\rho g}$/mmH$_2$O	$\dfrac{p_D}{\rho g}$/mmH$_2$O

(2) 验证流体静力学方程。

3. 流动体系的机械能分布及其转换

(1) 实验数据记录（表 5-3）。

表 5-3　伯努利实验数据记录表（流动状态）

实验序号		
温度 T/℃		
密度 ρ/(kg·m^{-3})		
静压头	$\dfrac{p_A}{\rho g}$/mmH$_2$O	
	$\dfrac{p_B}{\rho g}$/mmH$_2$O	
	$\dfrac{p_C}{\rho g}$/mmH$_2$O	
压强	p_A/Pa	
	p_B/Pa	
	p_C/Pa	
动压头	$\dfrac{u_A^2}{2g}$/mmH$_2$O	
	$\dfrac{u_B^2}{2g}$/mmH$_2$O	
	$\dfrac{u_C^2}{2g}$/mmH$_2$O	

续表 5-3

实验序号		
温度 T/℃		
密度 ρ/(kg·m^{-3})		
流速	μ_A/(m·s^{-1})	
	μ_B/(m·s^{-1})	
	μ_C/(m·s^{-1})	
损失压头	$H_{f(1-A)}$/mmH$_2$O	
	$H_{f(1-B)}$/mmH$_2$O	
	$H_{f(1-C)}$/mmH$_2$O	

(2)验证流动流体的机械能衡算方程。

实验三　固体流态化的流动特性曲线的测定实验

一、实验目的

(1)通过实验观察固定床与流化床的总体性状。
(2)通过实验观察聚式流化床和散式流化床的各种流化现象并比较两者流动特性的差异。
(3)实验测定气固和液固系统的流化曲线。
(4)实验测定临界流化速度,验证固定床压降和流化床临界流化速度的计算公式。

通过本实验希望能初步掌握流化床流动特性的实验研究方法,加深对流体流经固体颗粒层的流动规律和固体流态化原理的理解。

二、实验原理

在化学工业中,经常有流体流经固体颗粒的操作,诸如过滤、吸附、浸取、离子交换以及气固、液固和气液固反应等。凡涉及这类液固系统的操作,按其中固体颗粒的运动状态,一般将设备分为固定床、移动床和流化床三大类。近年来,流化床设备得到愈来愈广泛的应用。

固体流态化过程又按其特性分为密相流化和稀相流化。密相流化床又分为散式流化床和聚式流化床。一般情况下,气固系统的密相流化床属于聚式流化床,而液固系统的密相流化床属于散式流化床。

当流体流经固定床内固体颗粒之间的空隙时,随着流速的增大,流体与固体颗粒之间所产生阻力也随之增大,床层的压强降则不断升高。

为表达流体流经固定床时的压强降与流速的函数关系,曾提出过多种经验公式。现将一种较为常用的公式介绍如下。

流体流经固定床的压降可以仿照流体流经空管时的压降公式(Moody 公式)列出,即

$$\Delta p = \lambda_m \cdot \frac{H_m}{d_p} \cdot \frac{\rho u_0^2}{2} \tag{5-11}$$

式中 H_m——固定床层的高度,m;

d_p——固体颗粒的直径,m;

u_0——流体的空管速度,$m \cdot s^{-1}$;

ρ——流体的密度,$kg \cdot m^{-3}$;

λ_m——固定床的摩擦系数。

固定床的摩擦系数 λ_m 可以直接由实验测定。根据实验结果,厄贡(Ergun)提出如下经验公式:

$$\lambda_m = 2\left(\frac{1-\varepsilon_m}{\varepsilon_m^3}\right)\left(\frac{150}{Re_m} + 1.75\right) \tag{5-12}$$

式中 ε_m——固定床的空隙率;

Re_m——修正雷诺数。

Re_m 可由颗粒直径 d_p、床层空隙率 ε_m、流体密度 ρ、流体黏度 μ 和空管流速 u_0 按下式计算:

$$Re_m = \frac{d_p \rho u_0}{\mu} \cdot \frac{1}{1-\varepsilon_m} \tag{5-13}$$

由固定床向流化床转变时的临界速度 u_m 也可由实验直接测定。实验测定不同流速下的床层压降,再将实验数据际绘在双对数坐标上,由作图法即可求得临界流化速度,如图 5-4 所示。

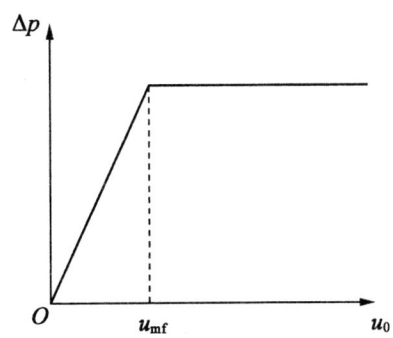

图 5-4 双对数坐标绘制出的流体流经固定床和流化床时的压力降示意图

为计算临界流化速度,研究者们也曾提出过各种计算公式。下面介绍的为一种半理论半经验的公式。

当流态化时,流体流动对固体颗粒产生的向上作用力,应等于颗粒在流体中的净重力,即

$$\Delta p S = H_f S(l - \varepsilon_f)(\rho_S - \rho) g \tag{5-14}$$

式中 S——床层的横截面积,m^2;

H_f——床层的高度,m;

ε_f——床层的空隙率;

ρ_S——固体颗粒的密度,$kg \cdot m^{-3}$;

ρ——流体的密度,$kg \cdot m^{-3}$。

由此可得出流化床压力降的计算式为

$$\Delta p = H_f(l - \varepsilon_f)(\rho_S - \rho) g \tag{5-15}$$

当床层处于由固定床向流化床转变的临界点时,固定床压力降的计算式与流化床的计算式应同时适用,这时,

$$H_f = H_{mf}, \quad \varepsilon_f = \varepsilon_m = \varepsilon_{mf}, \quad u_0 = u_{mf}$$

因此,联立(5-11)和(5-15)两式即可得临界流化速度的计算式为

$$u_{mf} = \left[\frac{1}{\lambda_m} \cdot \frac{2 d p (1 - \varepsilon_{mf})(\rho_S - \rho) g}{\rho} \right]^{1/2} \tag{5-16}$$

若式中固定床的摩擦系数 λ_m 按式(5-12)计算,则联立式(5-12)和式(5-16)即可计算得到临界流化速度。

最后,尚需进一步指出,由实验数据关联得出的固定床压力降和临界流化速度的计算公式,除以上介绍的算式之外,文献中报道的至今已达数十种之多。但大都不是形式过于复杂,就是应用局限性和误差较大,一般用实验方法直接测量最为可靠,同时这种实验方法又较为简单可行。

流化床的特性参数,除上述外,还有密相流化与稀相流化临界点的带出速度 u_f、床层的膨胀比 R 和流化数 K 等,这些都是设计流化床设备时的重要参数。流化床的床高 H_f 与静床层的高度 H_0 之比,称为膨胀比,即

$$R = H_f / H_0 \tag{5-17}$$

流化床实际采用的流化速度 u_f 与临界流化速度 u_{mf} 之比称为流化数,即

$$K = u_f / u_{mf} \tag{5-18}$$

三、实验装置

本实验装置采用气固和液固系统两套设备并列。设备主体均采用圆柱形的自由床,里面分别填充球粒状硅胶和玻璃微珠。分布器采用筛网和填满玻璃球的圆柱体。柱顶装有过滤网,以阻止固体颗粒带出设备外,床层上均有测压口与压差计相接。

液固系统流程如图5-5所示。水自循环水泵或稳压水槽,经水调节阀和孔板流量计,由设备底部进入。水进入设备后,经过分布器分布均匀,由下而上通过颗粒层,最后经顶部滤网排入循环水槽。水流量由水调节阀调节,并由孔板流量计的压差计显示读数。

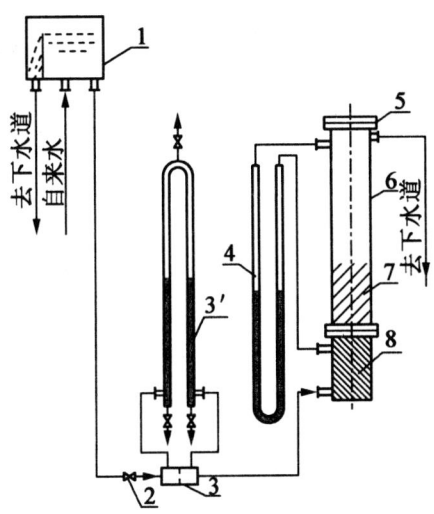

1—稳压水槽;2—水调节阀;3—孔板流量计;3'—倒 U 形压差计;
4—U 形压差计;5—滤网;6—床体;7—固体颗粒层;8—分布器

图 5-5　液固系统流程

气固系统流程如图 5-6 所示。空气自风机经调节阀和孔板流量计,由设备底部进入。空气进入设备后,经分布器分布均匀,由下而上通过颗粒层,最后经顶部滤网排空。空气流量由空气调节阀和放空阀联合调节,并由孔板流量计的压差计显示读数。

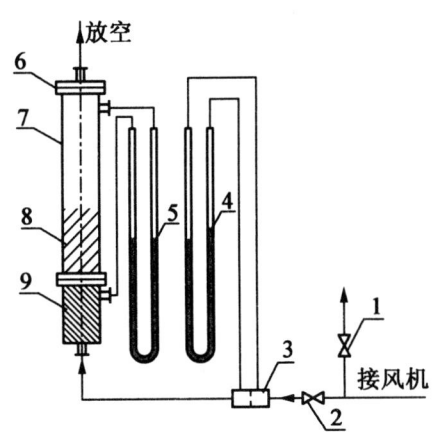

1—放空阀;2—空气调节阀;3—孔板流量计;4—孔板流量计的压差计;
5—压差计;6—滤网;7—床体;8—固体颗粒层;9—分布器

图 5-6　气固系统流程

四、实验步骤及注意事项

1. 实验步骤

本实验可分两步进行:第一步,观察并比较液固系统流化床和气固系统流化床的流动状况;第二步,实验测定空气或水通过固体颗粒层的特性曲线。

在实验开始前,先按流程检查各阀门开闭情况。将水调节阀和空气调节阀全部关闭,放空阀完全打开,然后,再启动循环水泵和风机。

待循环水泵和风机运转正常后,先徐徐开启水调节阀,使水流量缓慢增大,观察床层的变化过程,然后再徐徐开启空气调节阀和关小放空阀,联合调节改变空气流量,观察床层的变化过程。

完成第一步实验操作后,先关闭水调节阀,再停泵,继续进行第二步实验操作。若测定不同空气流速下,床层的压力降和床层高度,实验可在流量由小到大、再由大到小反复进行。实验完毕,先打开放空阀,后关闭空气调节阀,再停机。

2. 注意事项

(1)循环水泵和风机的启动和关机必须严格遵守上述操作步骤。无论是开机、停机或调节流量,必须缓慢地开启或关闭阀门,并同时注视压差计中液柱变化情况,严防压差计中指示液冲入设备。

(2)当流量调节至接近临界点时,阀门调节更需精心细微,注意床层的变化。

(3)实验完毕,必须将设备内的水排放干净。切莫将杂物混入循环水中,以防堵塞分布器和滤网。

实验四 玻璃筛板精馏实验

一、实验目的

(1)观察了解筛板式精馏塔的运行情况。
(2)求全回流时全塔的工作效率。

二、实验原理

本实验为双层真空保温式玻璃筛板精馏塔,共计33层。通过塔顶的摆动磁铁控制回流比。可以用热电偶测量塔板的温度。

本次实验测量全塔效率 η,就是所有塔板计数的总效率。该参数具有重要的实际意义,它与塔结构、操作条件、物料性质及浓度变化范围有关。

$$\eta = \frac{N_T}{N_{实}} \times 100\% \tag{5-19}$$

首先用作图法求出理论塔板数 N_T,然后用 N_T 和实际塔板数求出 η 值。

三、实验装置

实验装置如图 5-7 所示。

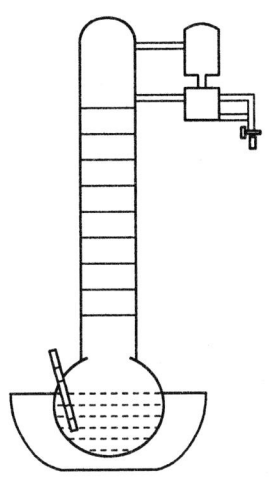

图 5-7　玻璃筛板精馏塔

四、实验步骤

(1) 打开电源,对釜内酒精与水的混合物加热。
(2) 对塔顶的冷凝器通冷却水。
(3) 调节塔顶冷凝器的回流比,使其处于全回流状态,即 $R \to \infty$。
(4) 观察塔板的运行情况,待稳定后,从塔釜和塔顶取样。
(5) 使用阿贝折光仪测定样品的折射率,对照标准曲线查其浓度。

五、记录数据

表 5-4　玻璃筛板精馏实验数据记录表

项目	塔顶			塔底		
	样品 1	样品 2	样品 3	样品 1	样品 2	样品 3
折射率						
浓度						
平均值						

六、数据处理

首先绘制乙醇和水的 $x-y$ 相图,其数据见表 5-5。

表 5–5　乙醇和水的气液相平衡数据表

x	y	x	y	x	y
0.04	0.053	10.48	44.61	46.55	63.91
0.12	1.57	12.08	46.40	54.00	66.92
0.35	4.12	14.95	49.77	64.05	71.86
1.19	12.75	18.03	52.04	68.92	74.68
2.01	18.68	20.68	53.46	74.15	78.00
2.86	23.96	25.00	55.48	79.82	81.88
3.37	28.12	27.32	56.44	81.83	83.26
5.07	33.06	31.47	58.11	83.87	84.91
6.86	38.06	36.02	59.84	88.13	88.13
8.41	41.27	40.09	62.22	88.44	88.44

用图解法求理论塔板数 N_T，实际塔板数为 33，求出全塔效率。

第6章　Excel 软件在实验数据处理中的应用

6.1　Excel 软件概述

Excel 软件是由 Microsoft 公司开发的一款非常重要且实用的办公室自动化软件之一,很多使用者都是通过 Excel 来完成数据的处理和统计管理的。它不仅仅能够方便地处理表格数据,并可对表格数据进行图形分析,而其更强大的功能则体现在对数据的自动处理和计算方面。目前,Excel 在发展完善的过程中出现了多种不同的版本,本书以 2016 版为例进行介绍。

打开 Excel 软件后,可以发现 Excel 界面窗口的组成和我们所熟悉的 Word 软件界面窗口非常相似,但 Word 软件的工作区是一张白纸,而 Excel 软件的工作区就是一个表格,所以如果说 Word 软件是专业文档处理软件,那么 Excel 软件就是专业表格数据处理软件。所以,在日常办公中,如果是文字居多而表格相对较简单时,一般采用 Word 软件来处理文档,如果是表格或数据较多,并且要进行计算处理的就一定要用 Excel 软件来处理,你会发现使用 Excel 软件来完成大量数据的统计与分析过程非常得心应手。由于 Excel 软件功能众多,作用强大,因此本书仅针对 Excel 软件在化工原理实验数据处理中能够应用的部分操作进行简要介绍。

6.2　工作环境

1. 工作环境综述

(1)菜单栏——一般可以实现大部分功能。
(2)功能区——一般最常用的功能都可以通过此区域实现。
(3)名称框——显示选定单元格的名称。
(4)编辑栏——显示和编辑单元格内容。
(5)工作表——所有表格、图表等都在此。
(6)状态栏——标出当前页面视图和显示比例。

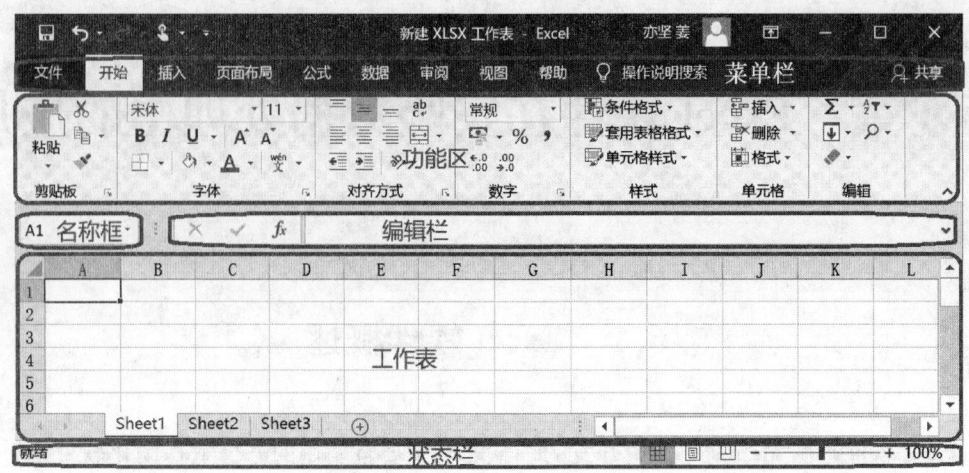

图 6-1 工作环境

2. 菜单栏

菜单简要说明如下。

文件——文件功能操作,包括打开文件、新建文件、保存文件等。

开始——常用编辑功能操作,包括剪贴板、字体、对齐方式、数字、样式、单元格、编辑等各功能区。

插入——插入功能操作,包括表格、插图、加载项、图表、三维地图演示、迷你图、筛选器、链接等功能区。

页面布局——用于表格的页面调整操作,包括主题、页面设置、调整大小、工作表选项、排列等功能区。

公式——用于公式的录入和使用操作,包括函数库、定义的名称、公式审核、计算等功能区。

数据——数据的转换和统计操作,包括获取外部数据、获取和转换、连接、排序和筛选、数据工具、预测、分组显示等功能区。

审阅——录入内容的转换和检查操作,包括校对、中文繁简转换、辅助功能、见解、语言、批注、保护和墨迹等功能区。

视图——窗口视图操作,包括工作簿视图、显示、显示比例、窗口、宏等功能区。

6.3 基本操作

1. 基本概念

(1)工作簿是 Excel 软件用来处理并存储数据的文件,文件扩展名为.xlsx。一个工作簿可包含多张工作表。

(2)工作表。工作簿中的每一张表称为工作表,每个工作表是一张二维电子表格。

(3)单元格指工作表中由表线构成的一个个格子,单元格是工作表的基本单元,当选中一个单元格时,该单元格的边框会以粗黑框显示。

(4)行号和列标指行号用数字 1、2、……表示,列标用字母 A、B、……表示,相当于一个二维坐标,每个单元格在这个坐标中有一个固定而唯一的名称,由列号 + 行号表示,如 A1、C3。

(5)名称框指显示当前活动单元格的地址。

(6)编辑栏指显示当前活动单元格的内容,可以在这里输入和编辑数据、公式等数值。

2. 基本操作

(1)创建工作簿。启动 Excel 2016 会自动创建空白工作簿。如果在编辑文档的过程中要新建工作簿,可点击[快速访问工具栏]中的"新建"按钮。

(2)保存工作簿。可点击[快速访问工具栏]中的"保存"按钮。如果文档是第一次保存那么点击保存就会弹出"另存为"对话框。选择保存位置—输入文件名—点击保存。

(3)另存为。如果不希望改变原来的文档内容,就要将文档另存一份,点击"文件"—"另存为",就会弹出"另存为"对话框。选择保存位置—输入文件名—点击保存。

6.4　数据的输入与编辑

1. 数据的输入

在 Excel 2016 中,单元格中的数据可以是文本、数字、日期等类型。输入数据的基本步骤为点击单元格—输入数据(如要换行,可按 Alt + Enter 键)—输入完成后,按 Enter 键。按 Esc 键可取消刚才的输入。

(1)文本的输入。

文本是指字符、数字及特殊符号的组合。默认情况下,文本数据是左边对齐的。

当输入的文本超过单元格宽度时,若右侧相邻的单元格没有数据,则超出的文本会延伸到右侧单元格中;如果右侧相邻单元格已有数据,则超出的文本被隐藏,在改变列宽后可以看到全部的文本数据。

当输入纯数字文本时,Excel 会认成数值,如输入邮政编码 0599,系统会显示为 599,如果要保留 0,应在数字前加一个英文状态下的单引号"'",此时,单元格左上角会出现一个绿色三角标记,且左对齐。

在输入如身份证号码这种纯数字但内容很长时,应以文本的方式输入,否则数据将会不正确。

(2)数值的输入。

Excel 软件的数值数据只能含有以下字符:0～9,+,-,(,),/,$,%,E,e。默认情况下,数值数据在单元格中自动右对齐。

当数值的数字长度超过11位时,将以科学记数法的形式表示。

当输入的数字超过列宽时,Excel软件会自动采用科学记数法(如3.1E-12)表示,或者只给出"####"标记。

输入日期时,年、月、日间用"/"或"-"分隔;输入时间时,用":"分隔;同时输入日期和时间时,在日期和时间之间用一个空格分隔。

2. 设置字体格式

可以在"开始"选项卡中的"字体"功能区中进行设置。

3. 设置数字格式

(1)在"开始"选项卡中的"数字"功能区中进行设置。

数字格式:选择单元格中的值的显示方式,比如数字、货币、百分比和日期等。

货币样式:在数据前加"¥"符号,保留两位小数,如68.012的货币样式为¥68.01。

百分比样式:将当前数据×100后再添加百分号,如0.68的百分比样式为68%。

千位分隔样式:财会上在每个千位上用千分号分隔,并保留两位小数,如6801.01的千位分隔样式为6,801.01。

增加小数位数:数据的小数位数加1,如68.01为68.010。

减少小数位数:数据的小数位数减1,如68.01为68.0,并进行四舍五入。

(2)使用"设置单元格格式"对话框。

执行"开始"选项卡中的"数字"功能区的 ,或在选定的单元格区域上方点击右键—设置单元格格式。

4. 设置对齐方式

(1)执行"开始"选项卡中"对齐方式"功能区中进行设置。

(2)执行"开始"选项卡中的"对齐方式"功能区的"↘"。在"设置单元格格式"对话框中的"对齐"选项卡中设置。

5. 设置边框格式

为方便用户制表,Excel软件中的单元格都采用灰色的网格线进行分隔,但这些网格线是不可以打印的。如果希望打印网格线,就需要为单元格添加各种类型的边框。

(1)"开始"选项卡中的"字体"功能区中"框线"工具。选中单元格区域,点击"框线"工具下方的"所有框线"。

(2)在"设置单元格格式"对话框中设置,"开始"选项卡中的"字体"功能区中"↘",在对话框中选择"边框"选项卡,可根据需要设置线条样式和颜色。

6. 设置条件格式

设置条件格式是指把满足指定条件的数据用特定的格式显示。

(1)设置突出显示单元格规则。"开始"选项卡中的"样式"功能区中"条件格式"工具—突出显示单元格规则。

(2)清除规则。开始"选项卡中的"样式"功能区中"条件格式"工具—清除规则—清除所选单元格的规则。

7. 数据的编辑

(1)修改单元格数据。

正在输入数据时可按 Esc 键取消输入,然后重新输入。如果只是部分错误,可点击该单元格,在编辑栏中修改,或双击单元格在单元格内修改。修改完成后请按一次 Enter 键。

(2)清除单元格数据。

要删除单元格内容,可点击单元格后按 Delete 键,或点击"开始"—编辑—清除中选择相应的清除命令。

(3)数据的复制或移动。

一种是用复制或剪贴工具栏实现,这方法在 Windows 所有软件中通用,还可以拖动鼠标来实现,方法是①选定要被复制的单元格区域,再将鼠标指针移动到该区域边框线上,这时,鼠标形状变成箭头状;②按住 Ctrl 键,箭头光标上方增加一个"+"号,同时拖动鼠标到需要复制数据的位置松开按键。这是复制,如果在移动时没有按住 Ctrl 键,则是移动数据。

8. 数据填充

在输入数据的过程中,当某行或某列的数据有规律或为一组固定的序列数据时,可使用自动填充功能快速完成。

使用填充功能最常用的办法是"将鼠标指针移动到填充柄处,使鼠标指针形状变为'+'号时,按住鼠标左键拖动"。

填充柄是指选定单元格或单元格区域时黑框右下角的小黑方块。

(1)等差序列。

在需填充区域的前两个单元格中输入两个不同的数值(如 1 和 2),并选定这两个单元格,拖动填充柄,可完成填充。

(2)自动填充序列。

汉字和数字的组合(第 1 组),选定这个单元格,拖动填充柄,可完成填充。

(3)使用"序列"对话框填充数据序列。

点击"开始"选项卡中的编辑功能区—填充—序列,可在"序列"对话框的"序列产生在"栏中设定按行或按列进行填充,在"终止值"文本框中输入终止值。

6.5 公式应用

公式是根据用户需要对工作表中的数据执行计算的等式,以等号"="开始。

1. 公式的运算符

(1)算术运算符。

"+"(加)、"−"(减)、"*"(乘)、"/"(除)、"^"(乘方)、"%"(百分比)。

(2)比较运算符。

"="(等于)、">"(大于)、"<"(小于)、">="(大于等于)、"<="(小于等于)、"<>"(不等于)。比较运算符用于比较两个数值的大小,其结果为逻辑值 TRUE 或者 FALSE。

(3)文本运算符 &(连接)。

可将一个或多个文本连接起来组合成一个文本值。引用中的数值型数据将按文本数据对待。在公式中直接用文字连接,需要用英文下的双引号将文本文字括起来。

(4)引用运算符。

区域运算符(:)表示单元格区域中的所有单元格,例如(A1:A5)表示 A1 到 A5 间的所有单元格;联合运算符(,)将多个引用合并为一个引用,例如(C1:C3,C5:C7)表示 C1 到 C3 间的所有单元格和 C5 到 C7 间的所有单元格。

(5)运算符优先级。

当公式中同时用了多个运算符时,运算顺序将按优先级从高到低进行计算。例如公式 = 15 - 4 * 3,如果要选计算减法再做乘法,可以利用括号运算改变运算的顺序,如公式 = (15 - 4) * 3。

2. 公式的输入和编辑

(1)输入公式。

公式必须以等号"="开始,单元格中显示公式的计算结果,公式内容在编辑栏中显示,可以在编辑栏中对公式进行修改。公式中的数字或引用的单元格内容发生变化时,Excel 软件将重新进行计算得到最新结果。

(2)移动和复制公式。

公式的移动和普通文字的移动完全一样,复制公式时,要注意相对引用地址的变化。

(3)公式的填充。

在利用工作表处理数据时,常会遇到在同一行或同一列使用相同的计算公式的情况。利用公式填充功能可以简化输入过程。用鼠标拖动单元格填充柄到需要填充的单元格区域,公式即被填充到所选区域。

3. 公式中的单元格引用

可以在公式中使用以下 3 种不同位置的单元格或单元格区域数据。

(1)同一工作表中的单元格数据。

直接用单元格的地址表示,如 E1 表示 E1 单元格中数据。

(2)同一工作簿中不同工作表的单元格数据。

在单元格地址前面加上工作表名,并以"!"分隔,如 Sheet2! C8 表示工作表 2 中 C8 单元格中数据。

(3)不同工作簿的单元格数据。

工作簿名用"[ ]"起来,如[工资明细表.xlsx]1月份! B5 表示工资明细表.xlsx 工作簿中 1 月份工作表中 B5 单元格中数据。

4. 单元格地址

根据公式所在单元格的位置发生变化时单元格引用的变化情况,可以把引用分为相对引用、绝对引用和混合引用。

(1)相对引用。

直接引用单元格区域地址。使用相对引用时,当对公式进行移动或复制时,引用地址也会随着公式位置的变化而相应调整引用的地址。

(2)绝对引用。

在引用单元格地址的列标和行号前面都带有"$"符号。例如,$B$3就是一个绝对引用。使用绝对引用后,公式中的引用地址是绝对的,不论公式如何移动或复制,引用的地址不会改变,所引用的数值始终保持绝对引用地址中所对应单元格中的数据值不变。

(3)混合引用。

行号或列标中有一项前有"$"符号。使用混合引用时,当对公式进行移动或复制时,地址中带有"$"的不变,没有"$"的会随着公式位置的变化相对变化。

6.6 函数的应用

函数是执行计算、分析等数据处理任务的特殊公式,是预先定义的内置公式。

1. 函数的格式

函数名称(参数1,参数2,……,参数n),参数可以是数字、文本或单元格引用,如求和函数SUM(G3:G5),SUM(G3,G4,G5),其中SUM是函数名,括号中是进行求和运算的单元格引用。

2. 函数的分类

按其功能可以分为财务函数、日期与时间函数、数学和三角函数、统计函数等。

3. 函数的输入

(1)点击要输入公式的单元格—点击"公式"选项卡—在"函数库"功能区选择相应的函数。

(2)点击要输入公式的单元格—点击"公式"选项卡—在"函数库"功能区为点击"插入函数"。

(3)直接在单元格中输入函数。

4. 常用函数的使用

(1)SUM求和函数:引用格式=SUM(范围)或在"常用"工具栏中有一个"∑"按钮,返回范围内所有数值的和。

(2)AVERAGE求平均函数:引用格式=AVERAGE(范围),返回范围内所有数值的平均值。

(3)LN()自然对数函数:引用格式=LN(number),返回以e为底的对数值。

(4)LOG()对数函数:引用格式=LOG(number,base),number为用于计算对数的正实数,base 为对数的底数。如果省略底数,假定其值为10,返回以10为底的对数值。

(5) COUNT 求个数函数:引用格式 = COUNT(范围),其中文本数据不计数,返回范围内所有数值的个数。

(6) MAX 求最大值函数:引用格式 = MAX(范围),返回范围内所有数值中的最大值。

(7) MIN 求最小值函数:引用格式 = MIN(范围),返回范围内所有数值中的最小值。

(8) IF 条件函数:引用格式 = IF(条件表达式,值1,值2),当条件表达式为真时,返回值1;否则返回值2。

(9) 自动计算:在状态栏中提供了六种功能为平均值、计数、数值计数、最大值、最小值、求和,当选定某个单元格区域,系统会自动计算出区域的统计值并显示在状态栏中。

6.7 图表的使用

图表是工作表数据的图形表示,不同类型的图表可以直观清晰地表达不同类数据之间的关系、趋势变化以及比例分配等,利用图表可以帮助用户增强对数据变化的理解。

1. 图表类型

(1) 常见的标准图表。

Excel 2016 提供了11种标准图表类型,在"插入"选项卡—插图对话框中可以选择。

(2) 迷你图。

迷你图是在工作表单元格背景中嵌入的一个微型图表,有3种类型,在"插入"选项卡—迷你图中可以选择。

2. 创建和设置迷你图

(1) 创建迷你图。

选择数据区域,"插入"选项卡—迷你图—折线图,在对话框中确定"数据范围",也可以利用填充柄将文本一样进行迷你图的填充。

(2) 设置迷你图格式。

选中迷你图单元格,点击"迷你图工具设计"选项卡,点击"分组"组中"清除"按钮,可以清除迷你图。

3. 创建和设置标准图表

(1) 创建图表。

选中数据区域,点击"插入"选项卡—"图表"组中选择。

(2) 图表元素与组成。

图表区、绘图区、图表标题、数据标签、数据系列、图例、坐标轴、坐标轴标题、网格线。

4. 编辑图表

选中图表会激活"图表工具",包含设计、布局、格式三个选项卡。

(1)设计选项卡。

在"类型"组中可以"更改图表类型"。

在"数据"组中可以"选择数据"改变数据区域。"切换行/列"改变数据是按行还是按列方向绘制图表。

在"图表布局"组中可以更改图表的整体布局。

在"图表样式"组中可以更改图表的整体外观样式。

在"位置"组中可以移动图表,既可移动到其他工作表中,也可以生成图表工作表。

(2)布局选项卡。

在"当前所选内容"组中,显示当前选中的图表元素,也可以点击下选框,在其中选择图表元素。

在"标签"组中,可以编辑图表元素。

(3)格式选项卡。

在"形状样式"组中,可以设置图表元素的形状样式。

在"艺术字样式"组中,可以设置图表文字的样式。

在"大小"组中,可以设置图表的高度与宽度。

5. 删除图表

要删除图表的某一元素,点击该元素后按 Delete 键。要删除整个图表,点击图表的图表区,再按 Delete 键进行删除。

6.8　Excel 软件在离心泵特性曲线测定实验数据处理中的应用示例

1. 实验数据处理要求

离心泵特性曲线测定实验通过测定所得的泵的流量、进口压力、出口压力、进出口高度差、电机功率、转速等数据计算泵的扬程、轴功率和效率随流量的变化关系,由于特定曲线需要在泵的转速恒定的条件下测定,而实际电机转速不恒

Excel 软件在离心泵特性曲线测定实验数据处理中的应用

定,因此需根据所测定的电机转速对计算所得数据通过比例定律进行修正。在绘制曲线时要求测定数据不少于 10 组,因此在计算的过程中有大量的重复计算,应用 Excel 软件的公式计算功能完成上述重复计算过程可事半功倍。

2. 计算公式

(1)扬程 H 的计算。

$$H = (z_2 - z_1) + \frac{p_2 + p_1}{\rho g}$$

式中　p_1、p_2——分别为泵进口的真空度和出口表压,Pa;

$z_2 - z_1$——为真空表、压力表的安装高度差,m。

(2)轴功率 N 的计算。

$$N = N_电 \times k$$

式中 $N_电$——电功率表显示值;

k——电机传动效率,可取 $k = 0.95$。

(3)效率 η 的计算。

$$\eta = \frac{HQ\rho g}{N} \times 100\%$$

(4)转速改变时的换算。

流量为

$$Q' = Q \frac{n'}{n}$$

扬程为

$$H' = H\left(\frac{n'}{n}\right)^2$$

轴功率为

$$N' = N\left(\frac{n'}{n}\right)^3$$

效率为

$$\eta' = \frac{Q'H'\rho g}{N'} = \frac{QH\rho g}{N} = \eta$$

3. 实验数据处理过程

(1)表格制作。

根据数据处理要求,合理设计表格结构并输入对应内容,完成后结果如图 6-2 所示。

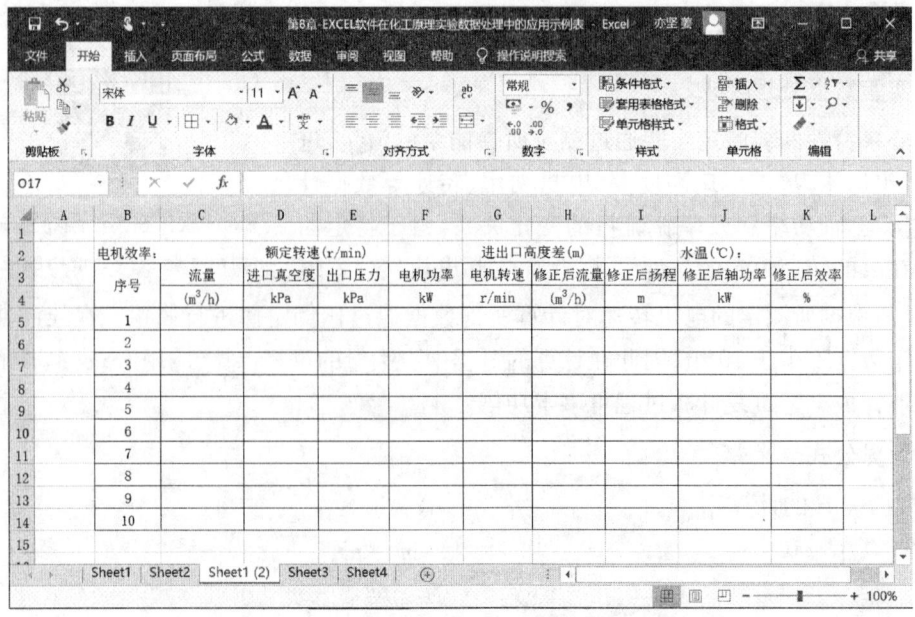

图 6-2 离心泵特性曲线测定实验表格制作

(2)输入实验测定所得数据。

将测定的实验数据输入表格对应的单元格中,并查取实验温度对应的水的密度,完成结果如图 6-3 所示。

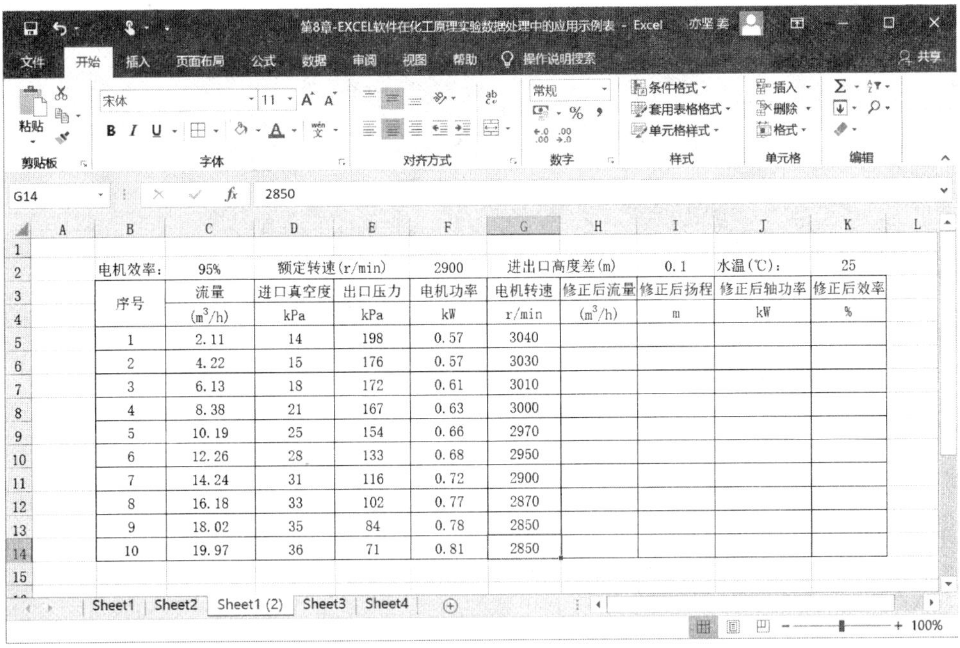

电机效率:	95%	额定转速(r/min)		2900	进出口高度差(m)		0.1	水温(℃):	25
序号	流量	进口真空度	出口压力	电机功率	电机转速	修正后流量	修正后扬程	修正后轴功率	修正后效率
	(m^3/h)	kPa	kPa	kW	r/min	(m^3/h)	m	kW	%
1	2.11	14	198	0.57	3040				
2	4.22	15	176	0.57	3030				
3	6.13	18	172	0.61	3010				
4	8.38	21	167	0.63	3000				
5	10.19	25	154	0.66	2970				
6	12.26	28	133	0.68	2950				
7	14.24	31	116	0.72	2900				
8	16.18	33	102	0.77	2870				
9	18.02	35	84	0.78	2850				
10	19.97	36	71	0.81	2850				

图 6-3　离心泵特性曲线测定实验输入原始数据

(3)输入流量的转速修正公式。

根据实验测定所得电机转速运用比例定律将流量修正为额定转速下的流量,在"修正后流量"对应单元格 H5 中输入" = C5 * $ F $ 2/G5"。输入时注意额定转速为固定数值,所以需输入绝对引用地址。流量和电机转速需要针对测定的各次数值依次计算,所以输入相对引用地址。按回车键确定后使用自动填充功能将上述公式复制到"修正后流量"各单元格,完成结果如图 6-4 所示。

(4)输入扬程的计算公式并对转速修正。

根据实验测定所得进、出口高度差,进、出口压力及实验温度下水的密度,在"修正后扬程"对应单元格 I5 中输入" = ($ I $ 2 + (D5 + E5) * 1 000/(998 * 9.81))",再运用比例定律将扬程修正为额定转速下的扬程,最后输入内容为" = ($ I $ 2 + (D5 + E5) * 1 000/(998 * 9.81)) * ($ F $ 2/G5)^2"。输入时注意额定转速和进、出口高度差为固定数值,所以需输入绝对引用地址。进、出口压力差和电机转速需依据测定的数值依次计算,所以输入相对引用地址。按回车键确定后使用自动填充功能将上述公式复制到"修正后扬程"各单元格,完成结果如图 6-5 所示。

(5)输入轴功率的计算公式并对转速修正。

根据实验测定所得电机功率、电机转化效率及比例定律,在"修正后轴功率"对应单元格 J5 中输入" = F5 * $ C $ 2 * ($ F $ 2/G5)^3"。输入时注意额定转速和电机效率为固定数值，所以需输入绝对引用地址。电机功率和电机转速需依据测定的数值依次计算，所以输入相对引用地址。按回车键确定后使用自动填充功能将上述公式复制到“修正后轴功率”各单元格，完成结果如图 6－6 所示。

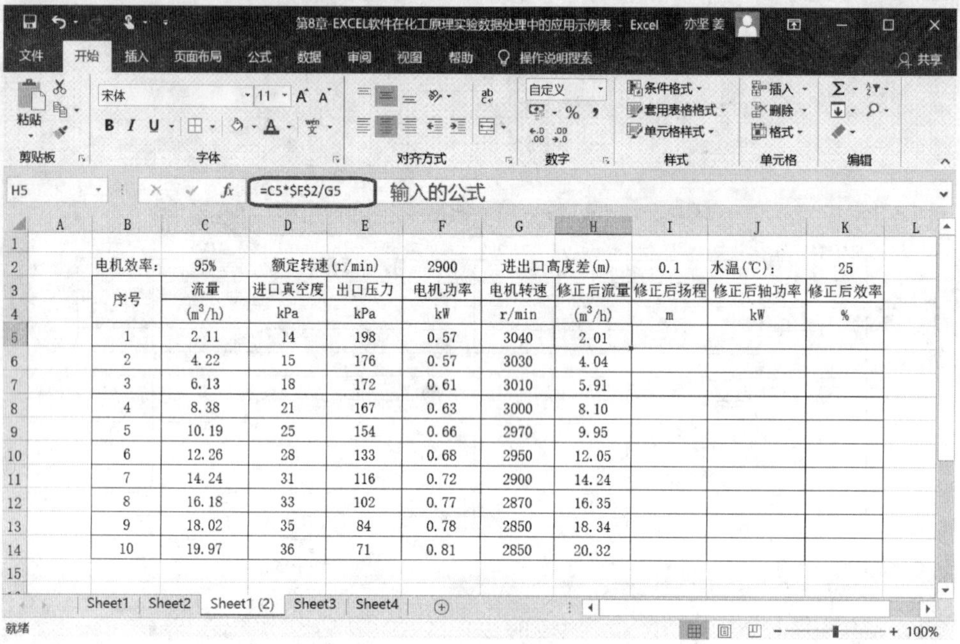

电机效率:	95%	额定转速(r/min)		2900	进出口高度差(m)		0.1	水温(℃):	25
序号	流量	进口真空度	出口压力	电机功率	电机转速	修正后流量	修正后扬程	修正后轴功率	修正后效率
	(m³/h)	kPa	kPa	kW	r/min	(m³/h)	m	kW	%
1	2.11	14	198	0.57	3040	2.01			
2	4.22	15	176	0.57	3030	4.04			
3	6.13	18	172	0.61	3010	5.91			
4	8.38	21	167	0.63	3000	8.10			
5	10.19	25	154	0.66	2970	9.95			
6	12.26	28	133	0.68	2950	12.05			
7	14.24	31	116	0.72	2900	14.24			
8	16.18	33	102	0.77	2870	16.35			
9	18.02	35	84	0.78	2850	18.34			
10	19.97	36	71	0.81	2850	20.32			

图 6－4　离心泵特性曲线测定实验流量计算

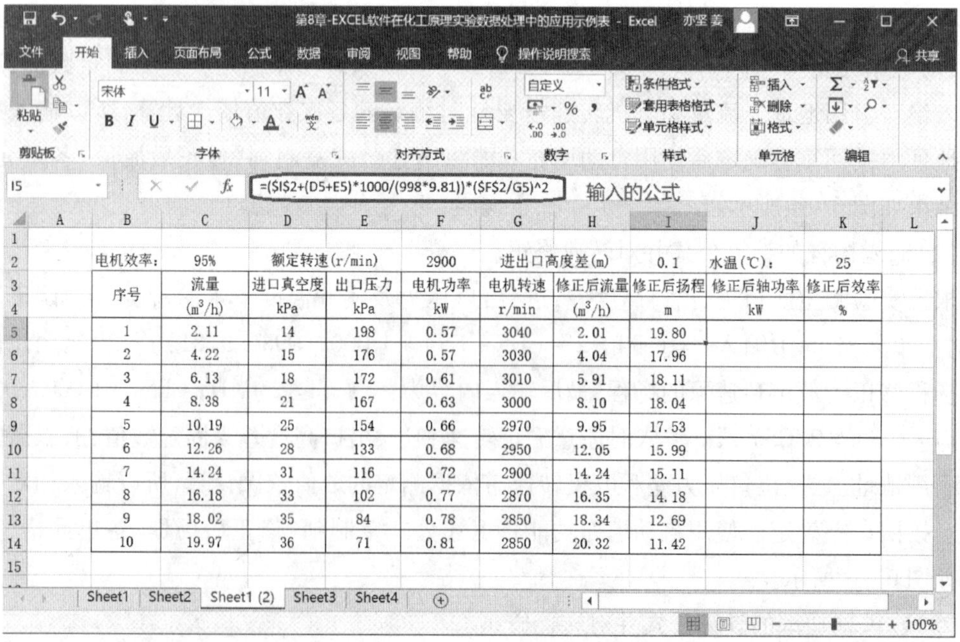

电机效率:	95%	额定转速(r/min)		2900	进出口高度差(m)		0.1	水温(℃):	25
序号	流量	进口真空度	出口压力	电机功率	电机转速	修正后流量	修正后扬程	修正后轴功率	修正后效率
	(m³/h)	kPa	kPa	kW	r/min	(m³/h)	m	kW	%
1	2.11	14	198	0.57	3040	2.01	19.80		
2	4.22	15	176	0.57	3030	4.04	17.96		
3	6.13	18	172	0.61	3010	5.91	18.11		
4	8.38	21	167	0.63	3000	8.10	18.04		
5	10.19	25	154	0.66	2970	9.95	17.53		
6	12.26	28	133	0.68	2950	12.05	15.99		
7	14.24	31	116	0.72	2900	14.24	15.11		
8	16.18	33	102	0.77	2870	16.35	14.18		
9	18.02	35	84	0.78	2850	18.34	12.69		
10	19.97	36	71	0.81	2850	20.32	11.42		

图 6－5　离心泵特性曲线测定实验扬程计算

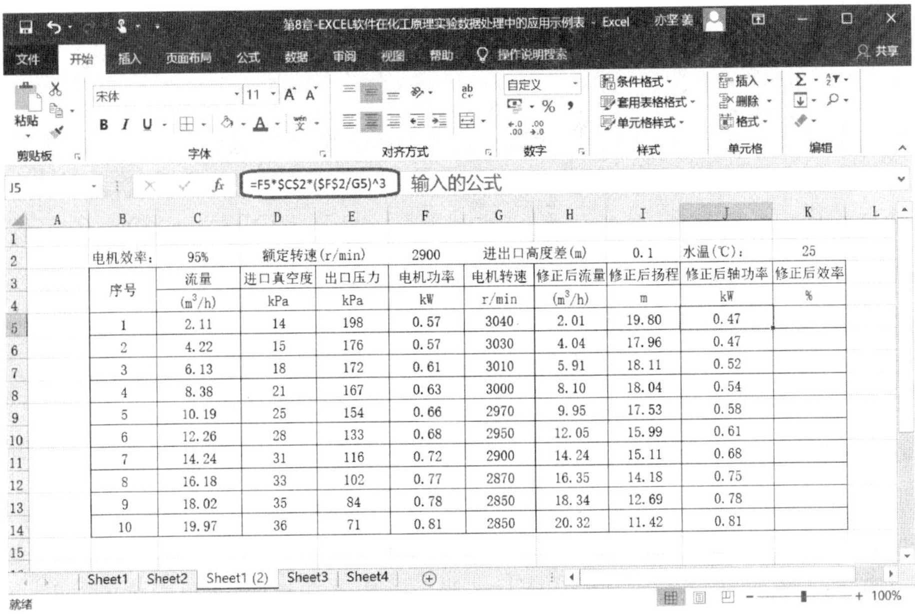

电机效率:	95%	额定转速(r/min)		2900	进出口高度差(m)		0.1	水温(℃):	25
序号	流量	进口真空度	出口压力	电机功率	电机转速	修正后流量	修正后扬程	修正后轴功率	修正后效率
	(m³/h)	kPa	kPa	kW	r/min	(m³/h)	m	kW	%
1	2.11	14	198	0.57	3040	2.01	19.80	0.47	
2	4.22	15	176	0.57	3030	4.04	17.96	0.47	
3	6.13	18	172	0.61	3010	5.91	18.11	0.52	
4	8.38	21	167	0.63	3000	8.10	18.04	0.54	
5	10.19	25	154	0.66	2970	9.95	17.53	0.58	
6	12.26	28	133	0.68	2950	12.05	15.99	0.61	
7	14.24	31	116	0.72	2900	14.24	15.11	0.68	
8	16.18	33	102	0.77	2870	16.35	14.18	0.75	
9	18.02	35	84	0.78	2850	18.34	12.69	0.78	
10	19.97	36	71	0.81	2850	20.32	11.42	0.81	

图 6-6　离心泵特性曲线测定实验轴功率计算

(6)输入效率的计算公式并完成效率的计算。

根据计算所得修正后的扬程、流量及轴功率,在“修正后效率”对应单元格 K5 中输入“=I5*H5/3600*998*9.81/(J5*1000)”。输入时效率需根据流量、扬程和轴功率的计算数值依次计算,所以输入相对引用地址。按回车键确定后使用自动填充功能将上述公式复制到“修正后效率”各单元格,完成结果如图 6-7 所示。

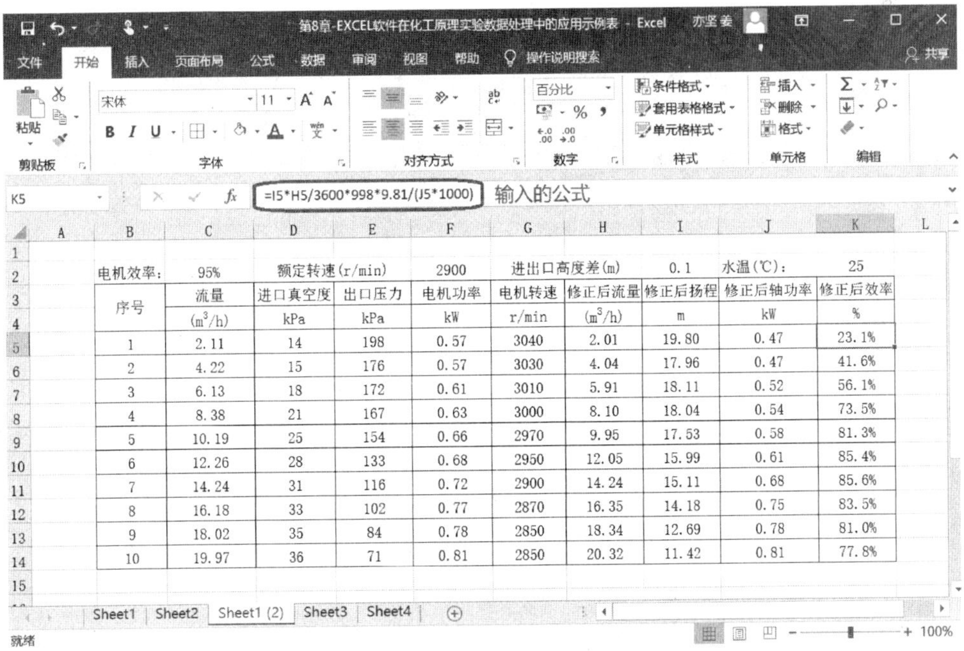

电机效率:	95%	额定转速(r/min)		2900	进出口高度差(m)		0.1	水温(℃):	25
序号	流量	进口真空度	出口压力	电机功率	电机转速	修正后流量	修正后扬程	修正后轴功率	修正后效率
	(m³/h)	kPa	kPa	kW	r/min	(m³/h)	m	kW	%
1	2.11	14	198	0.57	3040	2.01	19.80	0.47	23.1%
2	4.22	15	176	0.57	3030	4.04	17.96	0.47	41.6%
3	6.13	18	172	0.61	3010	5.91	18.11	0.52	56.1%
4	8.38	21	167	0.63	3000	8.10	18.04	0.54	73.5%
5	10.19	25	154	0.66	2970	9.95	17.53	0.58	81.3%
6	12.26	28	133	0.68	2950	12.05	15.99	0.61	85.4%
7	14.24	31	116	0.72	2900	14.24	15.11	0.68	85.6%
8	16.18	33	102	0.77	2870	16.35	14.18	0.75	83.5%
9	18.02	35	84	0.78	2850	18.34	12.69	0.78	81.0%
10	19.97	36	71	0.81	2850	20.32	11.42	0.81	77.8%

图 6-7　离心泵特性曲线测定实验效率计算

(7)绘制特性曲线。

我们可以利用 Excel 软件中插入图表功能来完成离心泵特性曲线的绘制。具体过程如下。

执行"插入"选项卡中的"图表"功能区中插入散点图或气泡图。选择"散点图",执行"图表设计"选项卡中"数据"功能区中"选择数据",点击图表数据区域栏右侧"↑",选择修正后的流量和扬程数据区域,点击图表数据区域栏右侧"↓",点击"确定"后出现流量 – 扬程散点图。

右键点击散点图中曲线,在弹出的菜单中选择"添加趋势线",在弹出的设置趋势线菜单"趋势线选项"选项卡中选择"多项式",选择设置趋势线菜单"填充与线条"选项卡,在其中选择适宜的线条颜色、宽度、类型等条件,关闭设置趋势线格式菜单。

右键点击散点图中曲线,在弹出的菜单中选择"选择数据",点击"图例项"栏中的"添加"按钮,点击弹出菜单中"x 轴系列值"栏右侧"↑",选择修正后的流量数据区域,点击"x 轴系列值"栏右侧"↓",点击"y 轴系列值"栏右侧"↑",选择修正后的功率数据区域,点击"y 轴系列值"栏右侧"↓",按同样操作添加流量 – 效率系列数据,添加完成后点击"确定"。

右键点击散点图中流量 – 效率曲线,在弹出菜单中选择"设置数据系列格式",在"设置数据系列格式"菜单中选择"次坐标轴",关闭"设置数据系列格式"菜单,按添加趋势线过程对新增的两条曲线分别添加趋势线,至此,离心泵特性曲线绘制完成。结果如图 6 – 8 所示。

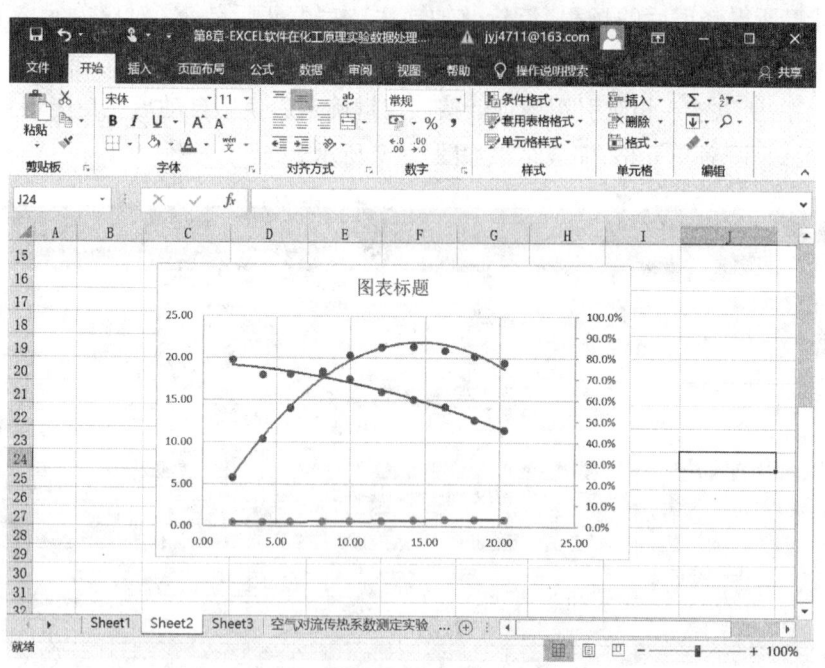

图 6 – 8 离心泵特性曲线绘制

6.9 Excel软件在空气对流传热系数测定实验数据处理中的应用示例

1. 实验数据处理要求

空气对流传热系数测定实验需测定套管式换热器中空气的进出口温度,空气流量,水蒸气进出口温度等数据,分别通过总传热系数近似法和传热准数式法计算空气对流传热系数。根据计算结果绘制 Nu 和 Re 的对数关系曲线,验

Excel软件在空气对流传热系数测定实验数据处理中的应用

证准数关联式中各准数的关联关系。在绘制曲线时要求测定数据不少于8组,在计算的过程中有大量的重复计算工作,因此运用Excel软件的公式计算功能进行空气对流传热系数测定实验的数据处理可以有效地提高数据的处理效率。

2. 计算公式

(1)空气定性温度、平均流量的计算及相关物性参数的查取。

定性温度取空气进出口温度的算数平均值为

$$t_{均} = \frac{t_1 + t_2}{2}$$

空气的平均流量取定性温度下的空气体积流量。

空气的密度、黏度、比定压热容、导热系数分别根据定性温度在物性参数表中查取,未有对应温度参数时采用线性插值法计算。

(2)总传热速率的计算。

总传热速率采用空气侧的热量衡算式计算公式为

$$Q = m_2 c_{p_2}(t_2 - t_1)$$

(3)对数平均温度差的计算。

本实验中,热、冷流体采用逆流传热,对数平均温度差计算公式为

$$\Delta t_m = \frac{(T_1 - t_2) - (T_2 - t_1)}{\ln \dfrac{T_1 - t_2}{T_2 - t_1}}$$

(4)总传热系数的计算。

$$K_i = \frac{Q}{A\Delta t_m} = \frac{m_2 c_{p_2}(t_2 - t_1)}{A\Delta t_m}$$

(5)近似法求算空气对流传热系数。

当忽略污垢热阻时,基于内表面积的总传热系数与内、外对流传热系数和管壁导热系数的关系计算公式为

$$\frac{1}{K_i} = \frac{1}{\alpha_i} + \frac{bd_i}{\lambda d_m} + \frac{d_i}{\alpha_o d_o}$$

由于管壁很薄且导热系数较大，管壁热阻可忽略不计，管外侧的蒸汽冷凝传热热阻远小于管内侧空气对流传热热阻，因此总热阻约等于内侧空气对流传热热阻，所以有

$$K_i \approx \alpha_i$$

因此，可以由基于内表面积的总传热系数计算求得空气侧对流传热系数。

(6)传热准数式求算空气对流传热系数。

对于流体在圆形直管内做强制湍流对流传热时，若符合如下范围：$Re = 1.0 \times 10^4 \sim 1.2 \times 10^5$，$Pr = 0.7 \sim 120$，管长与管内径之比 $l/d \geqslant 60$，则传热准数关联式为

$$Nu = 0.023 Re^{0.8} Pr^{n}$$

由此可得空气侧对流传热系数可由下式计算：

$$\alpha_i = 0.023 \frac{\lambda}{d}\left(\frac{du\rho}{\mu}\right)^{0.8}\left(\frac{c_p\mu}{\lambda}\right)^{0.4}$$

3. 实验数据处理过程

(1)表格制作。

根据数据处理要求，合理设计表格结构并输入对应内容，完成后结果如图 6-9 所示。

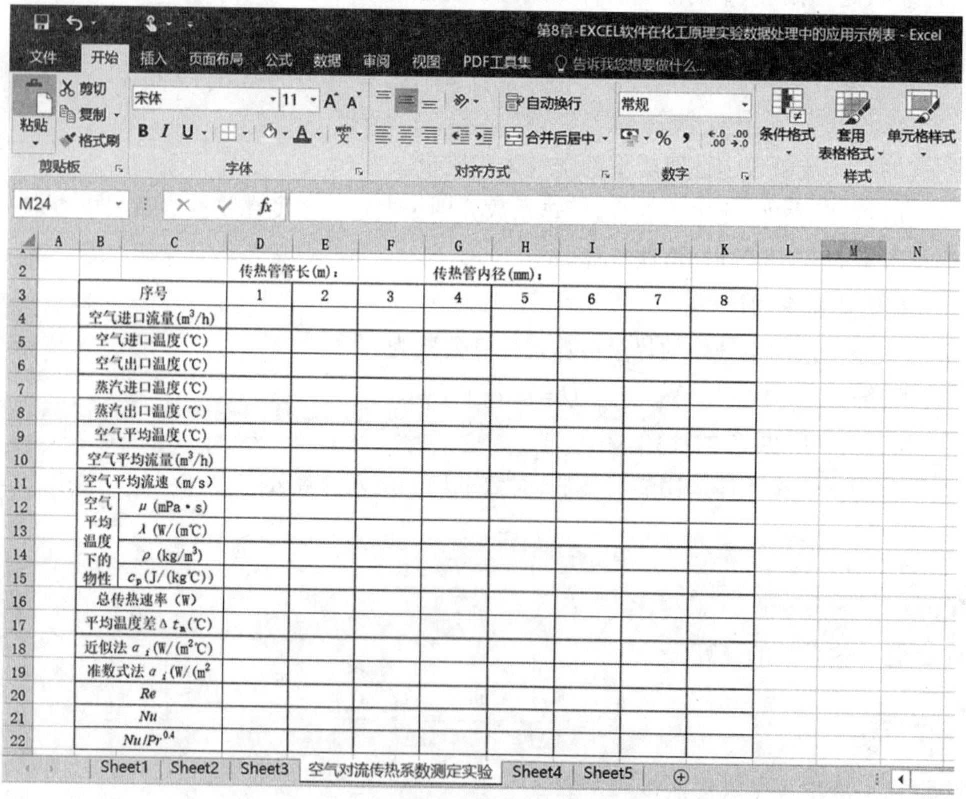

传热管管长(m)：　　传热管内径(mm)：

序号		1	2	3	4	5	6	7	8
空气进口流量(m^3/h)									
空气进口温度(℃)									
空气出口温度(℃)									
蒸汽进口温度(℃)									
蒸汽出口温度(℃)									
空气平均温度(℃)									
空气平均流量(m^3/h)									
空气平均流速 (m/s)									
空气平均温度下的物性	μ (mPa·s)								
	λ (W/(m℃)								
	ρ (kg/m^3)								
	c_p(J/(kg℃))								
总传热速率 (W)									
平均温度差 Δt_m(℃)									
近似法 α_i(W/(m^2℃)									
准数式法 α_i(W/(m^2									
Re									
Nu									
$Nu/Pr^{0.4}$									

图 6-9　空气对流传热系数测定实验表格制作

(2)输入实验测定所得数据。

将测定的实验数据输入表格对应单元格中，完成结果如图 6-10 所示。

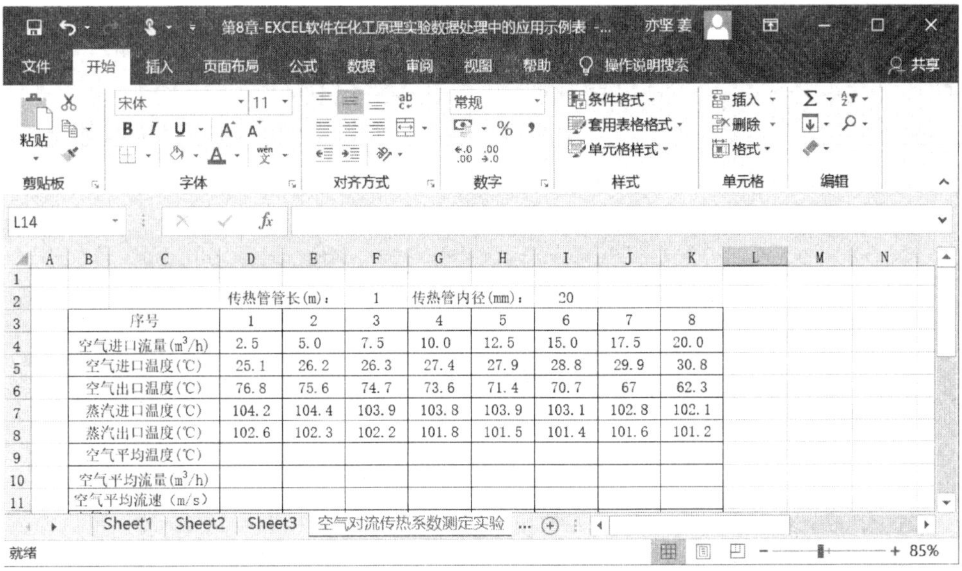

第6章 Excel 软件在实验数据处理中的应用

序号	1	2	3	4	5	6	7	8
传热管管长(m):	1		传热管内径(mm):	20				
空气进口流量(m³/h)	2.5	5.0	7.5	10.0	12.5	15.0	17.5	20.0
空气进口温度(℃)	25.1	26.2	26.3	27.4	27.9	28.8	29.9	30.8
空气出口温度(℃)	76.8	75.6	74.7	73.6	71.4	70.7	67	62.3
蒸汽进口温度(℃)	104.2	104.4	103.9	103.8	103.9	103.1	102.8	102.1
蒸汽出口温度(℃)	102.6	102.3	102.2	101.8	101.5	101.4	101.6	101.2
空气平均温度								
空气平均流量(m³/h)								
空气平均流速(m/s)								

图 6-10 空气对流传热系数测定实验输入原始数据

(3) 空气平均流量、定性温度的计算及对应特性参数的查取。

根据实验测定所得空气进、出口温度,在"空气平均温度"对应单元格 D9 中输入"=(D5+D6)/2",按回车键确定后使用自动填充功能将上述公式复制到"空气平均温度"各单元格。根据实验测定所得空气进口流量,在"空气平均流量"对应单元格 D10 中输入"=D4*(D9+273)/(D5+273)",按回车键确定后使用自动填充功能将上述公式复制到"空气平均流量"各单元格。之后根据不同定性温度查取对应温度下空气的密度、黏度、定压比热容、导热系数的物性参数值,并将所查结果输入对应单元格,完成结果如图 6-11 所示。

序号		1	2	3	4	5	6	7	8
传热管管长(m):		1		传热管内径(mm):	20				
空气进口流量(m³/h)		2.5	5.0	7.5	10.0	12.5	15.0	17.5	20.0
空气进口温度(℃)		25.1	26.2	26.3	27.4	27.9	28.8	29.9	30.8
空气出口温度(℃)		76.8	75.6	74.7	73.6	71.4	70.7	67	62.3
蒸汽进口温度(℃)		104.2	104.4	103.9	103.8	103.9	103.1	102.8	102.1
蒸汽出口温度(℃)		102.6	102.3	102.2	101.8	101.5	101.4	101.6	101.2
空气平均温度(℃)		50.95	50.9	50.5	50.5	49.65	49.75	48.45	46.55
空气平均流量(m³/h)		2.7	5.4	8.1	10.8	13.4	16.0	18.6	21.0
空气平均流速(m/s)		2.40	4.79	7.17	9.53	11.86	14.19	16.43	18.61
空气平均温度下的物性	μ (mPa·s)	0.0196	0.0196	0.0196	0.0196	0.0196	0.0196	0.0195	0.0194
	λ (W/m℃)	0.02833	0.02832	0.02830	0.02830	0.02824	0.02824	0.02815	0.02802
	ρ (kg/m³)	1.090	1.090	1.091	1.091	1.094	1.094	1.098	1.105
	c_p (J/(kg·℃))	1005	1005	1005	1005	1005	1005	1005	1005
总传热速率(W)									

图 6-11 空气对流传热系数测定实验平均温度、平均流量的计算

(4) 总传热速率的计算。

根据实验测定所得空气进出口温度、空气的流量及对应定性温度下空气的密度、比定压热容数值,在"总传热速率"对应单元格 D16 中输入" = (D4/3600) * D14 * D15 * (D6 - D5)",按回车键确定后使用自动填充功能将上述公式复制到"总传热速率"各单元格,完成结果如图 6 - 12 所示。

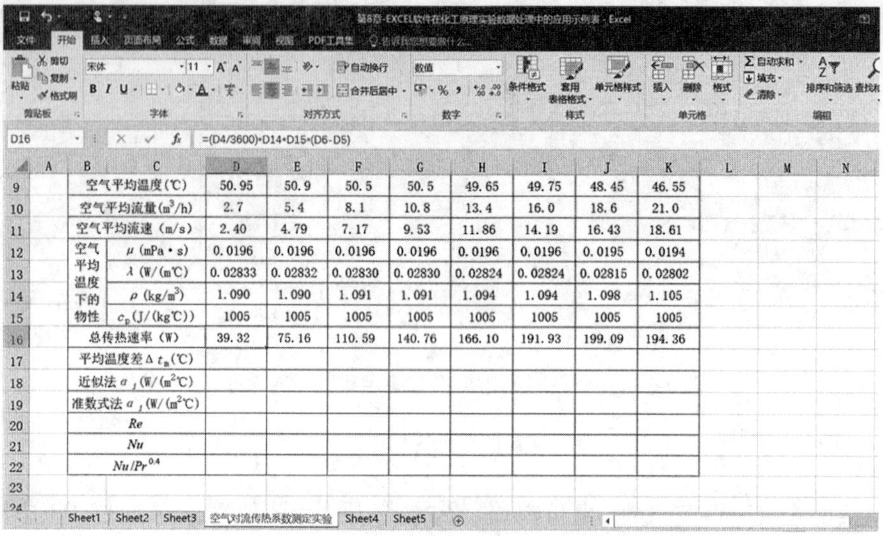

图 6 – 12　空气对流传热系数测定实验总传热速率的计算

(5) 对数平均温度差的计算。

根据实验测定所得空气进、出口温度和水蒸气进、出口温度,在"平均温度差"对应单元格 D17 中输入" = ((D8 - D5) - (D7 - D6))/LN((D8 - D5)/(D7 - D6))",按回车键确定后使用自动填充功能将上述公式复制到"平均温度差"各单元格,完成结果如图 6 - 13 所示。

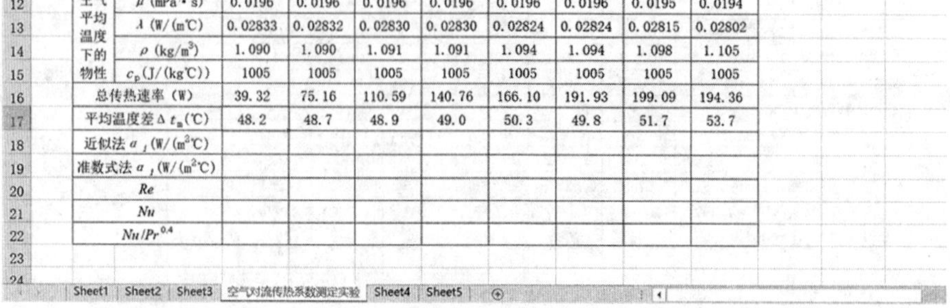

图 6 – 13　空气对流传热系数测定实验对数平均温度差的计算

(6)近似法对流传热系数的计算。

根据计算所得总传热速率、对数平均温度差及传热面积,在"近似法 α_i"对应单元格 D18 中输入" =D16/(D17*3.14*($I$2/1000)*$F$2)",输入时由于管内径和管长为固定数值,所以输入绝对引用地址,按回车键确定后使用自动填充功能将上述公式复制到"近似法 α_i"各单元格,完成结果如图 6-14 所示。

		D	E	F	G	H	I	J	K
9	空气平均温度(℃)	50.95	50.9	50.5	50.5	49.65	49.75	48.45	46.55
10	空气平均流量(m^3/h)	2.7	5.4	8.1	10.8	13.4	16.0	18.6	21.0
11	空气平均流速(m/s)	2.40	4.79	7.17	9.53	11.86	14.19	16.43	18.61
12	空气平均温度下的物性 μ (mPa·s)	0.0196	0.0196	0.0196	0.0196	0.0196	0.0196	0.0195	0.0194
13	λ (W/(m℃))	0.02833	0.02832	0.02830	0.02830	0.02824	0.02824	0.02815	0.02802
14	ρ (kg/m^3)	1.090	1.090	1.091	1.091	1.094	1.094	1.098	1.105
15	c_p(J/(kg℃))	1005	1005	1005	1005	1005	1005	1005	1005
16	总传热速率(W)	39.32	75.16	110.59	140.76	166.10	191.93	199.09	194.36
17	平均温度差 Δt_m(℃)	48.2	48.7	48.9	49.0	50.3	49.8	51.7	53.7
18	近似法 α_i(W/(m^2℃))	13.00	24.59	36.02	45.72	52.60	61.34	61.33	57.68
19	准数式法 α_i(W/(m^2℃))								
20	Re								
21	Nu								
22	$Nu/Pr^{0.4}$								

图 6-14 空气对流传热系数测定实验近似法对流传热系数的计算

(7)准数式法对流传热系数的计算。

根据计算所得空气的平均流量及空气物性参数,在"准数式法 α_i"对应单元格 D19 中输入" =0.023*(D13/($I$2/1000))*(($I$2/1000)*D11*D14/(D12/1000))^0.8*(D15*(D12/1000)/D13)^0.4",输入时由于管内径为固定数值,所以输入绝对引用地址,按回车键确定后使用自动填充功能将上述公式复制到"准数式法 α_i"各单元格,完成结果如图 6-15 所示。

(8) Re、Nu、$Nu/Pr^{0.4}$ 各准数关系的计算。

根据计算所得空气的平均流量及定性温度所对应空气物性参数,在单元格 D20 中输入" =(($I$2/1000)*D11*D14/(D12/1000))",在单元格 D21 中输入" =D19*($I$2/1000)/D13",在单元格 D22 中输入" =D21/(D15*(D12/1000)/D13)^0.4",按回车键确定后使用自动填充功能将上述公式复制到相应各单元格中,完成结果如图 6-16 所示。

(9)绘制准数关系曲线。

我们可以利用 Excel 软件中插入图表功能来完成准数关系对数曲线的绘制。具体过程如下。

执行"插入"选项卡中的"图表"功能区中插入散点图或气泡图,选择"带平滑线和数据标记的散点图",执行"图表设计"选项卡中"数据"功能区中"选择数据",点击图表数据区域栏右侧"↑",选择数据表中"Re"和"$Nu/Pr^{0.4}$"区域,点击图表数据区域栏右侧"↓",点击"确定"后出现 $Re - Nu/Pr^{0.4}$ 散点图。

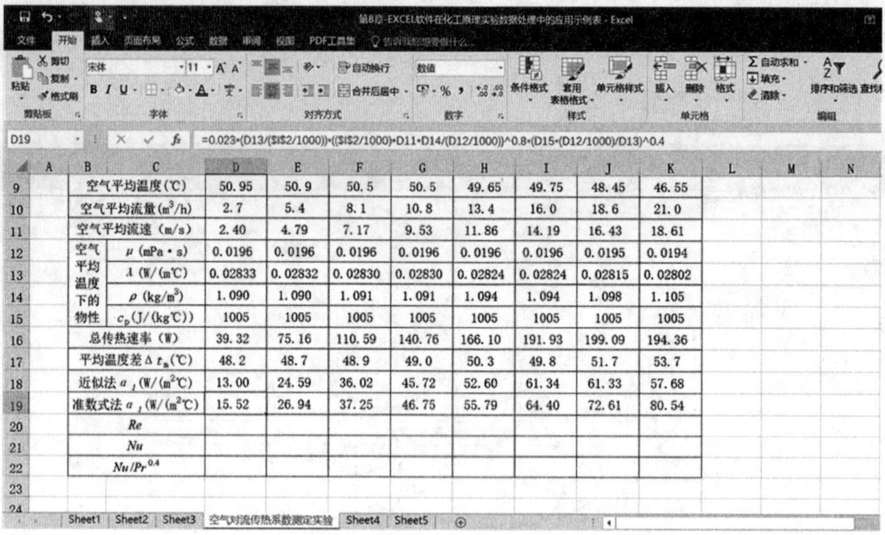

图 6-15 空气对流传热系数测定实验准数式法对流传热系数的计算

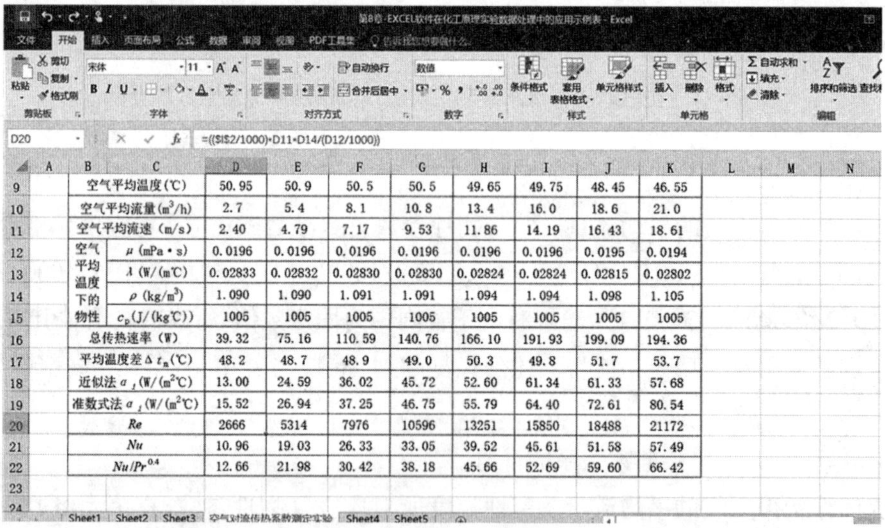

			D	E	F	G	H	I	J	K
9		空气平均温度(℃)	50.95	50.9	50.5	50.5	49.65	49.75	48.45	46.55
10		空气平均流量(m³/h)	2.7	5.4	8.1	10.8	13.4	16.0	18.6	21.0
11		空气平均流速(m/s)	2.40	4.79	7.17	9.53	11.86	14.19	16.43	18.61
12	空气平均温度下的物性	μ(mPa·s)	0.0196	0.0196	0.0196	0.0196	0.0196	0.0196	0.0195	0.0194
13		λ(W/(m·℃))	0.02833	0.02832	0.02830	0.02830	0.02824	0.02824	0.02815	0.02802
14		ρ(kg/m³)	1.090	1.090	1.091	1.091	1.094	1.094	1.098	1.105
15		c_p(J/(kg·℃))	1005	1005	1005	1005	1005	1005	1005	1005
16		总传热速率(W)	39.32	75.16	110.59	140.76	166.10	191.93	199.09	194.36
17		平均温度差 Δt_m(℃)	48.2	48.7	48.9	49.0	50.3	49.8	51.7	53.7
18		近似法 α_i(W/(m²·℃))	13.00	24.59	36.02	45.72	52.60	61.34	61.33	57.68
19		准数式法 α_i(W/(m²·℃))	15.52	26.94	37.25	46.75	55.79	64.40	72.61	80.54
20		Re								
21		Nu								
22		$Nu/Pr^{0.4}$								

图 6-16 空气对流传热系数测定实验各准数关系的计算

			D	E	F	G	H	I	J	K
9		空气平均温度(℃)	50.95	50.9	50.5	50.5	49.65	49.75	48.45	46.55
10		空气平均流量(m³/h)	2.7	5.4	8.1	10.8	13.4	16.0	18.6	21.0
11		空气平均流速(m/s)	2.40	4.79	7.17	9.53	11.86	14.19	16.43	18.61
12	空气平均温度下的物性	μ(mPa·s)	0.0196	0.0196	0.0196	0.0196	0.0196	0.0196	0.0195	0.0194
13		λ(W/(m·℃))	0.02833	0.02832	0.02830	0.02830	0.02824	0.02824	0.02815	0.02802
14		ρ(kg/m³)	1.090	1.090	1.091	1.091	1.094	1.094	1.098	1.105
15		c_p(J/(kg·℃))	1005	1005	1005	1005	1005	1005	1005	1005
16		总传热速率(W)	39.32	75.16	110.59	140.76	166.10	191.93	199.09	194.36
17		平均温度差 Δt_m(℃)	48.2	48.7	48.9	49.0	50.3	49.8	51.7	53.7
18		近似法 α_i(W/(m²))	13.00	24.59	36.02	45.72	52.60	61.34	61.33	57.68
19		准数式法 α_i(W/(m²))	15.52	26.94	37.25	46.75	55.79	64.40	72.61	80.54
20		Re	2666	5314	7976	10596	13251	15850	18488	21172
21		Nu	10.96	19.03	26.33	33.05	39.52	45.61	51.58	57.49
22		$Nu/Pr^{0.4}$	12.66	21.98	30.42	38.18	45.66	52.69	59.60	66.42

右键点击纵坐标,在弹出的菜单中选择"设置坐标轴格式",选中"坐标轴选项"选项卡中"对数刻度",在"底数"栏中输入自然对数底数值 2.718,关闭"坐标轴选项"选项卡,之后按相同过程设定横坐标为对数刻度。

右键点击纵坐标,在弹出的菜单中选择"设置坐标轴格式",在"坐标轴选项"选项卡中根据曲线位置设定合理的横、纵坐标最大值和最小值后,关闭"坐标轴选项"选项卡。至此,传热准数的对数关系曲线绘制完成,结果如图 6-17 所示。

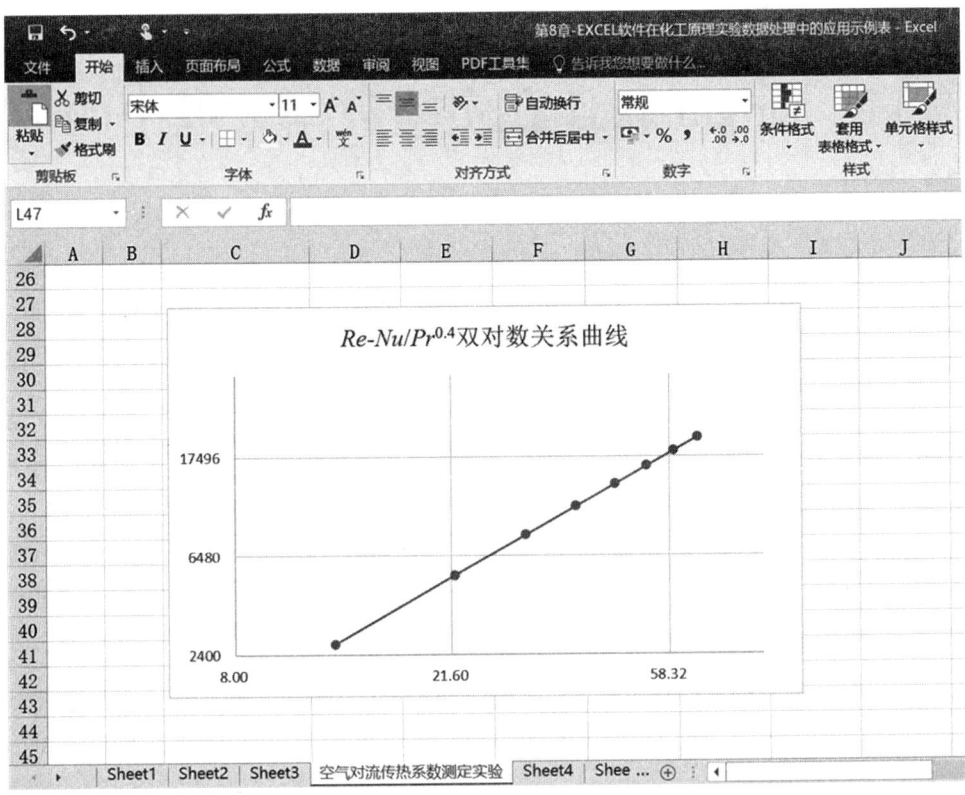

图 6-17　空气对流传热系数测定实验 $Re - Nu/Pr^{0.4}$ 对数关系曲线

第 7 章　Origin 软件在实验数据处理中的应用

7.1　Origin 软件基础

1. 基本简介

Origin 软件(图 7-1)为 OriginLab 公司出品的专业函数绘图软件,是公认的简单易学、操作灵活、功能强大的软件,既可以满足一般用户的制图需要,也可以满足高级用户数据分析、函数拟合的需要。

Origin 软件操作视频讲解

Origin 软件是美国 OriginLab 公司(其前身为 Microcal 公司)开发的图形可视化和数据分析软件,是科研人员和工程师常用的高级数据分析和制图工具。自 1991 年问世以来,由于其操作简便,功能开放的优点,很快就成为国际流行的分析软件之一,是公认的快速、灵活、易学的工程制图软件。它的最新的版本号是 2020b,本书以 8.1SR4 为例进行介绍。

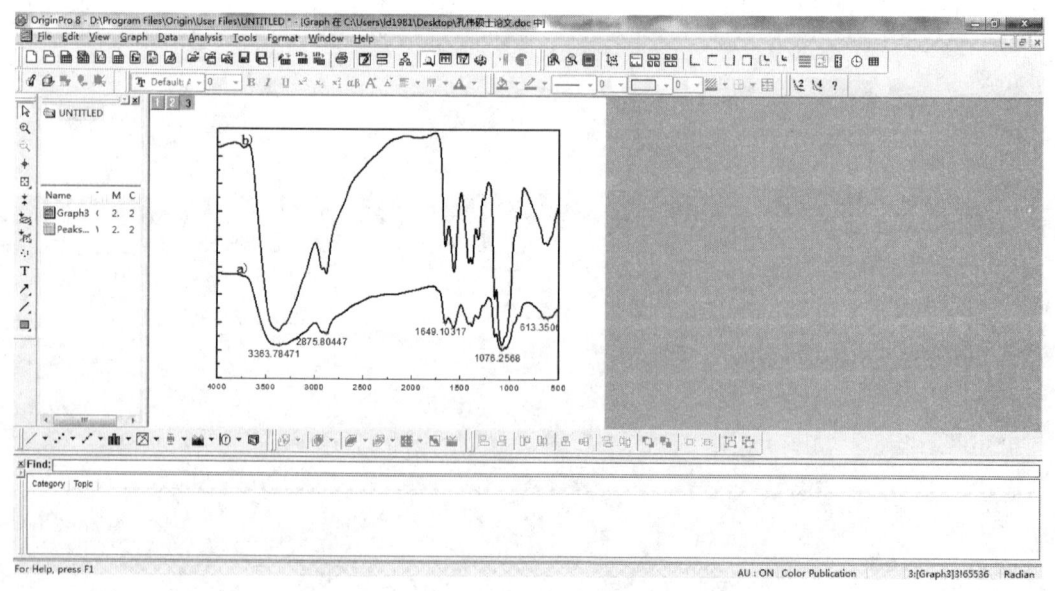

图 7-1　Origin 图形化界面

2. 软件特点

当前流行的图形可视化和数据分析软件有 Matlab,Mathmatica 和 Maple 等,这些软件功能强大,可满足科技工作中的许多需要,但使用这些软件需要一定的计算机编程知识和矩阵知识,并熟悉其中大量的函数和命令,而使用 Origin 软件就像使用 Microsoft Excel 软件和 Microsoft Word 软件那样简单,只需点击鼠标,选择菜单命令就可以完成大部分工作,并获得满意的结果。

3. 软件功能

Origin 软件是个多文档界面应用程序,它将所有工作都保存在 Project(*.OPJ)文件中。该文件可以包含多个子窗口,如 Worksheet、Graph、Matrix、Excel 等。各子窗口之间是相互关联的,可以实现数据的即时更新。子窗口可以随 Project 文件一起存盘,也可以单独存盘,以便其他程序调用。

Origin 软件的两大主要功能为数据分析和绘图。Origin 软件的数据分析主要包括统计、信号处理、图像处理、峰值分析和曲线拟合等各种完善的数学分析功能。准备好数据后,进行数据分析时,只需选择所要分析的数据,然后再选择相应的菜单命令即可。Origin 软件的绘图是基于模板的,它本身提供了几十种二维和三维绘图模板,而且允许用户定义制模板。绘图时,只要选择所需要的模板就行。用户可以自定义数学函数、图形样式和绘图模板,也可以和各种数据库软件、办公软件、图像处理软件等方便地连接。

Origin 软件可以导入包括 ASCII、Excel、Pclamp 在内的多种数据。另外,它可以把 Origin 图形输出到多种格式的图像文件,譬如 JPEG、GIF、EPS、TIFF 等。

Origin 软件里面也支持编程,以方便拓展 Origin 软件的功能和执行批处理任务。Origin 软件有两种编程语言——LabTalk 和 Origin C。

在 Origin 软件的原有基础上,用户可以通过编写 X – Function 来建立自己需要的特殊工具。X – Function 可以调用 Origin C 和 NAG 函数,而且可以很容易地生成交互界面。用户可以定制自己的菜单和命令按钮,把 X – Function 放到菜单和工具栏上,以后就可以非常方便地使用自己的定制工具。(注:X – Function 是从 8.0 版本开始支持的,之前版本的 Origin 软件主要通过 Add – On Modules 来扩展 Origin 的功能。)

7.2 工作环境

1. 工作环境综述

类似 Office 的多文档界面,主要包括以下几个部分(图 7 – 2)。

(1)菜单栏位于界面顶部,一般可以实现大部分功能。

(2)工具栏位于界面菜单栏下面,一般最常用的功能都可以通过此部分实现。

(3)绘图区位于界面中部,所有工作表、绘图子窗口等都在此区域。

(4)项目管理器位于界面下部,类似资源管理器,可以方便切换各个窗口等。

(5)状态栏位于界面底部,标出当前的工作内容或鼠标指到某些菜单按钮时的说明。

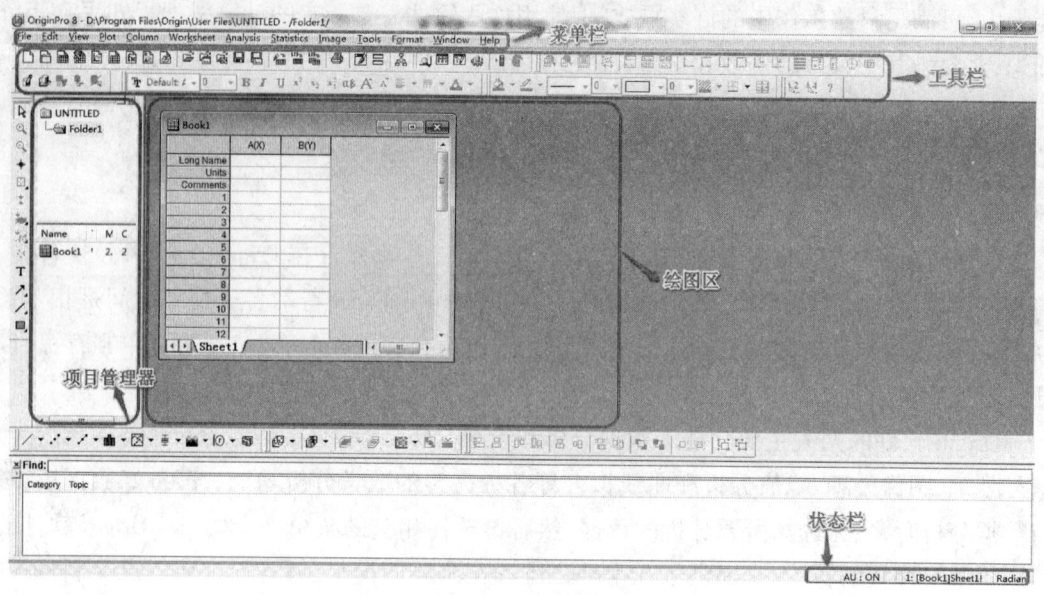

图 7-2 工作环境

2. 菜单栏

菜单简要说明。

(1) File 文件功能操作——打开文件、输入输出数据图形等。

(2) Edit 编辑功能操作——包括数据和图像的编辑等,比如复制、粘贴、清除等,特别注意 Undo 功能。

(3) View 视图功能操作——控制屏幕显示。

(4) Plot 绘图功能操作——主要提供 5 类功能。

①几种样式的二维绘图功能,包括直线、描点、直线加符号、特殊线/符号、条形图、柱形图、特殊条形图/柱形图和饼图。

②三维绘图。

③气泡/彩色映射图、统计图和图形版面布局。

④特种绘图,包括面积图、极坐标图和向量。

⑤模板,把选中的工作表数据导入绘图模板。

Column 列功能操作,比如设置列的属性、增加删除列、增加误差栏、函数图、缩放坐标轴、交换 xy 轴等。

(5) Worksheet 工作表——数据功能操作。

(6) Statistic——统计。

(7) Image——对图像操作。

(8) Analysis——分析功能操作。

①对工作表窗口。提取工作表数据、行列统计、排序、数字信号处理、统计功能(T-检验)、方差分析(ANOAV)、多元回归(Multiple Regression)和非线性曲线拟合等。

②对绘图窗口。数学运算、平滑滤波、图形变换、FFT、线性多项式、非线性曲线等各种拟合方法。

(9)Tools 工具功能操作。

①对工作表窗口。选项控制、工作表脚本、线性、多项式和 S 曲线拟合。

②对绘图窗口。选项控制、层控制、提取峰值、基线和平滑、线性、多项式和 S 曲线拟合。

(10)Format 格式功能操作。

①对工作表窗口。菜单格式控制、工作表显示控制、栅格捕捉、调色板等。

②对绘图窗口。菜单格式控制，图形页面、图层和线条样式控制，栅格捕捉，坐标轴样式控制和调色板等。

(11)Window——窗口功能操作,控制窗口显示。

(12)Help——帮助。

7.3 基本操作

作图一般需要一个项目 Project 来完成,File→New,新建一个项目。

保存项目的缺省扩展名为 OPJ。

自动备份功能:Tools→Option→Open/Close 选项卡→Backup Project Before Saving。

添加项目:File→Append。

刷新子窗口:如果修改了工作表或者绘图子窗口的内容,一般会自动刷新,如果没有,点击 Window→Refresh。

以上是 Oirgin 软件最基本的一些操作,其他常用的操作会在后文中详细说明。

7.4 简单二维图

1.输入数据

一般来说数据按照 x,y 坐标存为两列,下面以正弦曲线为例输入数据,如下格式。

  x   sin(x)
  0.0   0.000
  0.1   0.100
  0.2   0.199
  0.3   0.296
  ⋮   ⋮
  ⋮   ⋮

输入数据如图 7-3 所示。

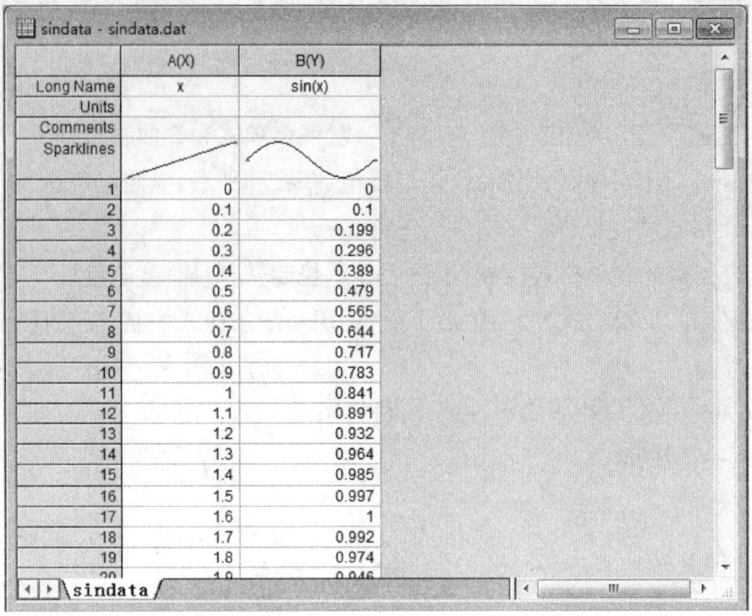

图 7-3 输入数据

2. 绘制图形

按住鼠标左键拖动选定 A(X)、B(Y) 这两列数据(图 7-4),用软件主界面下方的三个绘图命令按钮 ░╱⋰⋰ 就可以绘制简单的图形(图 7-5),按从左到右三个按钮做出的效果分别如图 7-6 和图 7-7 所示。

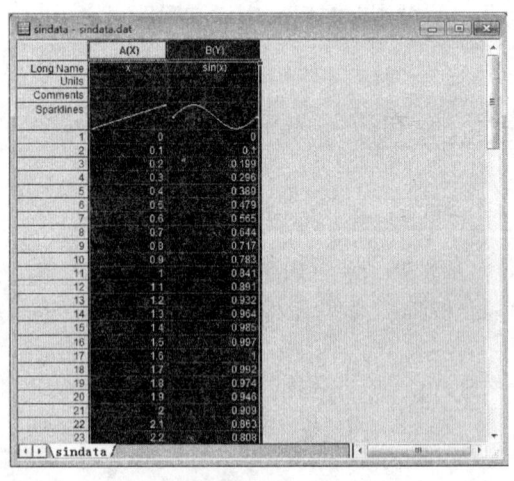

图 7-4 选中数据

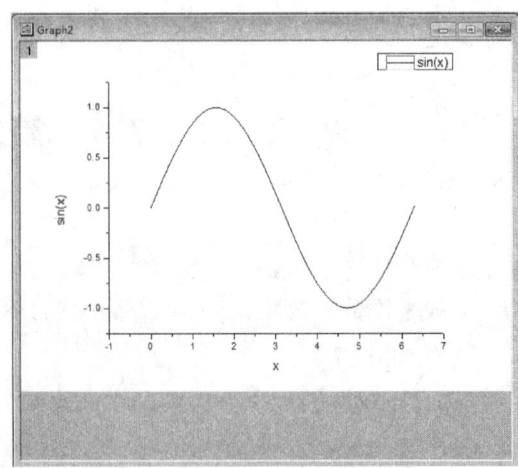

图 7-5 Line

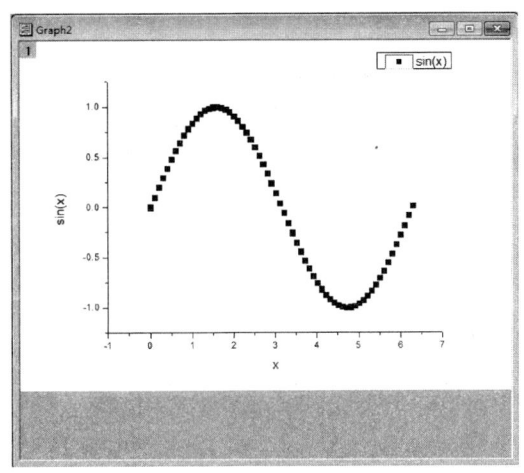 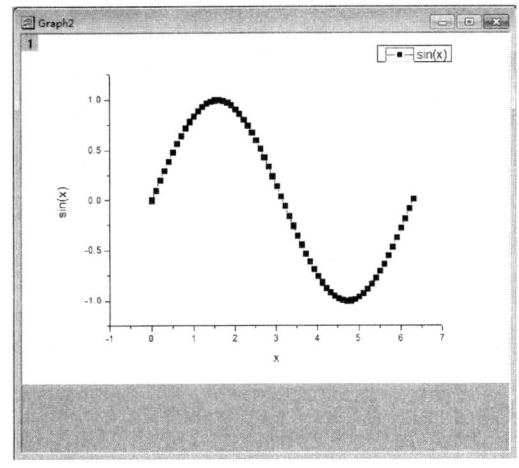

图 7-6　Scatter　　　　　　　　图 7-7　Line + Symbol

3. 设置列属性

双击 A 列或者点右键选择 Properties，弹出对话框（图 7-8），这里可以设置一些列的属性。通过 Previous 和 Next 按钮可以切换到前一列和后一列，如图 7-8、图 7-9 所示。

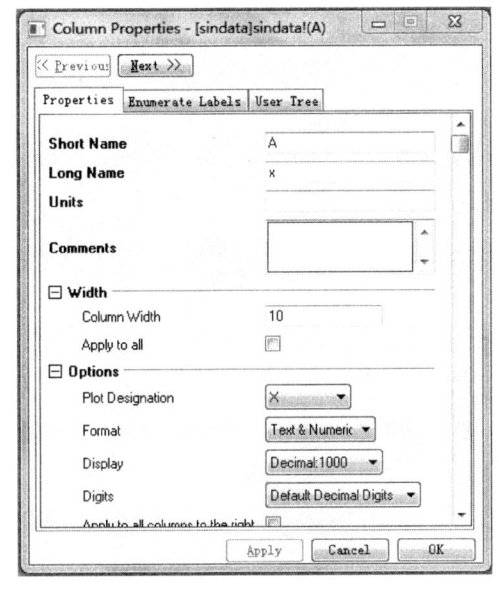 

图 7-8　A(X)列属性　　　　　　　图 7-9　B(Y)列属性

4. 数据浏览

软件界面左侧的工具栏为数据浏览工具栏，如图 7-10 所示。

从上到下依次为 Pointer、Zoom In、Zoom Out、Screen Reader、Data Reader、Data Selector 工具。

Pointer 为选择工具；Zoom In、ZoomOut 为缩放工具；Screen Reader 为读取绘图窗口内选

定点的 XY 值,点击后弹出 Data Display 窗口,如图 7-10 所示,可动态显示所选数据点或屏幕任意点的 XY 坐标值;Data Reader 为读取数据曲线上的选定点的 XY 值;Data Selector 为选择一段数据曲线,作出标志,可以用鼠标或是用 Ctrl、Ctrl + Shift 与左右箭头的组合。

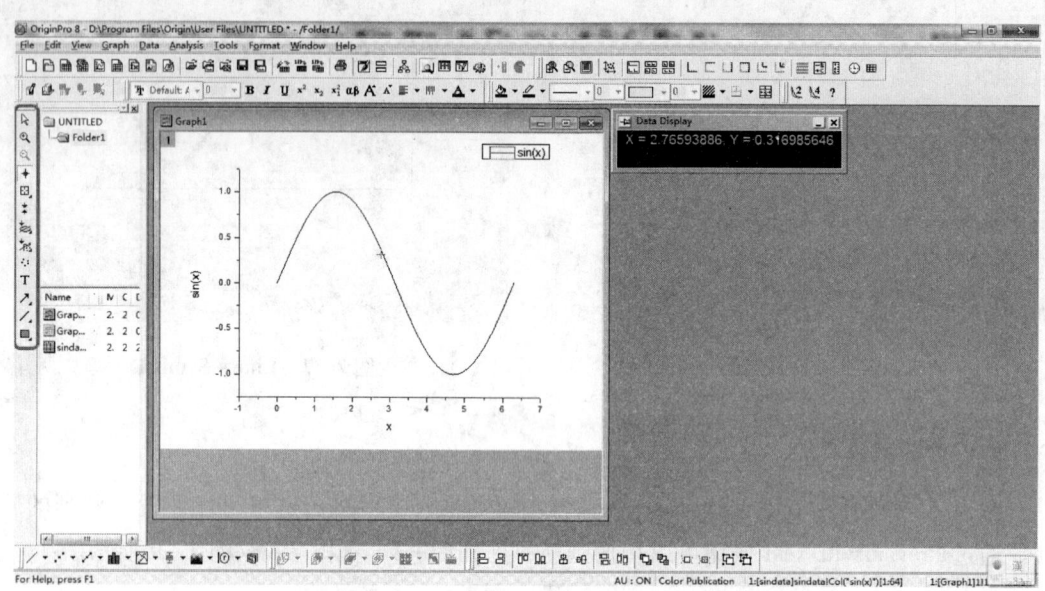

图 7-10　数据浏览工具栏

5. 修改图形

(1) 修改数据曲线。

鼠标双击曲线弹出如图 7-11 所示窗口。

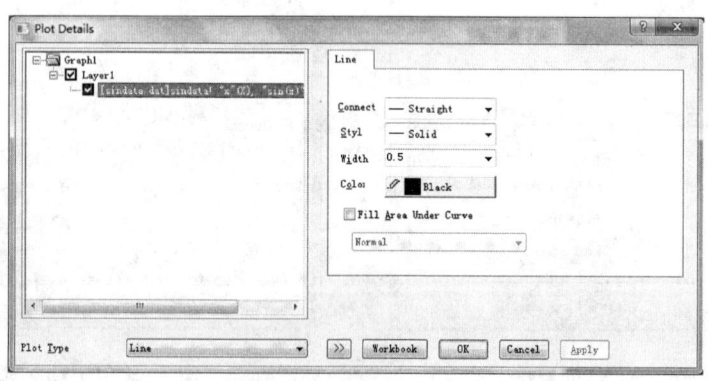

图 7-11　修改曲线

窗口内的选项从上到下依次可修改曲线的连接方式(connect)、曲线的形式(style)、线宽(width)、曲线的颜色(color)。

点击下面的 workbook 按钮可以回到数据窗口。

(2) 修改坐标轴。

双击坐标轴得到如图 7-12 所示窗口。

第 7 章 Origin 软件在实验数据处理中的应用

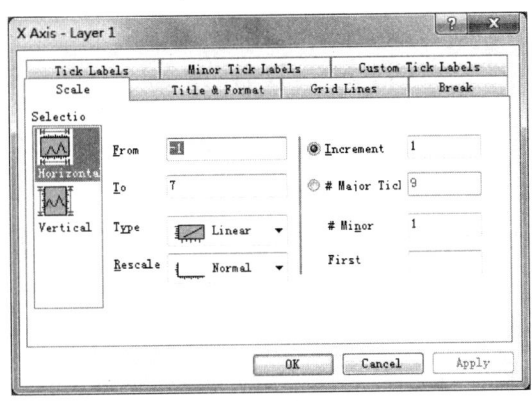

图 7-12 修改坐标轴

在此窗口可修改坐标的数值范围,标尺的大小,刻度为线性或对数等,通过切换上方 7 个选项卡还可修改坐标的颜色、格式、线型等。具体使用方法会在后面的实例中详细说明。

6. 添加文本说明

用左侧工具栏的按钮 T 可以在图上添加文字说明。如果想移动文字位置,可以用鼠标拖动。注意利用 Symbol Map 可以方便地添加特殊字符。做法为在文本编辑状态下点击右键,然后选择 Symbol Map,如图 7-13 所示。

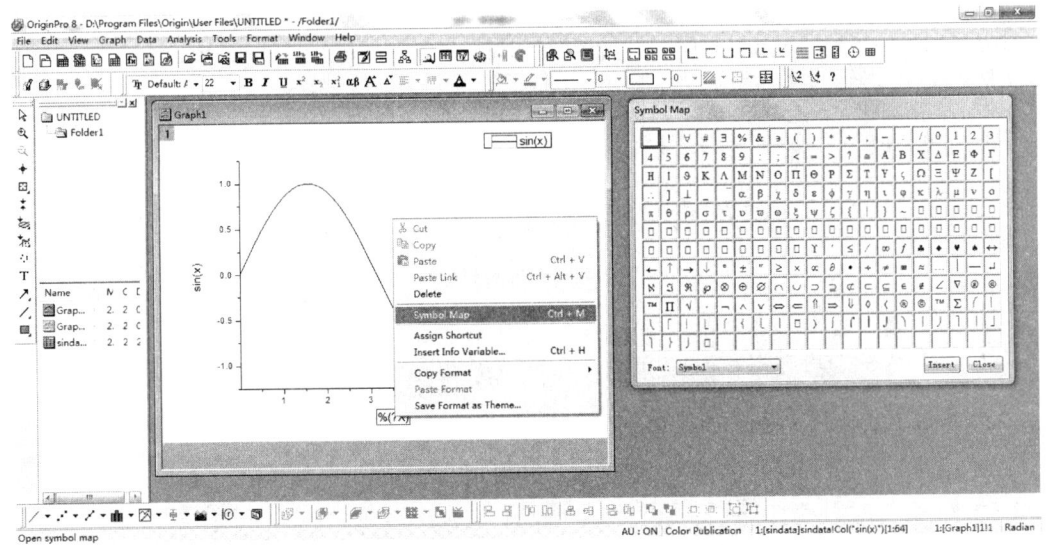

图 7-13 添加特殊字符

7. 添加日期和时间标记

使用 Graph 工具栏上的 ⏱ 按钮可以添加日期标记。

7.5 数据管理

1. 导入数据文件

Origin 软件主要利用 Import 输入文件中的数据,也支持直接数据粘贴等。方法为在菜单栏选择 File→Import。

2. 变换数列

在前面的基础上,增加一列 cos(x),这不需要另算数据而利用 Origin 软件本身就可以做到。

具体做法如下。

在数据表上点击右键选择 Add New Column,如图 7-14 和图 7-15 所示。

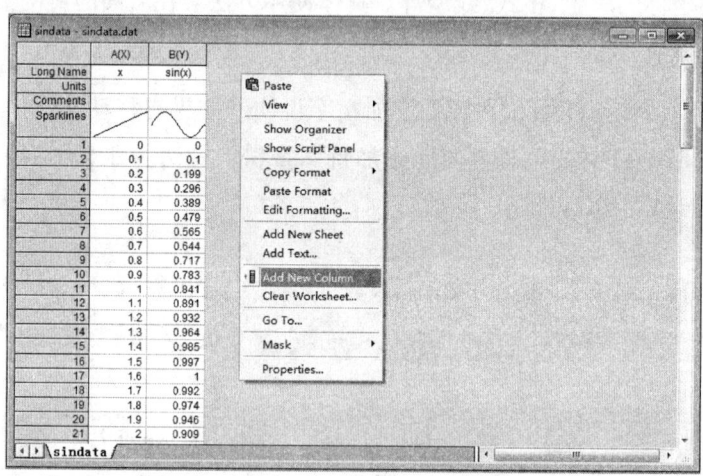

图 7-14　新增列命令

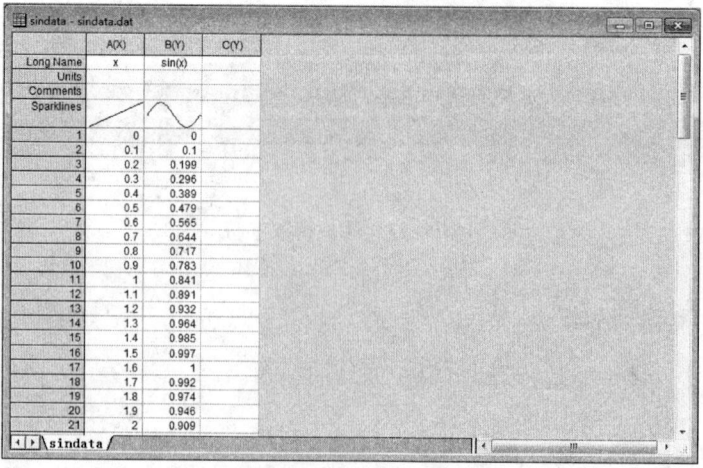

图 7-15　新增列

对准 C(Y)列点击右键选择 Set Column Values,并设置下面输入框中 cos(col(x)),点击"OK"得到 cos(x)值,如图 7-16 和图 7-17 所示。

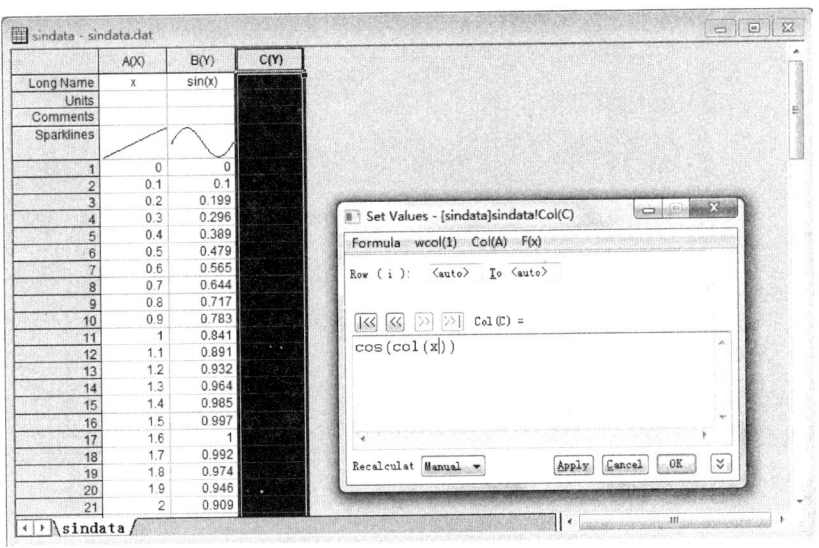

图 7-16 Set Column Values 命令

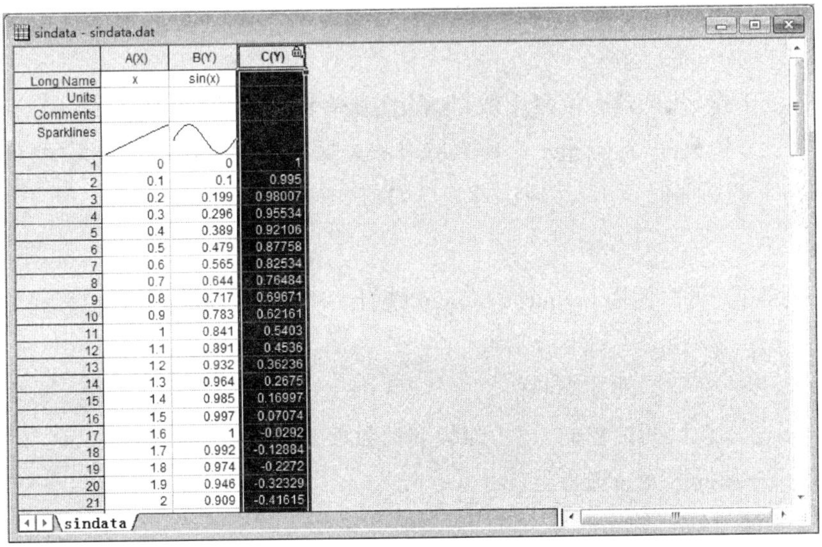

图 7-17 得到 cos(x)值

双击 A 列或者点击右键选择 Properties,这里可以设置一些列的属性,最后做出 cos(x)图像,如图 7-18 所示。

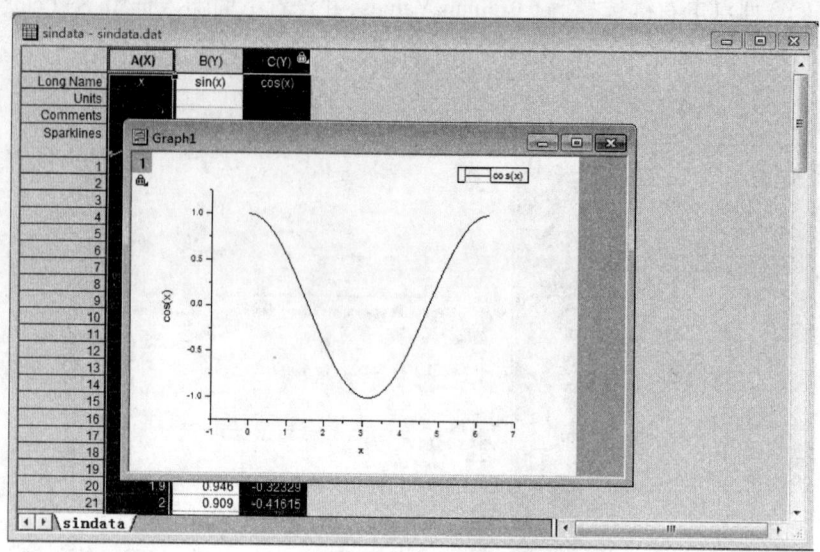

图 7-18　cos(x)图像

3. 数据排序

Origin 软件可以做到单列、多列，甚至整个工作表数据排序，命令为"sort…"。

(1)列排序，选择一列数据，点击右键弹出菜单选择 Sort Column 命令进而选择 Ascending(升序)或 Descending(降序)。

(2)选择范围排序，选择一定范围数据，右键选择 Sort Range 命令。

(3)整个工作表排序，选定整个工作表的方法是鼠标移到工作表左上角的空白方格的右下角变为斜向下的箭头时点击，然后选择相应的命令。

4. 频率记数

选择一列数据，可以使用 Frequency Count 统计一个数列或其中一段中数据出现的频率，如图 7-19、图 7-20 和图 7-21 所示。

Bin Center——数据区间的中心值。

Count——落入该区间的数据个数，即频率计数值。

Bin End——数据区间右边界值。

Sum——频率计数值的累计和。

5. 归一化数据

选择某一列，右键→Normalize 命令。

6. 屏蔽曲线中的数据点

(1)使用 Mask 工具栏，Mask 工具栏默认不显示，可以从 View→Toolbars 设置出来。这样可以用设置屏蔽区间或者点的颜色等。

(2)使用右侧工具栏中的 Regional Mask Tool，选出要屏蔽的点。

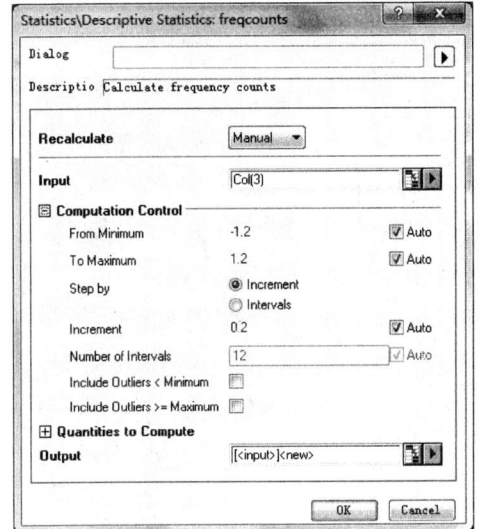 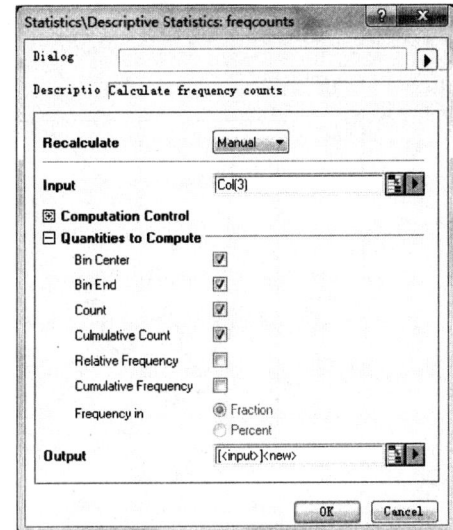

图 7-19 Computation Control　　　　图 7-20 Quantities to Compute

图 7-21 统计结果

7. 曲线拟合

用各种曲线拟合数据,在 Analysis 菜单里,常用的有线性拟合、多项式拟合等,还可以利用 Analysis→Non-Linear Curve Fit 里的两个选项做一些特殊的拟合。

软件默认为整条曲线拟合,但可以设置为部分拟合,和 Mask 配合使用会得到很好的效果。

7.6　绘制多层图形

图层是 Origin 软件中的一个很重要的概念。一个绘图窗口中可以有多个图层,从而可以方便地创建和管理多个曲线或图形对象(图 7-22)。

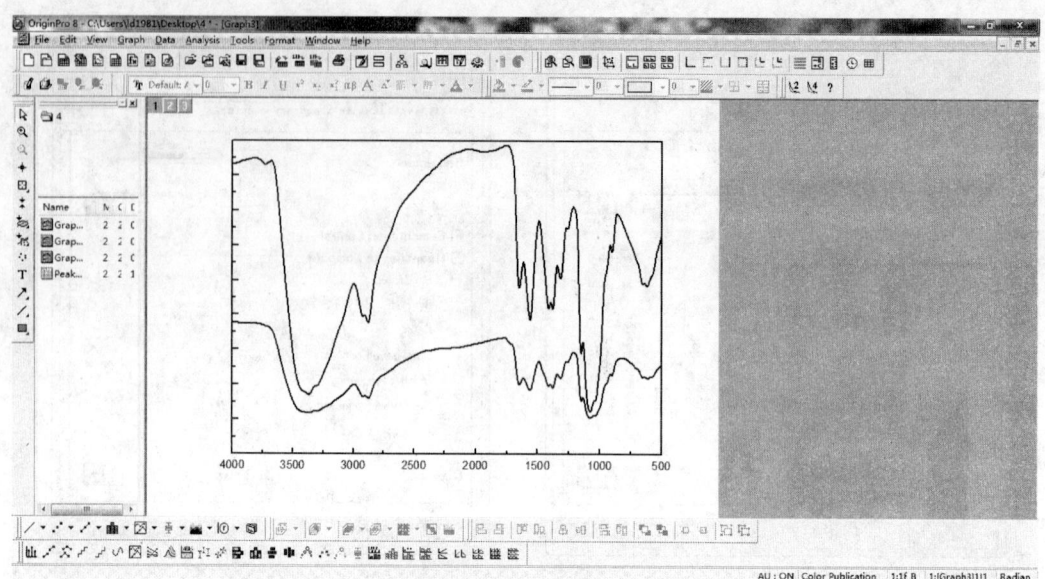

图 7-22 多层图形

Origin 软件自带了几个多图层模板。这些模板允许使用者在取得数据以后，只需点击"2D Graphs Extended"工具栏上相应的命令按钮，就可以在一个绘图窗口把数据绘制为多层图。Origin 软件几种多图层模板自带的模板有以下几种。

(1) 双 Y 轴(Double Y Axis)图形模板。如果数据中有两个因变量数列，它们的自变量数列相同，那么可以使用此模板。

(2) 水平双屏(Horizontal 2 Panel)图形模板。如果数据中包含两组相关数列，但是两组之间没有公用的数列，那么可以使用水平双屏图形模板，如图 7-23 所示。

(3) 垂直双屏(Vertical 2 Panel)图形模板。与水平双屏图形模板的前提类似，只不过是两图的排列不同，如图 7-23 所示。

(4) 四屏(4 Panel)图形模板。如果数据中包含四组相关数列，而且它们之间没有公用的数列，那么使用四屏图形模板。

除了以上四种模板，Origin 软件还自带九屏图形模板。

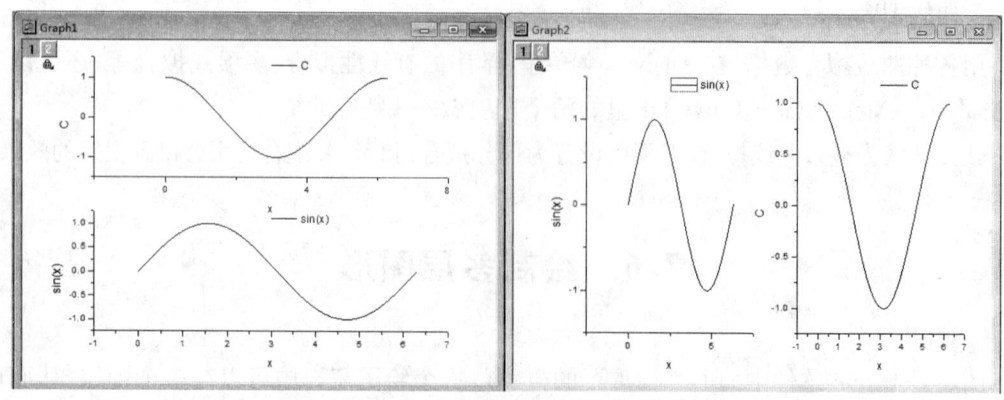

图 7-23 水平双屏(Horizontal 2 Panel)和垂直双屏(Vertical 2 Panel)

1. 在工作表中指定多个 X 列

如图 7-24 所示为更改 D(Y) 为 D(X) 的操作界面。

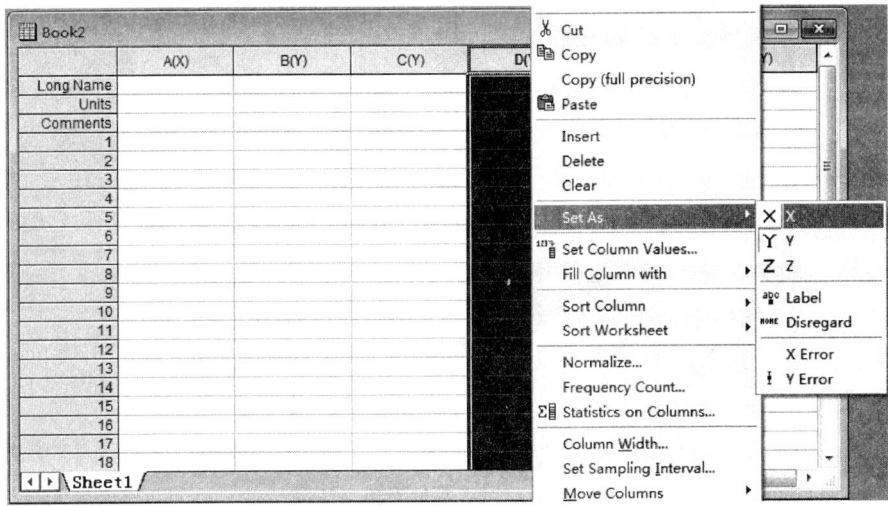

图 7-24　更改 D(Y) 为 D(X)

如图 7-25 所示为操作后的更改结果界面。

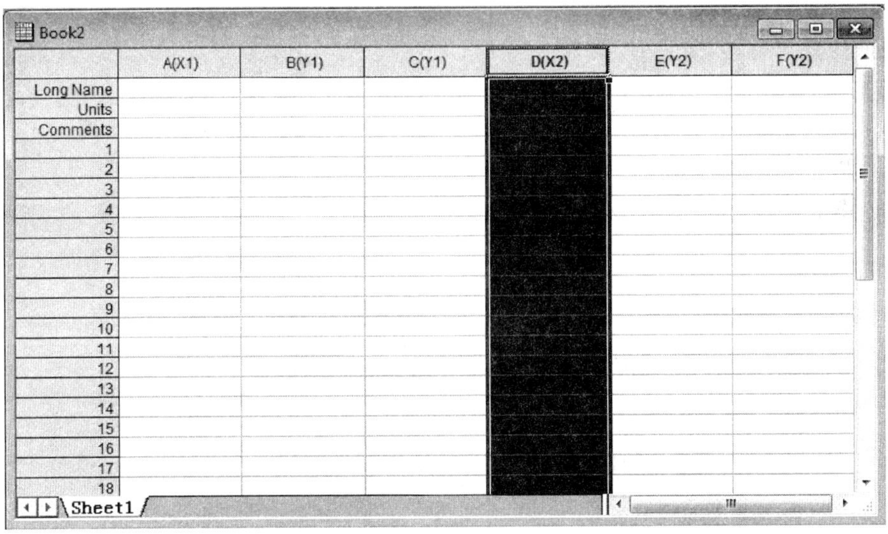

图 7-25　更改结果

说明：默认 Y 与左侧最近的 X 轴关联，也就是 B、C 与 A，E、F 与 D 关联。

2. 创建多层图形

下面以双图层为例说明创建绘图窗口的步骤。

(1) 创建两个单图层窗口。

(2) 如图 7-26 所示，点击"Merge"命令弹出 Graph Manipulation：merge_graph 对话框如图 7-27 所示，将 Number of Rows 和 Number of Columns 设置为 1，点击"OK"即可得到如图

7-28 所示的双层图。

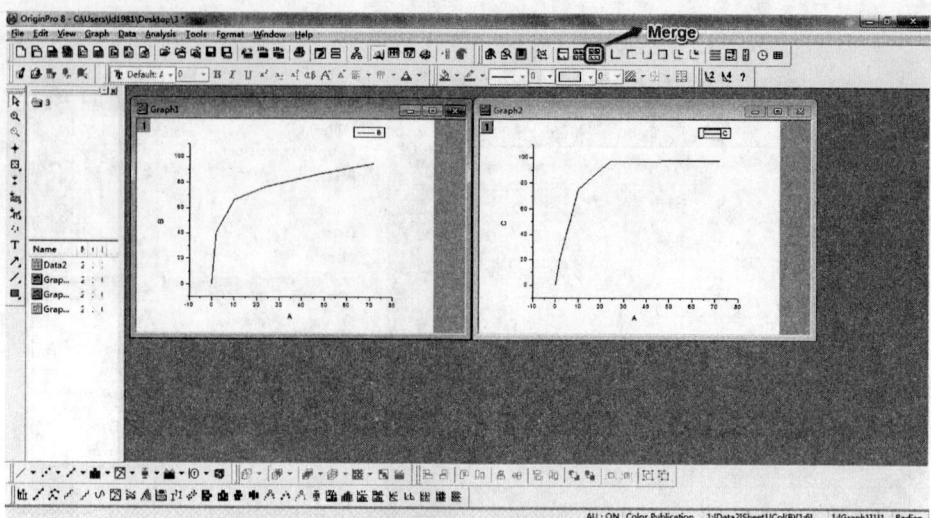

图 7-26　创建两个单图层窗口

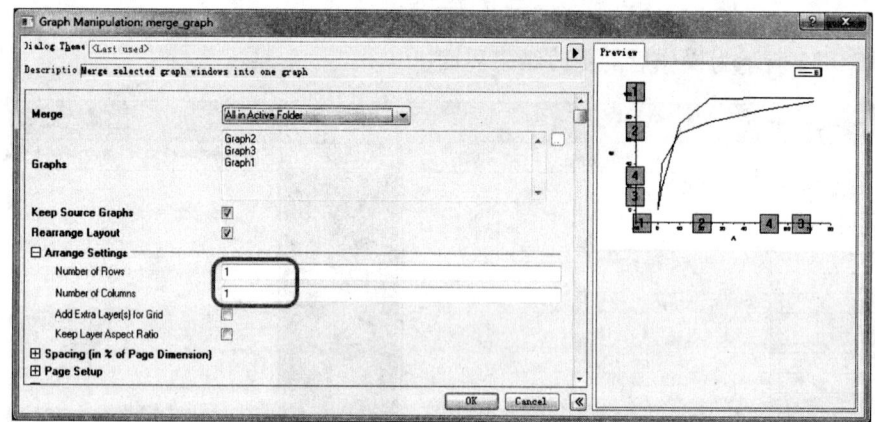

图 7-27　Graph Manipulation 对话框

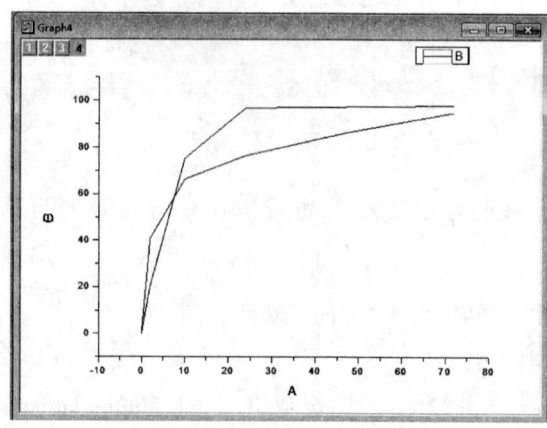

图 7-28　双层图

(3)关联坐标轴。Origin 软件可以在各图层之间的坐标轴建立关联,如果改变某一图层的坐标轴比例,那么其他图层的坐标轴比例也相应改变。使用方法:右击图上的 2 图标,在调出的 Layer 菜单中点 Layer Properties,弹出 Plot Details 对话框再切换到 Link Axes Scales 选项卡将 Link 选项设置为 Layer1,点击"OK"即可实现坐标轴关联(图 7 – 29)。

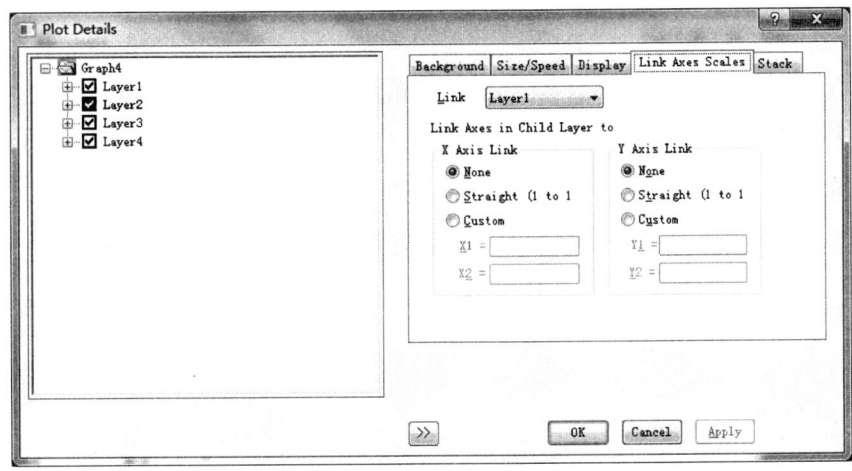

图 7 – 29　坐标轴关联

7.7　非线性拟合

拟合曲线的目的为根据已知数据照出响应函数的系数,Origin 软件内置的拟合命令见表 7 – 1。

表 7 – 1　Origin 软件拟合命令一览表

名称	拟合模型函数
Fit Linear(线性拟合)	$y = A + Bx$
Fit Polynomial(多项式拟合)	$y = A + B_1 x + B_2 x^2$
Fit Exponential Decay(指数衰减拟合)	$y = y_0 + A_1 e^{-x/t_1}$
Fit Exponential Growth(指数增长拟合)	$y = y_0 + A_1 e^{x/t_1}$
Fit Sigmoidal(S 拟合)	$y = \dfrac{A_1 - A_2}{1 + e^{(x-x_0)/dx}} + A_2$
Fit Gaussion Gaussion(拟合)	$y - y_0 + \dfrac{A}{w \cdot \sqrt{\dfrac{\pi}{2}}} e^{-\dfrac{2(x-x_0)^2}{w^2}}$
Fit Lorentzian(Lorentzian 拟合)	$y = y_0 + \dfrac{2A}{\pi} \cdot \dfrac{w}{4(x-x_0)^2 + w^2}$
Fit Multipeaks(多峰值拟合)	按照峰值分段拟合,每一段采用 Gaussion 或者 Lorentzian 方法
Nonlinear Curve Fit(非线性曲线拟合)	内部提供了相当丰富的拟合函数,支持用户自定义

为了给用户提供更大的拟合控制空间，Origin 软件提供了三种拟合工具，线性拟合工具、多项式拟合工具和 S 拟合工具。

7.8 数据分析

数据分析主要包含简单数学运算（Simple Math）、统计（Statistics）、快速傅里叶变换（FFT）、平滑和滤波（Smoothing and Filtering），以及基线和峰值分析（Baseline and Peak Analysis）。

1. 简单数学运算

以图 7－30、图 7－31 所示的数据为例进行计算。

Book1

	A(X)	B(Y)	C(Y)	D(Y)
Long Name				
Units				
Comments				
4	1.454	3.931E-4	0.004	2.359E-4
5	1.471	8.191E-4	0.004	2.36E-4
6	1.488	0.00312	0.006	5.361E-4
7	1.521	0.004	0.004	0.00285
8	1.538	0.004	0.005	0.00262
9	1.554	0.00615	0.007	0.004
10	1.571	0.00621	0.006	0.00309
11	1.588	0.006	0.008	0.00507
12	1.604	0.006	0.009	0.00651
13	1.638	0.007	0.009	0.00519
14	1.654	8.66E-4	0.0011	0.00658
15	1.671	9.99E-4	0.0014	0.00336
16	1.688	0.00574	0.004	0.00658
17	1.721	0.0025	6.568E-4	1E-3
18	1.738	4.708E-4	6.091E-4	0.00111
19	1.754	4.733E-4	5.981E-4	2.56E-4
20	1.771	4.581E-4	5.6E-4	3.621E-4
21	1.788	4.833E-4	5.265E-4	3.569E-4
22	1.804	4.396E-4	5.265E-4	2.569E-4
23				

Sheet1

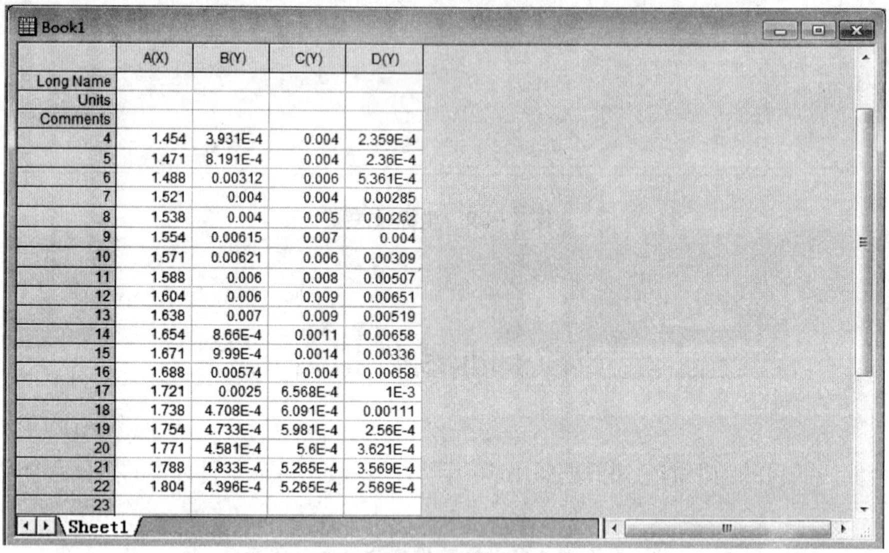

图 7－30　三条曲线的数据

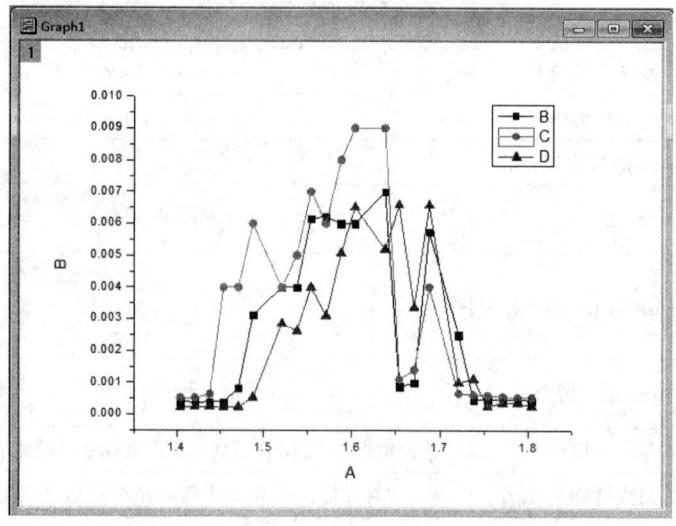

图 7－31　三条曲线

(1) 算术运算。

这是实现 $Y = Y_1 (+ - \times \div) Y_2$ 的运算,其中 Y 和 Y_1 为数列,Y_2 为数列或者数字。在某单位依次选择命令 Analysis→Mathematics→Simple Math 弹出 Simple Math 工具设置选项卡,如图 7-32 所示。

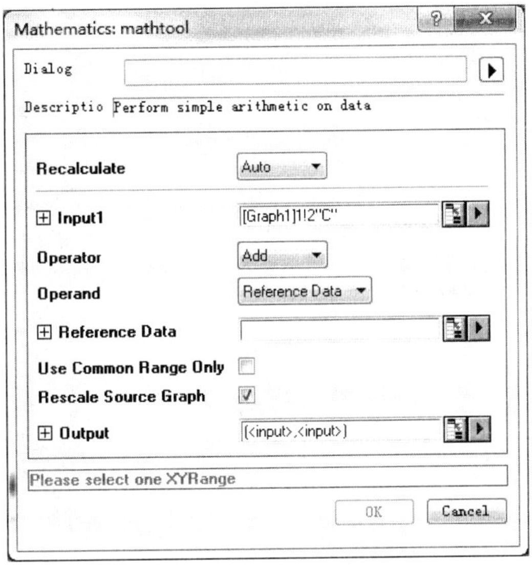

图 7-32　Simple Math 工具

图 7-32 中 Input 选项为设置要运算曲线的起止点,方法为点击 ▦,此时光标自动变为闪烁的竖线,然后在窗口上双击左键确定起始点位置,最后在终止点双击鼠标左键,以选择需要运算的曲线。Operator 为运算规则,Operand 设定减数是曲线获知常数。Output 选项设置方法与 Input 相同,全部设置好后,点击"OK"得到结果。

(2) 减去参考直线。

激活曲线 C,选择 Analysis→Data Manipulation→Subtract 为 Straight Line,在图上双击选择参考直线上的两个点,此时曲线 C 变为原来的减为这条直线后的曲线(图 7-33)。

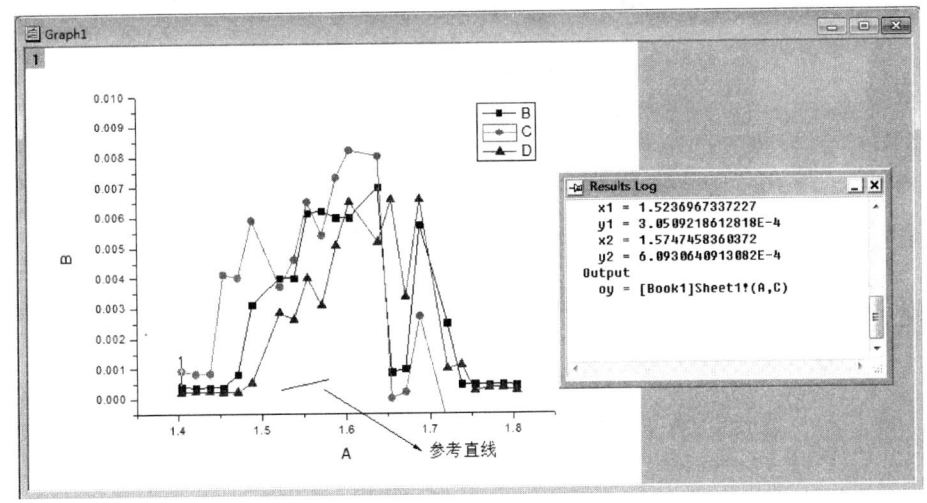

图 7-33　减去参考直线

(3) 垂直和水平移动。

垂直移动指选定的数据曲线沿 Y 轴垂直移动。步骤如下:激活数据曲线 C,选择 Analysis→Data Manipulation→Translate→Vertical 命令,这时会出现一条水平线,此时可拖动曲线 C 沿 Y 轴垂直移动如图 7-34 所示。

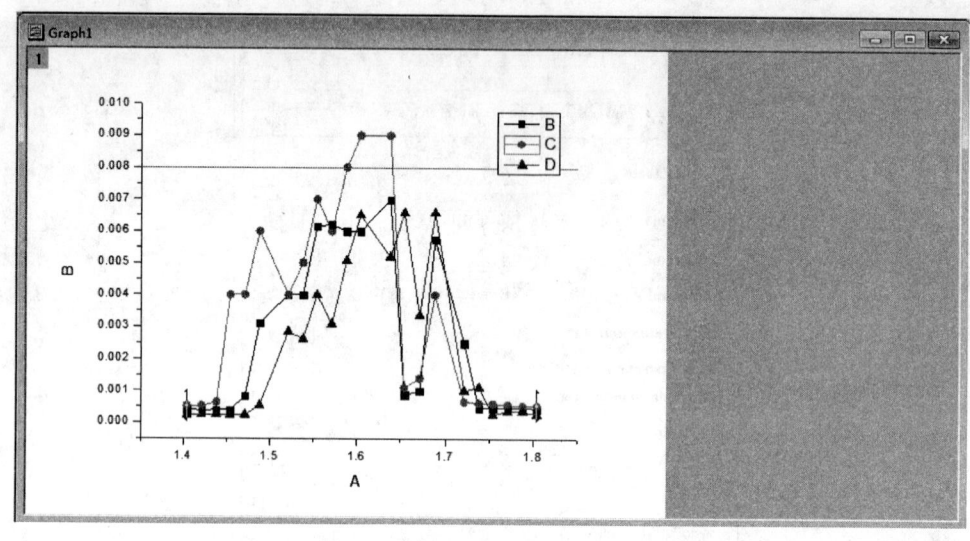

图 7-34　垂直移动

这时工作表内曲线 3 的纵坐标值也自动更新为原曲线 1 数列的值加上移动的数值,同时曲线 1 也会更新。水平移动的操作和垂直移动相同。

(4) 多条曲线平均。

多条曲线平均是指在当前激活的数据曲线的每一个 X 坐标处,计算当前激活的图层内所有数据曲线的 Y 值的平均值。在菜单栏依次选择 Analysisi→Mathematics→Average Multiple Curves 命令,操作过程及结果如图 7-35 和图 7-36 所示。

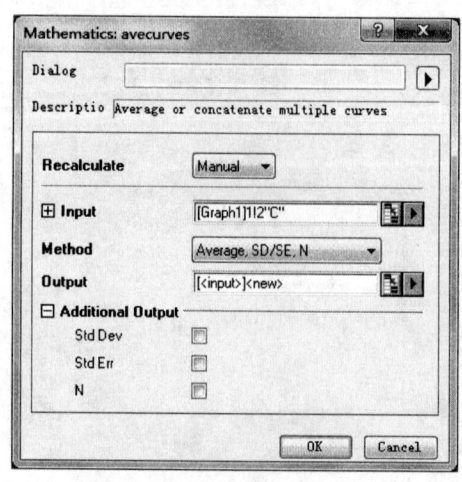

图 7-35　Avecurves 选项卡

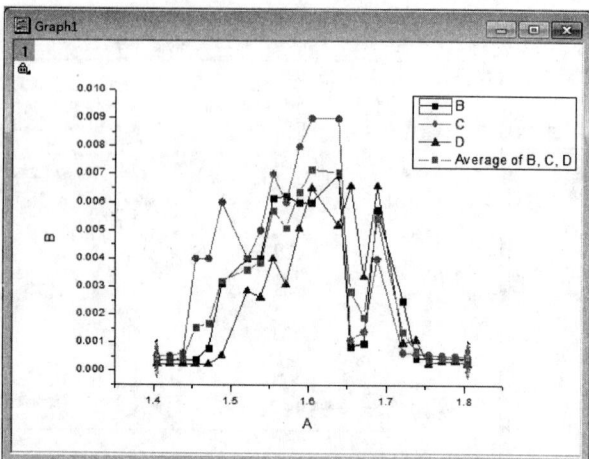

图 7-36　平均 B,C,D 曲线

(5)插值。

插值是指在当前激活的数据曲线的数据点之间利用某种方法估计可信的数据点。操作步骤为 Analysis→Mathematics→Interpolate and Extrapolate,差值命令设置界面如图 7 – 37 所示。

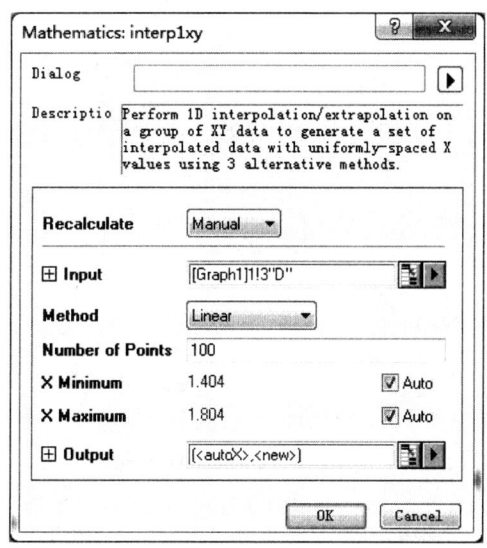

图 7 – 37　Interp1xy 选项

Input 选项为选择起止点,设定好插值个数后点击"OK"即可得到插值后的曲线。

(6)微分。

求当前曲线的导数,命令为 Analysis→Mathematics→Differentiate。

(7)积分。

对当前激活的数据曲线用梯形法进行积分,命令为 Analysis→Mathematics→Integrate。

2. 统计

Orgin 软件的统计功能主要包括平均值(Mean)、标准差(Standard Deviation,Std,SD)、标准误差(Standard Error of the Mean)、最小值(Minimum)、最大值(Maximum)、百分位数(Percentiles)、直方图(Histogram)、T 检验(T-test for One or Two Populations)、方差分析(One-way ANOVA)、线性回归分析(Linear Analysis)、多项式回归分析(Polynomial Analysis)和多元回归分析(Multiple Regression Analysis)。

7.9　数据的输入输出

1. 数据导入导出

导入数据用 Import 命令,使用导入向导可以导入多种格式的数据,这里可设置的选项有很多,按照提示即可导入数据(图 7 – 38)。

图 7-38 Import Wizard

数据导出为 Export ASCII,操作时会调出选项对话框,可以设置以何种方式分割数据列以及文件的格式(图 7-39)。

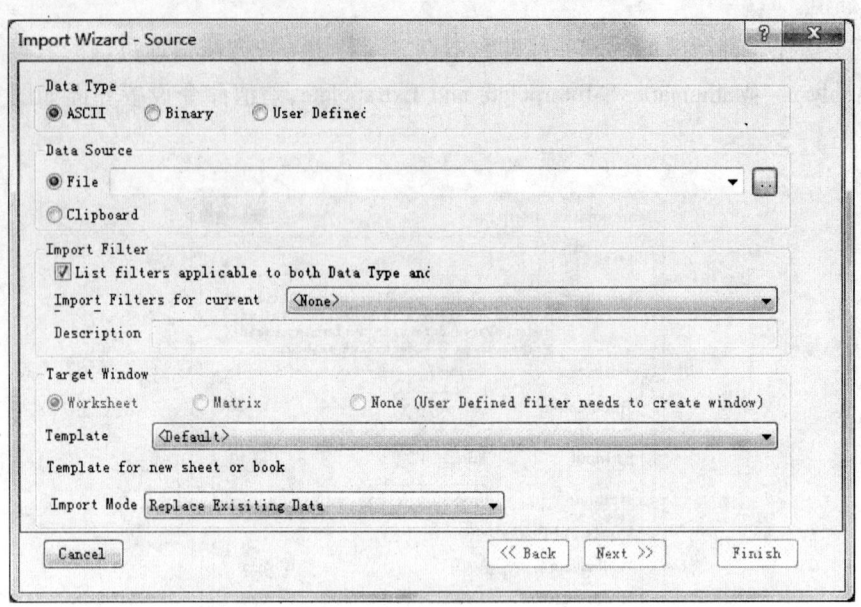

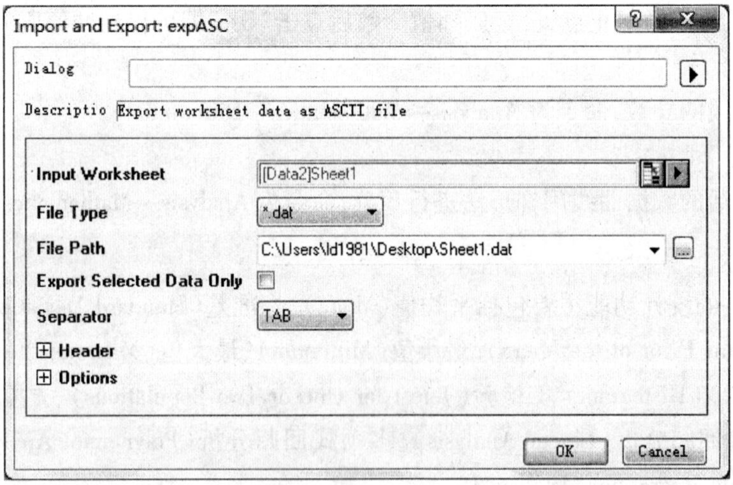

图 7-39 数据分割方式选项

2. 图形和版面的导出

激活绘图窗口,操作步骤为 Edit→Copy Page,就可以复制图像。而使用 File→Export Page 可以把图像存为图像文件。

3. 在其他应用程序中使用 Origin 软件

在装有 Origin 软件的电脑上,使用 Word 软件中可以直接插入 Origin 软件图像,并可以直接在 Word 软件中通过双击这个图像来调用 Origin 软件来编辑图片。

插入方法如下：

(1)进行"插入→对象→Origin Graph"操作将新建一个空白的 Origin 图像(图 7-40)。

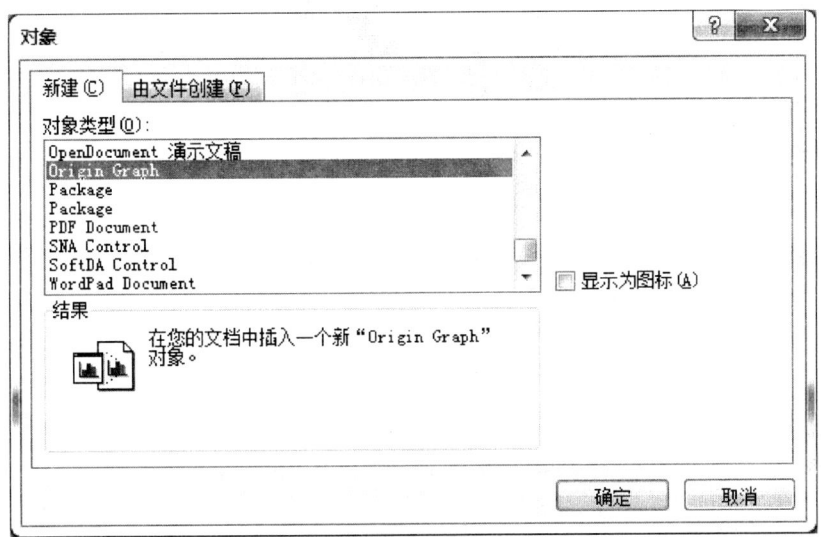

图 7-40　插入 Origin 图像

(2)进行"Edit→Copy Page"操作在 Word 中直接粘贴。

(3)利用"插入→从文件创建"操作,把以前做好的 Origin 文件插入进来(图 7-41)。

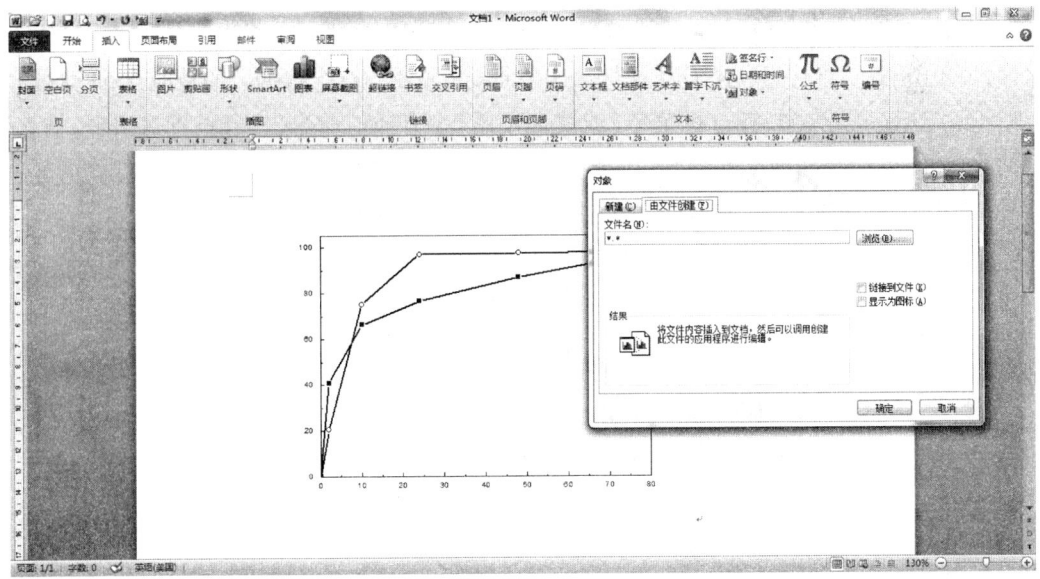

图 7-41　从文件创建

图 7-42 所示为在 Word 中直接编辑 Origin 图像的窗口。

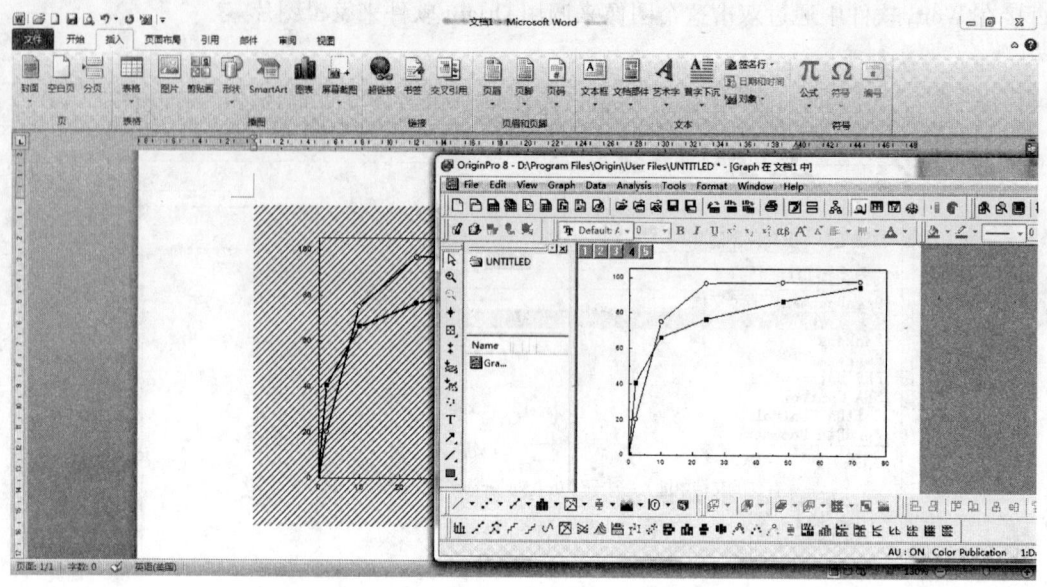

图 7-42 在 Word 中编辑 Origin 图像

7.10 绘图中的常见问题

以下列出了在实验数据处理、绘图过程中常见的问题及解决方法,以供参考。

问题 1 怎样反读出 Origin 曲线上全部数据点?用 10 个数据点画出了一条 Origin 曲线,保存为 OPJ 格式。现在想利用 OPJ 文件从这条曲线上取出 100 个数据点的数值,该如何做?

解答:Origin 软件中,在分析菜单(或统计菜单)中有插值命令,打开设置对话框,输入数据的起点、终点以及插值点的个数,生成新的插值曲线和对应的数据表格。以离心泵 η-Q 曲线(图 7-43)为例,曲线中有 10 个数据点。具体步骤如下。

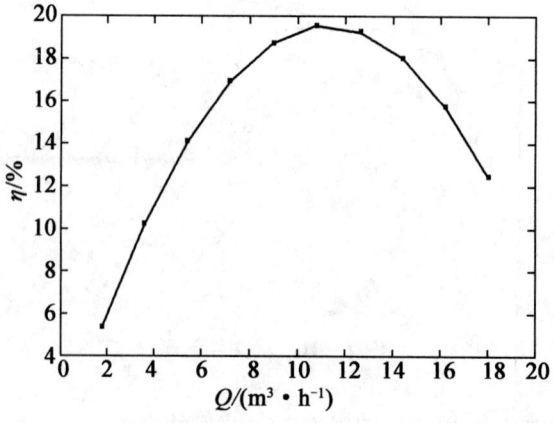

图 7-43 离心泵 η-Q 曲线

(1) 使用插值命令依次选择 Analysis→Mathematics→Interpolate/Extrapolate…(图 7-44)。

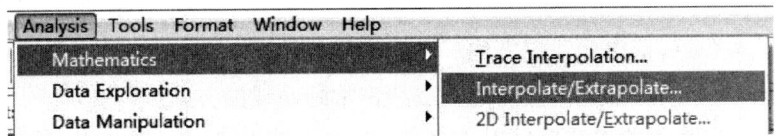

图 7-44 选择插值命令

(2) 在弹出的插值设置对话框中设置插值选项。其中的 Recalculate 用默认即可,Input 设置插值起止点,Method 选择 Cubic Spline(三次样条插值),Mumber of Points 处填 100,其他默认如图 7-45 所示,设置完成后点击"OK"。图 7-46 所示为插值后的曲线。

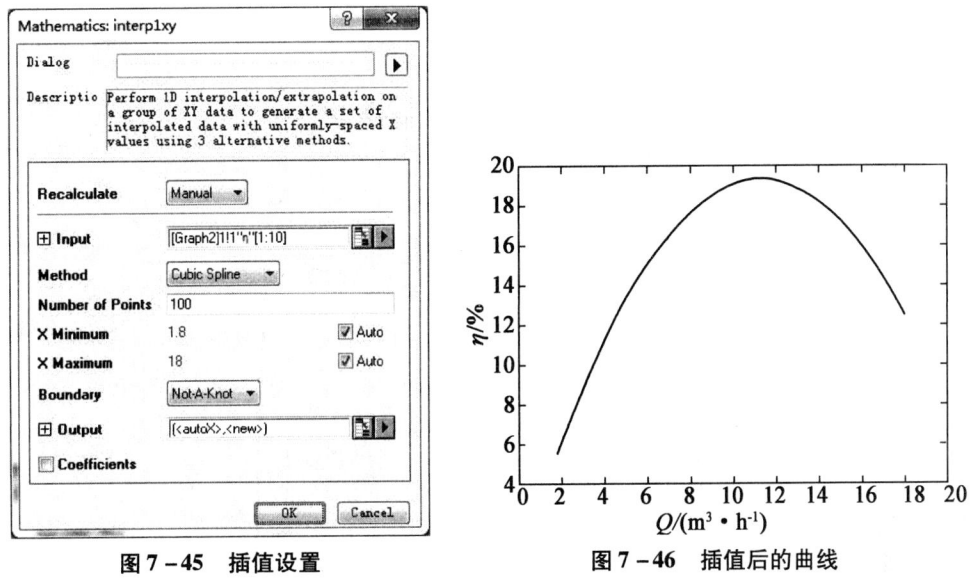

图 7-45 插值设置　　　　　图 7-46 插值后的曲线

(3) 右击插值后的曲线弹出菜单选择"Plot Details..",如图 7-47 所示,点击"Workbook"按钮查看插值后的数据点(图 7-48)。

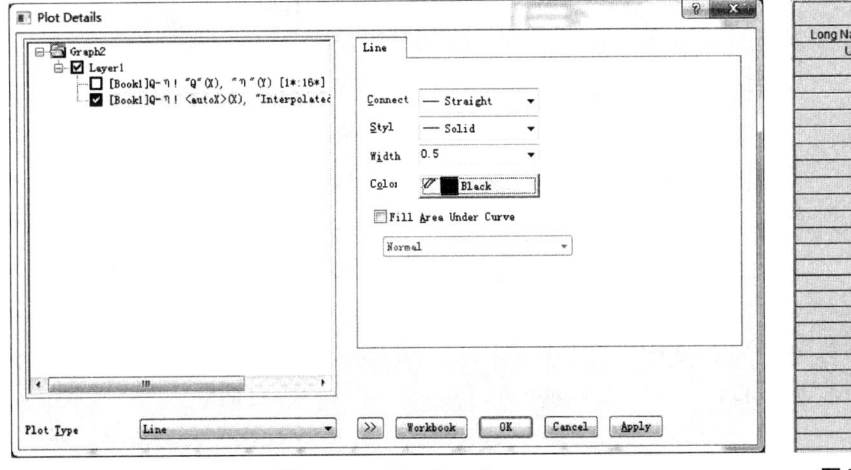

图 7-47 Plot Details　　　　　图 7-48 查看数据点

问题 2 如何用 Qrigin 作出用不同形状标记的曲线,如三角形、方块。

解答:选中左侧竖工具条中的 Draw Data 命令 ✥ (第九个工具),移动到你要标注的位置双击,就产生了一个点,依次标注完方块。再标注三角的第一个点,标注完后改成三角,以后标注的就都是三角了。改动点的类型的方法和正常画曲线的方式一样。

问题 3 Origin 软件能否读取导入曲线的坐标? 一张 bmp 格式的图片,图片内容是坐标系和拟合曲线,但是软件绘制未知。请问能否将该图片导入 Origin 软件,读出曲线上任意一点的数据?

解答:Origin 软件有一个图形数字化插件可完成该任务、插件名称为 digitizer,可以在 Origin 软件官方网站下载。下载后得到名为 Digitize.OPK 的文件,将该文件拖入 Origin 软件主界面,连续弹出两个对话框,全部点击"OK"即可将该插件安装完毕,之后可以使用 View→Toolbars 命令管理该插件,如图 7-49 所示。

图 7-49 使用 Toolbars 命令管理工具栏按钮

读取坐标方法如下。

(1)点击"Digitizer"按钮,打开图形数字化窗口,如图 7-50 所示。将要读取的曲线粘贴到窗口中。

(2)在窗口中调整图形尺寸,如图 7-51 所示。

(3)右键点击图片弹出菜单,选择"Programming Control...",弹出对话框。

图7-50 Digitizer 工具窗口

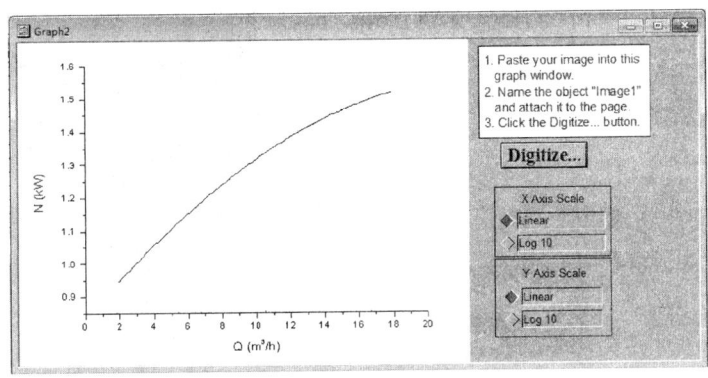

图7-51 调整图形尺寸

(4)在"Object Name"文本框中输入"image1",在"Attach to"中选择"Page"选项,其他选项默认即可,如图7-52所示,点击"OK"即可。

(5)为X、Y轴选择正确的数据类型,Linear—线性坐标,Log 10—对数坐标,如图7-53中位置1所示。

(6)点击图7-53中位置2的"Digitize…"按钮。

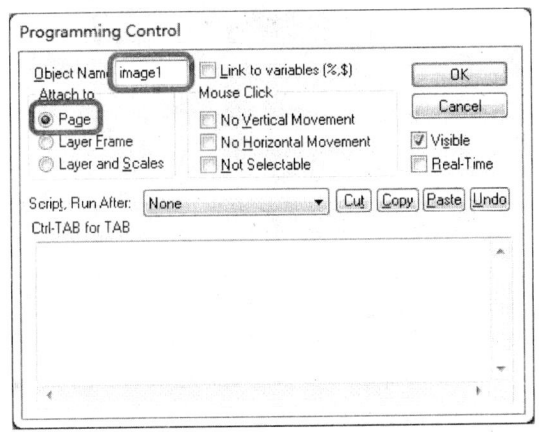

图7-52 Programming Conrtol 选项卡

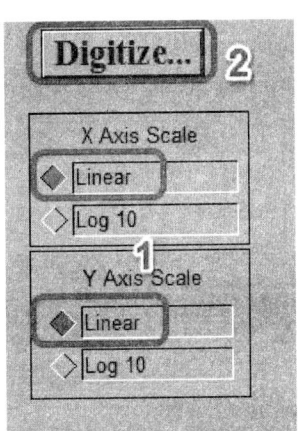

图7-53 选择坐标类型

(7) 弹出如图7-54所示对话框,填入图上两个X值作为X轴的参照(最好取整数)。

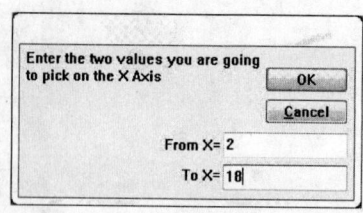

图7-54 选择X轴对应值

(8) 在图上双击选取两个点对应上边给出的两个X值(这里不需要考虑Y轴,注意图7-55中的圈是上面选取的X轴参考点)。

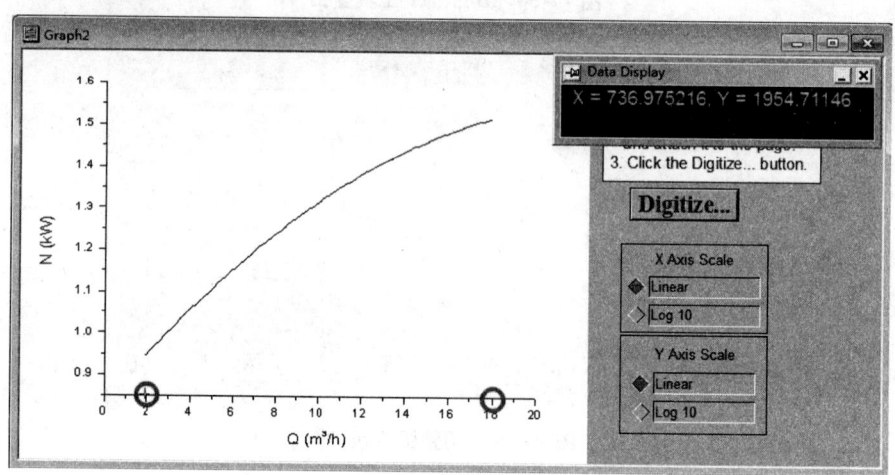

图7-55 选取X轴参考点

(9) 对Y轴重复(7)、(8)两个步骤,选取Y轴为参考点。

(10) 通过鼠标在图上选取数据点,可以按照图7-56圆圈位置依次沿曲线选取数据点。

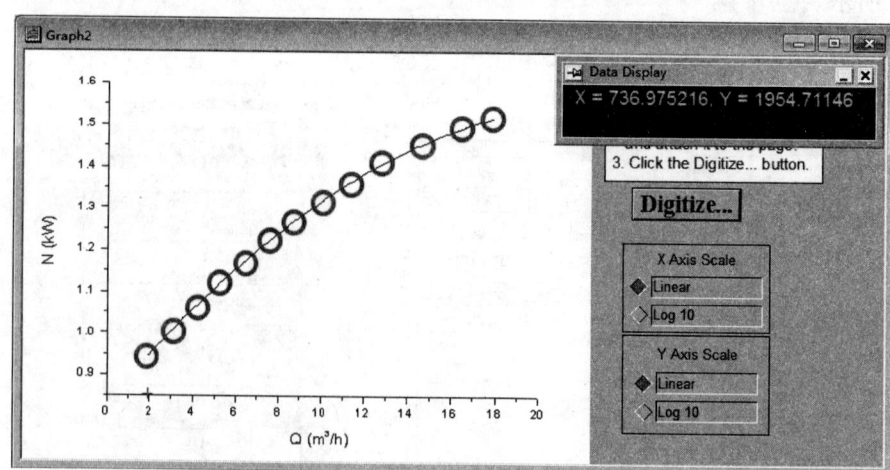

图7-56 选取曲线上的数据点

(11) 选取完数据点后,按下 ESC 键结束。

(12) Origin 软件会在之前确定的坐标系中将曲线绘制出来,如图 7-57 所示。

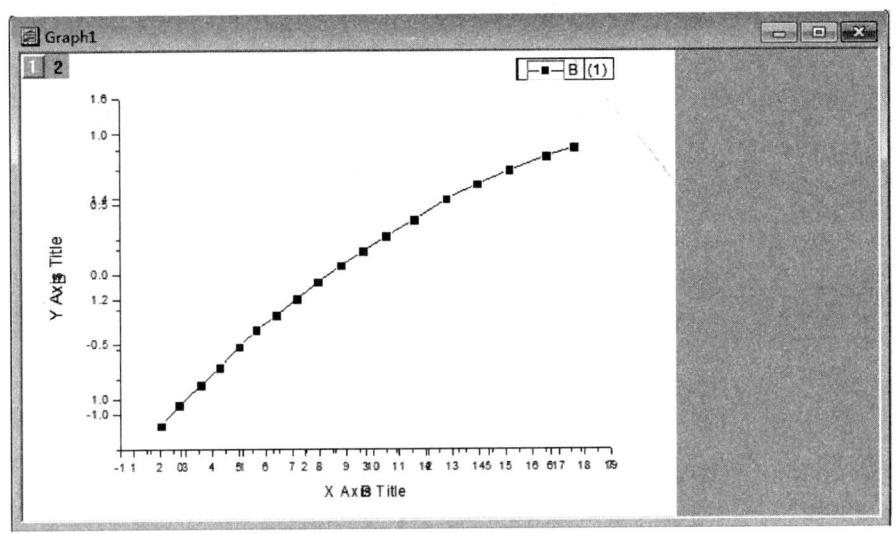

图 7-57 新绘制出的曲线

(13) 使用"Plot Details"和"Workbook"命令来读取数据点。

问题 4 如何在 Origin 作曲线的切线?

解答:Origin 软件的 Tangent 插件可以过曲线上一点绘制切线,插件可以在 Origin 软件官方网站下载,下载该插件后双击或将其拖入 Origin 软件主界面完成插件安装后即可使用。以离心泵实验的 N-Q 曲线为例说明使用方法如下。

(1) 输入数据(图 7-58)。

	A(X)	B(Y)
Long Name	Q	N
Units	m³/h	kW
1	1.8	0.94
2	3.6	1.03
3	5.4	1.13
4	7.2	1.21
5	9	1.28
6	10.8	1.34
7	12.6	1.4
8	14.4	1.45
9	16.2	1.49
10	18	1.52
11		

图 7-58 N-Q 曲线数据

(2) 作图(图 7-59),使用二项式对曲线拟合操作步骤为 Analysis→Fitting→Fit Polynomial→Open Dialogue(图 7-60)。

(3) 此时无法对拟合后的曲线作切线,因为这条拟合的新曲线不是真正的曲线,由很多不连续的点组成,所以不能画出切线。此时,只要把刚才拟合所生成的点再当作实验数据输入一遍就行了，如图 7-61 所示。

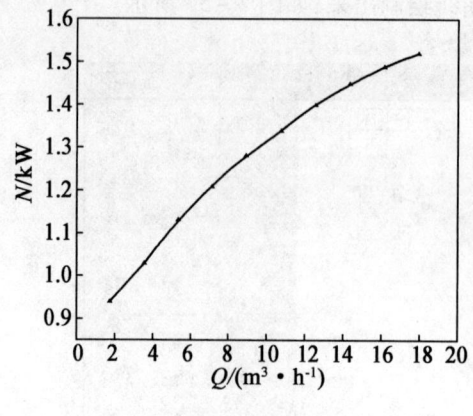

图 7-59　拟合前曲线

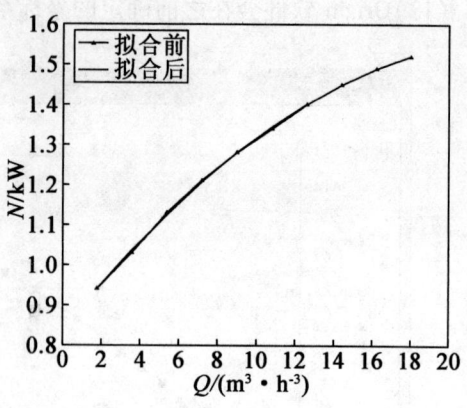

图 7-60　拟合后曲线

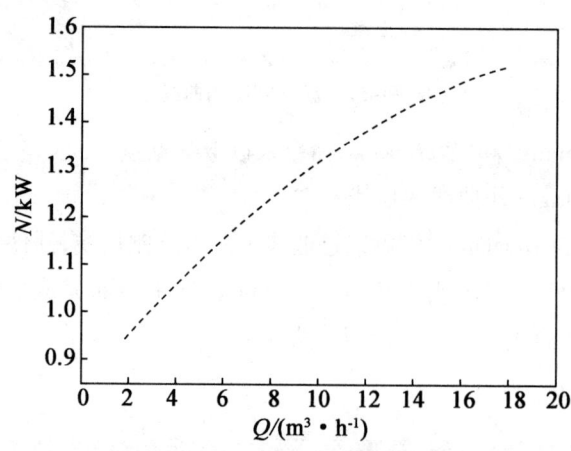

图 7-61　新生成的拟合后的曲线

（4）点击插件⊞，在图上找到一个点，双击切线就出现了，如图 7-62 所示，其中 slope 为斜率。

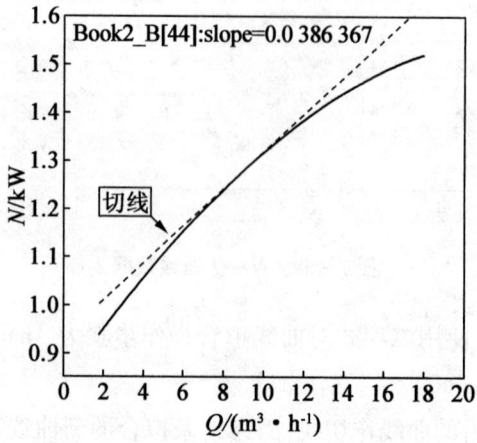

图 7-62　曲线上某点的切线及其斜率

问题 5　Origin 软件能设置有效数字的位数吗?

解答:能。操作步骤为 Tool – Option – Numeric Format – Number of Decimal。

问题 6　在 Origin 软件中如何同时在一个图里显示多个曲线,每组数据横坐标一样,纵坐标不同。

解答:使用 Merge 工具。下面以离心泵特性曲线的绘制为例进行介绍。

(1) 分别拟合 N-Q、H-Q、η-Q 三条曲线,如图 7-63~图 7-68 所示。

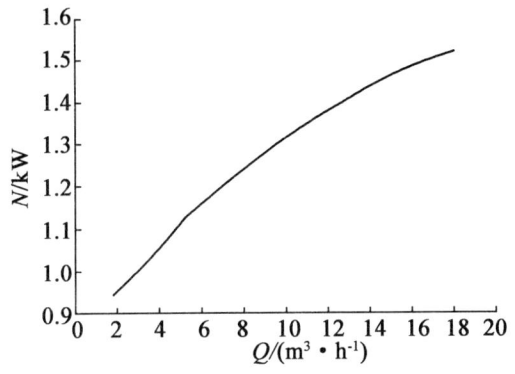

图 7-63　拟合前 N-Q 曲线

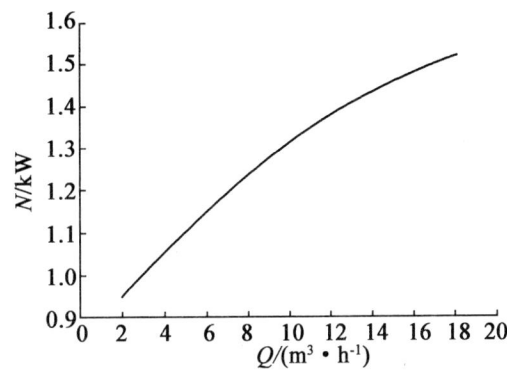

图 7-64　拟合后 N-Q 曲线

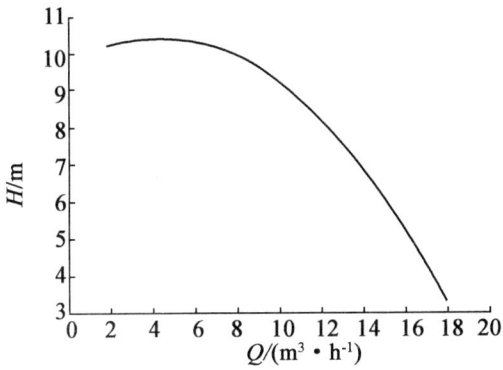

图 7-65　拟合前 H-Q 曲线

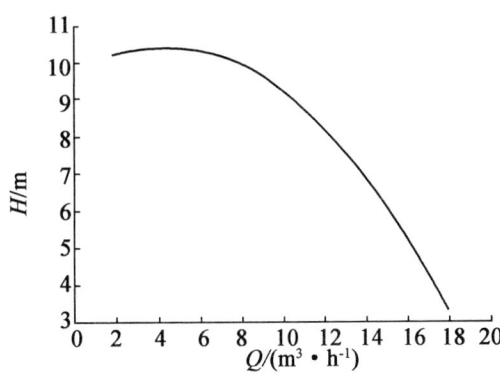

图 7-66　拟合后 H-Q 曲线

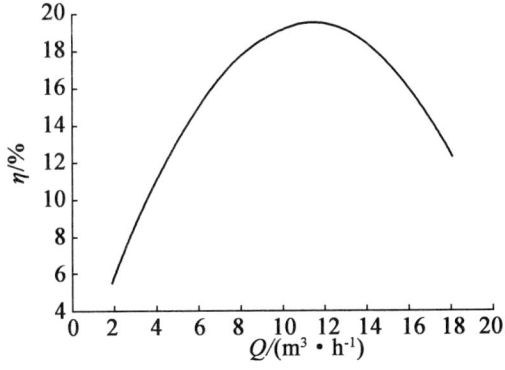

图 7-67　拟合前 η-Q 曲线

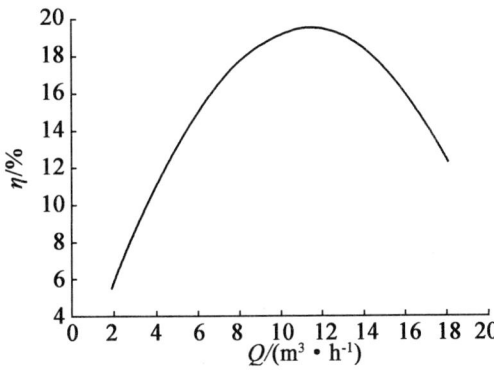

图 7-68　拟合后 η-Q 曲线

(2)选中三条拟合后的曲线后,点击工具栏上的 Merge 工具,如图 7-69 所示,得到三条曲线合并的图,经过调整后,得到图 7-70 所示的曲线。

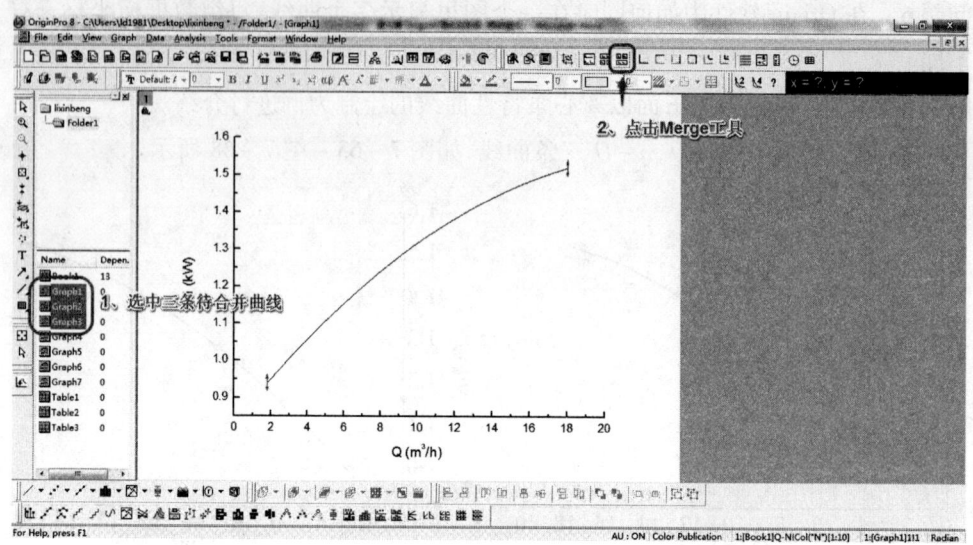

图 7-69 合并曲线

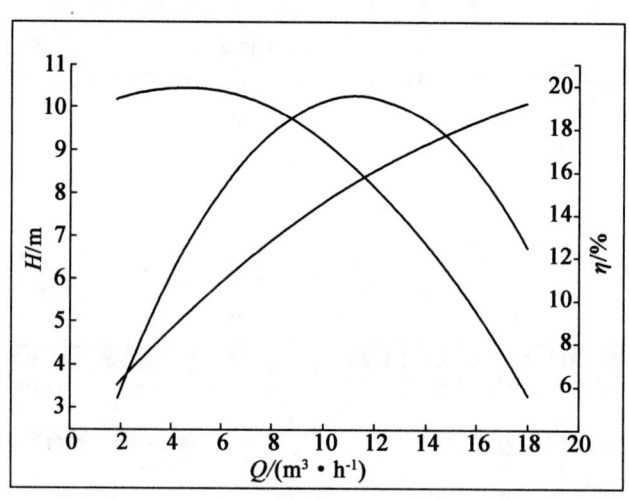

图 7-70 合并后的曲线

问题 7 在 Origin 软件中,把纵坐标的数值同时增大 1 000 倍。

解答:

(1)在 Tick Labels 标签的 Divide by 中输入 0.001 即可,如图 7-71 所示。另外,有关坐标轴的所有设置都在此处。

(2)可以把原数据放大 1 000 倍就是在 Book 中增加多一列,把值放大 1 000 倍,然后再画图就可以了。选中新增的纵坐标栏,点击右键,选择 Set Column Values,然后在对话框中输入 col(B) * 1000,点"OK"就可以了(假设纵坐标栏是 B 栏)。

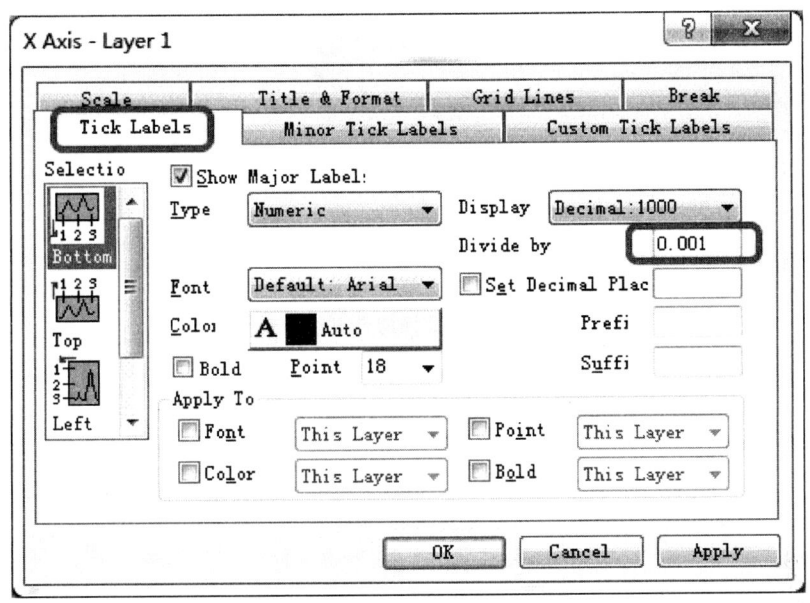

图 7-71 X 轴设置选项卡

问题 8 如何分段拟合曲线?

解答:使用 Analysis→Fitting 菜单下相应的拟合方式,具体步骤如下。

(1)将图 7-72 所绘制的曲线在第五个数据点(图 7-73)处分段拟合,分别拟合成直线。

(2)在 Analysis 菜单下选择 Fitting→Fit Linear→Open Dialog,如图 7-74 所示。

(3)在拟合选项卡中设置拟合范围,如图 7-75 所示,点击圈中的按钮选择拟合范围。

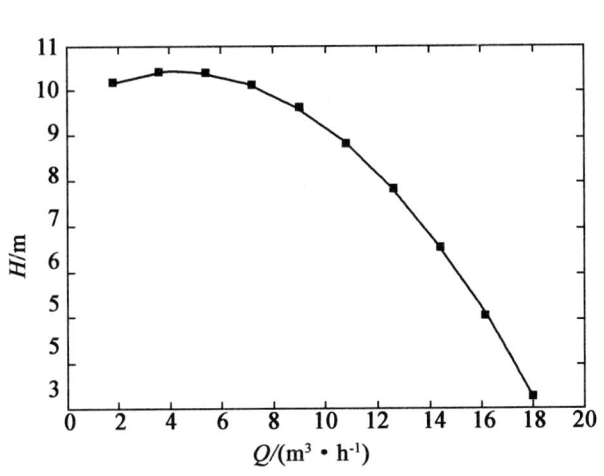

图 7-72 待拟合曲线

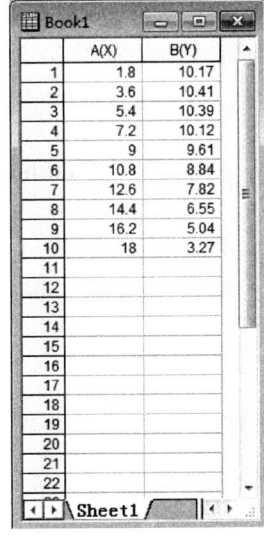

图 7-73 数据点

(4)如图7-74,按住左键拖动鼠标选择拟合的起止点,选择好后,点击图7-75中右侧圆圈内的图标,即可回到图7-76拟合设置界面。

图7-74 选择拟合直线命令

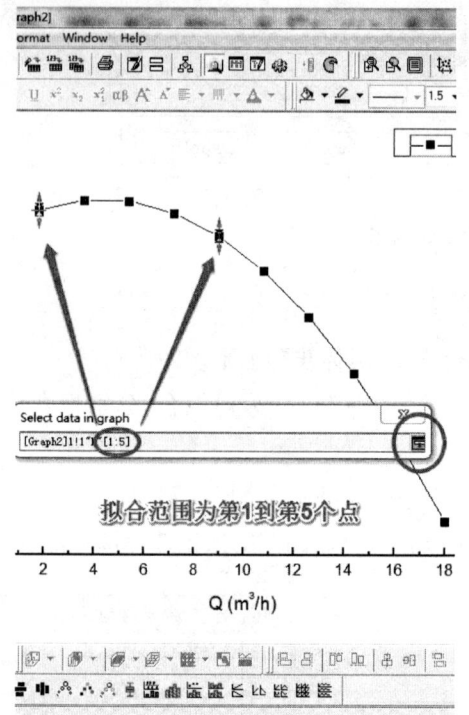

图7-75 曲线拟合范围　　　　图7-76 拟合范围设置图

(5)设置好拟合范围后,点击"OK"完成拟合,如图7-77所示,第一段曲线拟合完毕。
(6)同理,按照以上步骤选择另外一段曲线拟合,最终拟合好的曲线如图7-78所示。

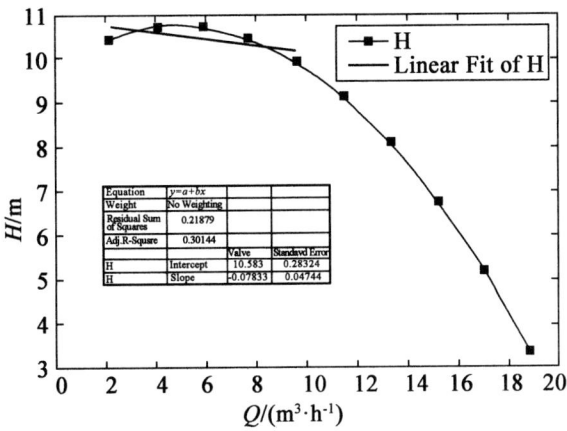

图 7-77 第一段曲线拟合结果

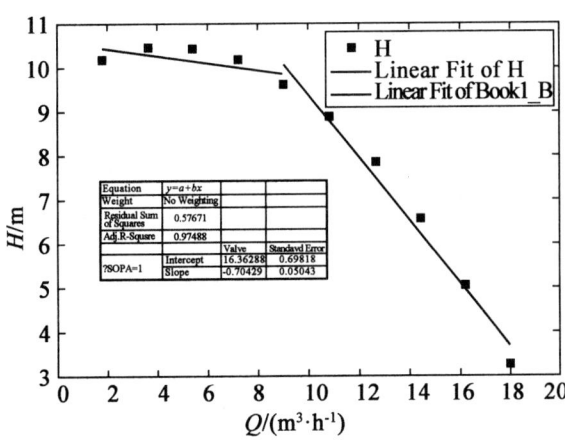

图 7-78 分段拟合结果

附 录

附录一 常用正交表

(摘自《常用数理统计方法》)

附表 1-1　$L_4(2^3)$

实验号	列号		
	1	2	3
1	1	1	1
2	1	2	2
3	2	1	2
4	2	2	1

附表 1-2　$L_8(2^7)$

实验号	列号						
	1	2	3	4	5	6	7
1	1	1	1	1	1	1	1
2	1	1	1	2	2	2	2
3	1	2	2	1	1	2	2
4	1	2	2	2	2	1	1
5	2	1	2	1	2	1	2
6	2	1	2	2	1	2	1
7	2	2	1	1	2	2	1
8	2	2	1	2	1	1	2

附表 1-3　$L_{12}(2^{11})$

实验号	列号										
	1	2	3	4	5	6	7	8	9	10	11
1	1	1	1	1	1	1	1	1	1	1	1
2	1	1	1	1	1	2	2	2	2	2	2
3	1	1	2	2	2	1	1	1	2	2	2
4	1	2	1	2	2	1	2	2	1	1	2
5	1	2	2	1	2	2	1	2	1	2	1
6	1	2	2	2	1	2	2	1	2	1	1
7	2	1	2	2	1	1	2	2	1	2	1
8	2	1	2	1	2	2	2	1	1	1	2
9	2	1	1	2	2	2	1	2	2	1	1
10	2	2	2	1	1	1	1	2	2	1	2
11	2	2	1	2	1	2	1	1	1	2	2
12	2	2	1	1	2	1	2	1	2	2	1

附表 1-4　$L_9(3^4)$

实验号	列号			
	1	2	3	4
1	1	1	1	1
2	1	2	2	2
3	1	3	3	3
4	2	1	2	3
5	2	2	3	1
6	2	3	1	2
7	3	1	3	2
8	3	2	1	3
9	3	3	2	1

附表 1-5　$L_{16}(4^5)$

实验号	列号				
	1	2	3	4	5
1	1	1	1	1	1
2	1	2	2	2	2
3	1	3	3	3	3
4	1	4	4	4	4

续附表 1-5

实验号	列号				
	1	2	3	4	5
5	2	1	2	3	4
6	2	2	1	4	3
7	2	3	4	1	2
8	2	4	3	2	1
9	3	1	3	4	2
10	3	2	4	3	1
11	3	3	1	2	4
12	3	4	2	1	3
13	4	1	4	2	3
14	4	2	3	1	4
15	4	3	2	4	1
16	4	4	1	3	2

附录二　中华人民共和国法定计量单位制

(1)化工中常用的、具有专门名称的导出单位(附表2-1)。

附表 2-1　化工中常用的具有专门名称的导出单位

物理量	单位名称	符号	与基本单位的关系
力	牛[顿]	N	$1\ N = 1\ kg \cdot m/s^2$
压强,应力	帕[斯卡]	Pa	$1\ Pa = 1\ N/m^2$
能[量],功,热量	焦[耳]	J	$1\ J = 1\ N \cdot m$
功率	瓦[特]	W	$1\ W = 1\ J/s$

(2)法定单位制用的十进词头(附表2-2)。

附表 2-2　法定单位制常用的十进词头

因数	词头名称	符号	因数	词头名称	符号
10^{18}	艾[可萨]	E	10^{-1}	分	d
10^{15}	拍[它]	P	10^{-2}	厘	c
10^{12}	太[拉]	T	10^{-3}	毫	m

续附表 2-2

因数	词头名称	符号	因数	词头名称	符号
10^9	吉[咖]	G	10^{-6}	微	μ
10^6	兆	M	10^{-9}	纳[诺]	n
10^3	千	k	10^{-12}	皮[可]	p
10^2	百	h	10^{-15}	飞[母托]	f
10^1	十	da	10^{-18}	阿[托]	a

（3）化工中常用的物理量的单位与单位符号（附表 2-3）。

附表 2-3　化工中常用的物理量的单位与单位符号

项目		单位符号	项目		单位符号
基本单位	长度	m	导出单位	面积	m^2
	时间	s		容积	m^3
		min			L
		h		密度	kg/m^3
	质量	kg		角速度	rad/s
		t(吨)		速度	m/s
	温度	K		加速度	m/s^2
		℃		旋转速度	r/min
	物质的量	mol		力	N
				压强,压力	Pa
				黏度	Pa·s
辅助单位	平面角	rad		功,能[量],热量	J
		°		功率	W
		′		热流量	W
		″		导热系数	W/(m·℃)
					W/(m·K)

附录三　常用物理量单位的换算

(1) 质量(附表 3-1)。

附表 3-1　质量的单位换算表

kg	t(吨)	(磅)
1	0.001	2.204 62
1 000	1	2 204.62
0.435 6	4.536 × 10^{-4}	1

(2) 长度(附表 3-2)。

附表 3-2　长度的单位换算表

m	英寸	英尺	码
1	39.370 1	3.280 8	1.093 61
0.025 400	1	0.073 333	0.027 78
0.304 80	12	1	0.333 33
0.914 4	36	3	1

(3) 力(附表 3-3)。

附表 3-3　力的单位换算表

N	千克(力)	磅(力)	dyn
1	0.102	0.224 8	1 × 10^3
9.806 65	1	2.204 6	9.806 65 × 10^5
4.448	0.453 6	1	4.448 × 10^3
1 × 10^{-5}	1.02 × 10^{-6}	2.248 × 10^6	1

(4) 压强(附表3-4)。

附表3-4 压强的单位换算表

Pa	bar	千克(力)/厘米^2	atm*	mmH$_2$O*	mmHg*	磅/英寸^2
1	1×10^{-5}	1.02×10^{-5}	0.99×10^{-5}	0.102	0.007 5	14.5×10^{-5}
1×10^5	1	1.02	0.986 9	10 197	750.1	14.5
98.07×10^3	0.980 7	1	0.967 8	1×10^4	735.56	14.2
$1.013\ 25 \times 10^5$	1.013	1.033 2	1	$1.033\ 2 \times 10^{-4}$	760	14.697
9.807	98.07	0.000 1	$0.967\ 8 \times 10^{-4}$	1	0.073 6	1.423×10^{-3}
133.32	1.333×10^{-3}	0.136×10^{-2}	0.001 32	13.6	1	0.019 34
6 894.8	0.068 95	0.070 3	0.068	703	51.71	1

(5) 动力黏度(简称黏度)(附表3-5)。

附表3-5 动力黏度的角位换算表

Pa·s	P(泊)	ep(厘泊)	磅/(英寸·秒)	千克(力)·秒/米^2
1	10	1×10^3	0.672	0.102
1×10^{-1}	1	1×10^2	0.067 20	1.010 2
1×10^{-3}	0.01	4	6.720×10^{-4}	0.102×10^{-3}
1.488 1	14.881	1 488.1	1	0.151 9
9.81	98.1	9 810	6.59	1

(6) 运动黏度(附表3-6)。

附表3-6 运动黏度的单位换算表

m/s^2	cm/s^2	[英尺^2/秒]
1	1×10^4	10.76
10^{-4}	1	1.076×10^{-3}
92.9×10^{-3}	929	1

* 不赞成使用的单位。

(7)功、能和热(附表3-7)。

附表3-7 能量的单位换算表

J(N·m)	千克(力)·米*	kW·h	[英制马力·时]	[千卡]	[英热单位]	[英尺·磅(力)]
1	0.102	2.778×10^{-7}	3.725×10^{-7}	2.39×10^{-3}	9.485×10^{-4}	0.737 7
9.806 7	1	2.724×10^{-6}	3.653×10^{-6}	2.342×10^{-4}	9.296×10^{-3}	7.233
3.6×10^6	3.671×10^5	1	1.341 0	860.0	3 413	$2 655 \times 10^3$
2.685×10^6	273.8×10^3	0.745 7	1	641.33	2 544	$1 980 \times 10^3$
$4.186 8 \times 10^3$	426.9	$1.162 2 \times 10^{-3}$	$1.557 6 \times 10^{-3}$	1	3.963	3 087
1.055×10^3	107.58	2.930×10^{-4}	3.926×10^{-4}	0.252 0	1	778.1
1.355 8	0.138 3	$0.376 6 \times 10^{-6}$	$0.505 1 \times 10^{-6}$	3.239×10^{-4}	1.258×10^{-3}	1

(8)功率(附表3-8)。

附表3-8 功率的单位换算表

W	[千克(力)·米/秒]	[英尺·磅(力)/秒]	[英制马力]	[千卡/秒]	[英热单位/秒]
1	0.101 97	0.737 6	1.341×10^{-3}	$0.238 9 \times 10^{-3}$	$0.948 6 \times 10^{-3}$
9.806 7	1	7.233 14	0.013 15	$0.234 2 \times 10^{-2}$	$0.929 3 \times 10^{-2}$
1.355 8	0.138 25	1	0.001 818 2	$0.323 8 \times 10^{-3}$	$0.128 51 \times 10^{-2}$
745.69	76.037 5	550	1	0.178 03	0.706 75
4 186.8	426.85	3 087.44	5.613 5	1	3.968 3
1 055	107.58	778.168	1.414 8	0.251 996	1

注:1 kW = 1 000 W = 1 000 J/s = 1 000 N·m/s。

(9)比热容(附表3-9)。

附表3-9 比热容的单位换算表

kJ(kg·℃)	[千卡/(千克·℃)]	[英热单位/(磅·F)]
1	0.238 9	0.238 9
4.186 8	1	1

---

* 不赞成使用单位。

(10) 导热系数(附表3-10)。

附表3-10 导热系数的单位换算表

W/(m·℃)	J/(cm·s·℃)	[卡/(厘米·秒·℃)]	[千卡/(米·时·℃)]	[英热单位/(英尺·时·℉)]
1	1×10^{-3}	2.389×10^{-3}	0.8598	0.578
1×10^2	1	0.2389	86.0	57.79
418.6	4.186	1	360	241.9
1.163	0.0116	0.2778×10^{-2}	1	0.6720
1.73	0.01730	0.4134×10^{-2}	1.488	1

(11) 传热系数(附表3-11)。

附表3-11 传热系数的单位换算表

W/(m²·℃)	[千卡/(米²·时·℃)]	[卡/(厘米²·秒·℃)]	[英热单位/(英尺²·时·℉)]
1	0.86	2.389×10^{-5}	0.176
1.163	1	2.778×10^{-5}	0.2048
4.186×10^4	3.6×10^4	1	7374
5.678	4.882	1.356×10^{-4}	1

(12) 温度。

℃ = (℉ - 32) × 5/9, ℉ = ℃ × 9/5 + 32, K = 273.3 + ℃, °R = 460 + ℉, K = °R × 5/9

(13) 温度差。

1 ℃ = 9/5 × ℉, 1 K = 9/5 × °R

(14) 气体常数。

R = 8315 J/(kmol·K)

　= 848[千克·米²/(千摩尔·(K)]

　= 82.06[大气压·厘米²/(克摩尔·(K)]

　= 1.987[千卡/(千摩尔·(K)]

(15) 扩散系数(附表3-12)。

附表3-12 扩散系数的单位换算表

m²/s	cm²/s	m²/h	[英尺²/时]	[英寸²/秒]
1	10^4	3600	3.875×10^4	1550
10^{-4}	1	0.360	3.875	0.1550
2.778×10^{-4}	2.778	1	10.764	0.4306
0.2581×10^{-4}	0.2581	0.09290	1	0.040
6.452×10^{-4}	6.452	2.323	25.0	1

附录四 水的物理性质

附表 4-1 水的重要物理性质

温度 t/℃	饱和蒸汽压/kPa	密度/(kg·m^{-3})	焓/(kJ·kg^{-1})	比热容 kJ/(kg·℃)	导热系数 $\lambda \times 10^2$/W·(m^{-1}·℃$^{-1}$)	黏度 $\mu \times 10^5$/(Pa·s)	体积膨胀系数 $\beta \times 10^4$/(1/℃)	表面张力 $\sigma \times 10^5$/(N·m^{-1})	普朗特数 Pr
0	0.608 2	999.9	0	4.212	55.13	179.21	−0.63	75.6	13.66
10	1.226 2	999.7	42.04	4.191	57.45	130.77	0.70	74.1	9.52
20	2.334 6	998.2	83.90	4.183	59.89	100.50	1.82	72.6	7.01
30	4.247 4	995.7	125.69	4.174	61.76	80.07	3.21	71.2	5.42
40	7.376 6	992.2	167.51	4.174	63.38	65.60	3.87	69.6	4.32
50	12.34	988.1	209.30	4.174	64.78	54.94	4.49	67.7	3.54
60	19.923	983.2	251.12	4.178	65.94	46.88	5.11	66.2	2.98
70	31.164	977.8	292.99	4.187	66.76	40.61	5.70	64.3	2.54
80	47.379	971.8	334.94	4.195	67.45	35.65	6.32	62.6	2.22
90	70.136	965.3	376.98	4.208	68.04	61.65	6.95	60.7	1.96
100	101.33	958.4	419.10	4.220	68.27	28.38	7.52	58.8	1.76
110	143.31	951.0	461.34	4.238	68.50	25.89	8.08	56.9	1.61
120	198.64	943.1	503.67	4.260	68.62	23.73	8.64	54.8	1.47
130	270.25	934.8	546.38	4.266	68.62	21.77	9.17	52.8	1.36
140	361.47	926.1	589.08	4.287	68.50	20.10	9.72	50.7	1.26
150	476.24	917.0	632.20	4.312	68.38	18.63	10.03	48.6	1.18
160	618.28	907.4	675.33	4.346	68.27	17.36	10.07	46.6	1.11
170	792.59	897.3	719.29	4.379	67.92	16.28	11.3	45.3	1.05
180	1 003.5	886.9	763.25	4.417	67.45	15.30	11.9	42.3	1.00
190	1 255.6	876.0	807.63	4.460	66.99	14.42	12.6	40.0	0.96
200	1 554.77	863.0	825.43	4.505	66.29	13.63	13.3	37.7	0.93
210	1 917.72	852.8	897.65	4.555	65.48	13.04	14.1	35.4	0.91
220	2 320.88	840.3	943.70	4.614	64.55	12.46	14.8	33.1	0.89
230	2 798.59	827.3	990.18	4.681	63.73	11.97	15.9	31	0.88
240	3 347.91	813.6	1 037.49	4.756	62.80	11.47	16.8	28.5	0.87
250	3 977.67	799.0	1 085.64	4.844	61.76	10.98	18.1	26.2	0.86
260	4 693.75	784.0	1 135.04	4.949	60.48	10.59	19.7	23.8	0.87
270	5 503.99	767.9	1 185.28	5.070	59.96	10.20	21.6	21.5	0.88
280	6 417.24	750.7	1 236.28	5.229	57.45	9.81	23.7	19.1	0.89
290	7 443.29	732.3	1 289.95	5.485	55.82	9.42	26.2	16.9	0.93
300	8 592.94	712.5	1 344.80	5.736	53.96	9.12	29.2	14.4	0.97
310	9 877.6	691.1	1 402.16	6.071	52.34	8.83	32.9	12.1	1.02
320	11 300.3	667.1	1 462.03	6.573	50.59	8.3	38.2	9.81	1.11
330	12 879.6	640.2	1 526.19	7.243	48.73	8.14	43.3	7.67	1.22
340	14 615.8	610.1	1 594.75	8.164	45.71	7.75	53.4	5.67	1.38
350	16 538.5	574.4	1 671.37	9.504	43.03	7.26	66.8	3.81	1.60
360	18 667.1	528.0	1 761.39	13.984	39.54	6.67	109	2.02	2.36
370	21 040.9	450.5	1 892.43	40.319	33.73	5.69	264	0.471	6.80

附录五 水在不同温度下的饱和蒸汽压与黏度(−20~60 ℃)

附表 5−1 水在不同温度下的饱和蒸汽压与黏度(−20~60 ℃)

温度/℃	压强 mmHg	压强 Pa	黏度/(mPa·s)	温度/℃	压强 mmHg	压强 Pa	黏度/(mPa·s)
−20	0.772	102.93	—	20	17.5	2 338.59	1.005 0
−19	0.850	113.33	—	20.2	—	—	1.000 0
−18	0.935	124.66	—	21	18.65	2 486.58	0.981 0
−17	1.027	136.93	—	22	19.83	2 643.7	0.957 9
−16	1.128	150.40	—	23	21.07	2 809.24	0.935 9
−15	1.238	165.06	—	24	22.38	2 983.90	0.914 2
−14	1.357	180.93	—	25	23.76	3 167.89	0.897 3
−13	1.486	198.13	—	26	25.21	3 361.22	0.873 7
−12	1.627	216.93	—	27	26.74	3 565.21	0.854 5
−11	1.780	237.33	—	28	28.35	3 779.87	0.836 0
−10	1.946	259.46	—	29	30.04	4 005.20	0.181 0
−9	2.125	283.32	—	30	31.82	4 242.53	0.800 7
−8	2.321	309.46	—	31	33.70	4 493.18	0.784 0
−7	2.532	337.59	—	32	35.66	4 754.51	0.767 9
−6	2.761	368.12	—	33	37.73	5 030.50	0.752 3
−5	3.008	401.05	—	34	39.90	5 319.82	0.737 1
−4	3.276	436.79	—	35	42.18	5 623.81	0.722 5
−3	3.566	475.45	—	36	44.56	5 941.14	0.708 5
−2	3.876	516.78	—	37	47.07	6 275.79	0.697 4
−1	4.216	562.11	—	38	49.65	6 619.78	0.681 4
0	4.579	610.51	1.792 1	39	52.44	6 991.77	0.668 5
1	4.93	657.31	1.731 3	40	55.32	7 375.75	0.656 0
2	5.29	705.31	1.672 8	41	58.34	7 778.41	0.643 9
3	5.69	758.64	1.619 1	42	61.50	8 199.73	0.632 1
4	6.10	813.31	1.567 4	43	64.80	8 639.71	0.620 7
5	6.54	871.97	1.518 8	44	68.26	9 101.03	0.609 7
6	7.01	934.64	1.472 8	45	71.88	9 583.68	0.598 8
7	7.51	1 001.30	1.428 4	46	75.65	10 086.33	0.588 3
8	8.05	1 073.30	1.386 0	47	79.60	10 612.98	0.578 2
9	8.61	1 147.96	1.346 2	48	83.71	11 160.96	0.568 3
10	9.21	1 227.96	1.307 7	49	88.02	11 736.61	0.558 8
11	9.84	1 311.96	1.271 3	50	92.51	12 333.43	0.549 4
12	10.52	1 402.62	1.236 3	51	97.20	12 959.57	0.540 4
13	11.23	1 497.28	1.202 8	52	102.10	13 612.88	0.531 5
14	11.99	1 598.61	1.170 9	53	107.2	14 292.86	0.522 9
15	12.79	1 705.27	1.140 3	54	112.5	14 999.50	0.514 6
16	13.63	1 817.27	1.111 1	55	118.0	15 732.81	0.506 4
17	14.53	1 937.27	1.082 8	56	123.8	16 505.12	0.498 5
18	15.48	2 063.93	1.055 9	57	129.8	17 306.09	0.490 7
19	16.48	2 197.26	1.029 9	58	136.1	18 146.06	0.483 2

续附表 5-1

温度/℃	压强 mmHg	压强 Pa	黏度/(mPa·s)	温度/℃	压强 mmHg	压强 Pa	黏度/(mPa·s)
59	142.6	19 012.70	0.475 9	80	355.1	47 345.09	0.356 5
60	149.4	19 919.34	0.468 8	81	369.3	49 235.08	0.352 1
61	156.4	20 852.64	0.461 8	82	384.9	51 318.29	0.347 8
62	163.8	21 839.27	0.455 0	83	400.6	53 411.56	0.343 6
63	171.4	22 852.57	0.448 3	84	416.8	55 571.49	0.339 5
64	179.3	23 905.87	0.441 8	85	433.6	57 811.41	0.335 5
65	187.5	24 999.17	0.435 5	86	450.9	60 118.00	0.331 5
66	196.1	26 145.80	0.429 3	87	466.1	62 140.45	0.327 6
67	205.0	27 332.42	0.423 3	88	487.1	64 944.50	0.323 9
68	214.2	28 559.05	0.417 4	89	506.1	67 477.76	0.320 2
69	223.7	29 825.67	0.411 7	90	525.8	70 104.33	0.316 5
70	233.7	31 158.96	0.406 1	91	546.1	72 810.91	0.313 0
71	243.9	32 518.92	0.400 6	92	567.0	75 597.49	0.309 5
72	254.6	33 945.54	0.395 2	93	588.6	78 477.39	0.306 0
73	265.7	35 425.49	0.390 0	94	610.9	81 450.63	0.302 7
74	277.2	36 958.77	0.384 9	95	633.9	84 517.89	0.299 4
75	289.1	38 545.38	0.379 9	96	657.6	87 677.08	0.296 2
76	301.4	40 185.33	0.375 0	97	682.1	90 943.64	0.293 0
77	314.1	41 878.61	0.370 2	98	707.3	94 303.53	0.289 9
78	327.3	43 638.55	0.365 5	99	733.2	97 756.75	0.286 8
79	341.0	45 465.15	0.316 0	100	760.0	101 330.0	0.283 8

附录六 某些液体的表面张力、密度及黏度

附表 6-1 醇类液体的表面张力   mN/m

名称	温度/℃										
	-100	-80	-60	-40	-20	0	20	40	60	80	100
甲醇		34.63	32.04	29.49	26.98	24.50	22.07	19.67	17.33	15.04	12.80
乙醇	35.25	33.43	31.60	29.75	27.88	26.00	24.11	22.19	20.25	18.28	16.29
1-丙醇	35.70	33.94	32.17	30.39	28.60	26.79	24.97	23.13	21.27	19.40	17.50
异丙醇		29.21	27.63	26.06	24.48	22.90	21.32	19.74	18.17	16.59	15.01
丁醇		34.37	32.57	30.77	28.98	27.18	25.38	23.59	21.79	19.99	18.20
仲丁醇	33.17	31.42	29.66	27.89	26.12	24.35	22.57	20.78	18.99	17.19	15.38
叔丁醇							17.73	16.07	14.39	12.69	
异丁醇	32.48	30.89	29.30	27.71	26.12	24.53	22.94	21.35	19.76	18.17	16.58
1-戊醇			32.78	31.04	29.29	27.54	25.79	24.04	22.30	20.55	18.80
异戊醇			34.75	32.43	30.14	27.88	25.65	23.45	21.29	19.16	17.07
1-己醇				31.01	29.41	27.81	26.21	24.61	23.00	21.40	19.80
1-庚醇					29.76	27.98	26.04	24.22	22.41	20.63	18.88
1-辛醇						29.21	27.40	25.61	23.83	22.09	20.36

续附表 6-1

名称	温度/℃										
	-100	-80	-60	-40	-20	0	20	40	60	80	100
甲醇	10.63	8.534	6.518	4.602	2.813	1.023	0.505^{230}				
乙醇	14.26	12.19	10.08	7.901	5.640	3.247	0.538				
1-丙醇	15.54	13.62	11.64	9.607	7.524	5.368	3.099	0.566			
异丙醇	13.43	11.85	10.28	8.698	7.120	5.542	4.753^{230}				
丁醇	16.40	14.60	12.81	11.01	9.214	7.417	5.621	3.824	2.028		
仲丁醇	13.57	11.74	9.898	8.043	6.107	4.271	2.335	0.312			
叔丁醇	10.96	9.194	7.394	5.543	3.619	1.565	0.418^{230}				
异丁醇	14.99	13.40	11.81	10.22	8.630	7.040	5.450	3.860	0.306^{270}		
1-戊醇	17.05	15.30	13.56	11.81	10.06	9.312	6.564	4.816	3.068	1.320	
异戊醇	15.02	13.02	11.07	9.174	7.341	5.582	3.912	2.355	0.961	0.363^{290}	
1-己醇	18.20	16.60	14.99	13.39	11.79	10.19	8.586	6.984	5.382	3.780	2.178
1-庚醇[①]	17.15	15.45	13.78	12.14	10.54	8.981	7.464	5.997	4.588	3.249	1.997
1-辛醇[②]	18.66	16.98	15.33	13.71	12.12	10.57	9.049	7.573	6.143	4.767	3.455

注：①温度为340 ℃时，其值为0.869。
②温度为340 ℃、360 ℃时，其值为2.222、0.159。

附表 6-2　醇类液体的密度（Ⅰ）　　　　　　　　　　　kg/m³

名称	温度/℃											
	-100	-80	-60	-40	-20	0	20	40	60	80	100	120
甲醇					844.8	825.2	804.8	783.5	761.1	737.4	712.0	684.7
乙醇			881.8	863.6	848.4	829.1	808.9	787.9	765.7	742.3	717.4	690.6
1-丙醇		899.4	885.1	867.1	847.0	828.9	810.1	790.6	770.2	748.7	726.1	702.0
异丙醇	919.5	902.6	881.5	864.5	835.5	815.9	795.5	774.1	751.6	727.7	702.2	674.6
丁醇				854.4	863.0	844.2	825.2	806.2	786.6	766.1	744.6	721.9
仲丁醇	914.1	898.0	872.6	880.8	854.6	836.3	817.3	797.5	776.9	755.2	732.3	707.9
叔丁醇			890.2	899.2	872.3		783.6^{30}	771.9	748.5	723.4	697.1	668.5
异丁醇			916.1	889.4		817.4	799.4	780.9	761.5	741.3	720.0	697.5
1-戊醇	922.3	906.1		851.5	834.7	839.2	821.8	804.0	785.5	766.5	746.8	726.3
异戊醇			867.8	872.8	856.2	826.4	809.5	792.1	774.0	755.2	735.5	714.9
1-己醇	899.1	883.7	889.0	858.7	842.8	839.7	824.5	808.9	792.7	775.0	758.6	740.4
1-庚醇			874.3	868.9	854.5	838.8	823.1	806.8	790.7	774.4	757.7	739.7
1-辛醇					853.3	841.2	826.0	810.4	794.5	778.2	761.4	744.2

名称	温度/℃											
	140	160	180	200	220	240	260	280	300	320	340	360
甲醇	654.9	621.6	583.4	537.1	474.2	310.0						
乙醇	661.4	629.0	592.0	547.8	489.5	376.8						
1-丙醇	676.2	648.0	616.8	581.2	538.8	483.0	378.0					
异丙醇	644.4	610.0	571.3	523.1	454.4	394.9^{230}						
丁醇	698.3	672.9	645.9	616.5	583.7	545.6	497.9	423.6				
仲丁醇	681.7	653.2	621.5	585.3	542.1	485.0	373.2					
叔丁醇	638.0	603.7	564.6	516.9	446.7	349.1^{230}						
异丁醇	673.4	647.5	619.0	587.2	550.3	504.9	439.8	381.7^{270}				
1-戊醇	704.9	682.4	658.5	632.9	605.0	574.2	538.9	495.9	435.7	383.6^{310}		
异戊醇	693.1	669.9	644.9	617.6	587.2	552.3	509.8	451.4	310.0			
1-己醇	721.4	701.4	680.2	657.6	633.1	606.3	576.3	541.7	499.3	440.1	328.0	
1-庚醇	721.4	702.8	683.2	662.0	640.3	616.5	590.7	562.2	530.0	491.8	439.3	240.0
1-辛醇	726.5	708.2	689.1	669.3	648.5	626.6	603.2	578.0	550.4	519.4	483.0	436.5

注：甲醇在饱和线上的密度（kg/m³）见附表 6-3。

附表 6-3　甲醇在饱和线上的密度　　　　　　　　　　　　　　　　　　　　　　　kg/m³

温度/℃	0	50	100	150	200	220	230	234	238	240
液体	810.0	765.0	714.0	645.9	553.0	490.0	441.0	414.5	370.5	275.0
气体			3.984	15.62	50.75	86.35	118.7	138.1	168.1	275.0

附表 6-4　液态芳烃的密度（Ⅰ）　　　　　　　　　　　　　　　　　　　　　　　kg/m³

名称	温度/℃											
	-80	-60	-40	-20	0	20	40	60	80	100	120	140
苯					885.6	877.4	857.3	836.6	815.0	792.5	768.9	744.1
甲苯	958.0	940.6	922.6	904.2	901.2	867.0	848.2	829.3	810.0	790.3	770.0	748.8
邻二甲苯			917.4	886.0	884.7	867.7	850.3	832.5	814.0	795.0	775.3	
间二甲苯			918.9	902.6		869.0	851.6	833.7	815.2	796.2	776.6	756.1
对二甲苯					910.0	864.2	846.8	828.9	810.6	791.6	772.0	751.6
1,2,3-三甲苯			925.3	891.7	894.4	878.4	862.1	845.4	828.3	810.7	792.5	
1,2,4-三甲苯			922.6	907.3	883.4	875.8	859.6	842.9	825.9	808.3	790.3	771.6
1,3,5-三甲苯			915.0	899.3	885.5	867.1	850.4	833.4	815.8	797.8	779.2	759.9
乙苯	953.9	937.6	920.6	903.2	878.4	867.7	849.8	831.8	813.6	795.2	776.2	756.7
丙苯	943.3	928.1	911.9	895.3	878.3	861.3	844.2	827.0	809.6	792.1	774.3	755.9
异丙苯	939.8	924.8	909.6	894.1	879.4	862.1	845.6	828.6	811.2	793.2	774.7	755.4
丁苯	937.9	923.7	909.2	894.4	870.0	864.0	848.4	832.4	816.0	799.2	781.8	764.0
异丁苯			902.8	886.5	877.8	853.3	836.5	819.6	802.7	785.6	768.0	750.6
仲丁苯		923.6	908.9	893.5	882.5	862.0	846.0	829.9	813.8	797.6	781.1	764.3
叔丁苯			913.9	898.4		866.4	850.3	834.1	817.7	801.3	784.6	767.7
联苯									984.4	968.6	952.8	936.9
单异丙基联苯					969	962	953	943	932	920	907	
导热姆					1 062	1 046	1 029	1 013	996	979	902	

名称	温度/℃											
	160	180	200	220	240	260	280	300	320	340	360	380
苯	717.6	689.2	658.1	623.3	582.8	532.3	453.7					
甲苯	726.5	703.1	678.3	646.6	614.8	580.5	539.5	481.3	290.0			
邻二甲苯	754.8	733.3	710.7	686.8	661.1	633.3	602.5	567.2	524.7	466.2	289.3	
间二甲苯	734.8	712.4	688.8	663.6	636.5	606.5	572.8	533.1	481.8	388.3		
对二甲苯	730.3	708.0	684.3	695.2	632.0	602.1	568.4	528.5	476.7	378.5		
1,2,3-三甲苯	773.7	754.2	733.9	712.6	690.1	666.2	640.5	612.6	581.3	545.2	500.4	433.8
1,2,4-三甲苯	752.3	732.1	711.1	688.9	665.4	640.2	612.8	582.5	547.7	505.6	447.0	382.6[372]
1,3,5-三甲苯	739.0	719.1	697.2	674.1	649.4	622.8	593.6	560.6	521.9	471.8	381.7	
乙苯	736.4	715.1	692.7	669.1	939.1	608.9	576.8	539.4	489.3	392.4		
丙苯	737.0	717.3	696.7	675.1	651.6	622.9	594.2	563.4	527.6	480.1	393.0	
异丙苯	735.4	714.5	692.5	669.5	644.3	617.2	587.3	553.1	512.1	456.2	363.9[356]	
丁苯	745.5	726.3	706.3	685.3	663.1	639.5	614.1	586.3	555.1	537.7	518.6	472.4
异丁苯	732.3	713.4	693.7	673.1	651.1	625.4	597.7	569.1	537.5	499.0	443.6	338.1[376]
仲丁苯	747.0	729.1	710.5	691.1	670.7	648.8	621.6	594.4	565.6	532.8	490.9	424.6
叔丁苯	750.0	731.9	712.9	693.1	672.4	649.1	621.7	594.0	564.4	529.9	484.7	406.2
联苯	921.0	904.9	888.6	872.0	855.0	837.6	819.6	500.9	781.6	761.5	740.1	713.6
单异丙基联苯[①]	893	877	861	844	827	809	791	772	753	734	714	694
导热姆[②]	945	927	909	892	873	855	836	818	798	779	759	738

注：①温度为 400 ℃、420 ℃、440 ℃、460 ℃、480 ℃、500 ℃ 时，其值为分别为 687.4、660.4、631.2、597.8、556.1、495.0。

②系联苯和二苯醚的混合物。

附表6-5 液态芳烃的密度(Ⅱ)　　kg/m³

名称	温度/℃													
	-20	0	20	40	60	80	100	120	140	160	180	200	220	240
氟化苯	1 072	1 049	1 025	1 001	976.8	951.9	926.1	899.1	870.7	840.6	806.6	766.5	725.3	679.0
碘化苯	1 890	1 861	1 831	1 801	1 770	1 740	1 709	1 679	1 647	1 616	1 584	1 551	1 516	1 481
溴化苯	1 542	1 517	1 492	1 467	1 441	1 414	1 386	1 358	1 329	1 299	1 268	1 235	1 201	1 165
氯化苯	1 151	1 129	1 107	1 085	1 064	1 042	1 019	996.4	972.9	948.5	923.0	896.3	868.3	835.9
邻二氯化苯		1 326	1 306	1 284	1 263	1 241	1 218	1 195	1 172	1 147	1 122	1 096	1 068	1 040
间二氯化苯	1 330	1 309	1 288	1 267	1 245	1 223	1 200	1 176	1 152	1 127	1 101	1 074	1 046	1 017
对二氯化苯					1 245	1 223	1 200	1 176	1 152	1 127	1 101	1 074	1 046	1 017
邻氯化甲苯	1 119	1 100	1 082	1 063	1 045	1 026	1 007	988.1	968.7	948.8	928.3	907.0	884.7	861.4
间氯化甲苯	1 108	1 090	1 072	1 054	1 035	1 017	998.3	979.5	960.4	940.9	920.8	899.9	878.1	855.2
对氯化甲苯				1 069	1 184	1 033	1 015	996.3	977.7	958.6	939.2	919.2	898.4	876.7	854.0
硝基苯		1 203			1 164	1 144	1 124	1 102	1 081	1 059	1 036	1 012	988.1	962.8
邻二硝基苯								1 312	1 298	1 283	1 267	1 250	1 233	1 213
间二硝基苯							1 234	1 216	1 198	1 179	1 161	1 142	1 122	1 101
对二硝基苯											1 160	1 141	1 120	1 099
2,5-二氯硝基苯					1 456	1 433	1 410	1 386	1 362	1 337	1 312	1 286	1 259	1 232
邻硝基氯苯				1 349	1 328	1 307	1 285	1 263	1 240	1 217	1 193	1 168	1 143	1 117
间硝基氯苯					1 328	1 306	1 284	1 261	1 237	1 213	1 188	1 163	1 137	1 109
对硝基氯苯							1 288	1 265	1 242	1 219	1 194	1 170	1 144	1 117
萘								963.4	942.7	930.6	913.6	896.1	878.1	859.6	840.4
1,2,3,4-四氢化萘							923.5	907.4	890.9	874.0	856.7	838.8	820.4	801.2	781.4

名称	温度/℃													
	260	280	300	320	340	360	380	400	420	440	460	480	500	520
氟化苯	619.1	514.7												
碘化苯	1 444	1 405	1 365	1 315	1263	1 210	1 152	1 084	995.2	844.9				
溴化苯	1 127	1 087	1 042	992.9	936.6	868.4	774.4	528.0						
氯化苯	799.0	761.3	720.2	670.7	600.9	418.0								
邻二氯化苯	1 010	978.3	944.4	907.8	867.6	822.0	768.2	698.4	571.4					
间二氯化苯	986.0	953.0	917.4	878.6	835.2	784.4	722.1	628.1						
对二氯化苯	986.2	953.3	917.9	879.2	836.0	786.1	724.3	633.1						
邻氯化甲苯	836.9	809.1	776.6	743.9	708.7	668.2	615.9							
间氯化甲苯	831.3	804.8	772.8	740.7	706.6	667.8	618.8							
对氯化甲苯	830.2	804.2	772.3	740.3	706.5	668.1	620.0							
硝基苯	936.4	908.7	879.4	848.1	814.4	777.4	735.7	686.7	623.9	515.5				
邻二硝基苯	1 193	1 173	1 151	1 128	1 103	1 078	1 051	1 020	989.1	955.2	916.6	876.8		
间二硝基苯	1 079	1 057	1 034	1 010	984.5	957.9	929.0	898.5	865.8	830.0	789.8	743.2		
对二硝基苯	1 077	1 055	1 031	1 007	981.8	954.9	925.9	895.3	862.3	826.4	785.9	739.0	825.7	
2,5-二氯硝基苯	1 203	1 174	1 143	1 111	1 077	1042	1 004	962.4	917.0	865.3	803.7	721.8	682.7	762.0
邻硝基氯苯	1 090	1 062	1 033	1 002	969.5	934.5	896.9	855.5	808.7	753.4	681.2	542.9	678.0	591.9
间硝基氯苯	1 081	1 052	1 021	988.5	953.8	916.5	875.7	829.9	776.6	709.6	604.3		520.3	583.5
对硝基氯苯	1 090	1 061	1 031	999.8	966.4	930.6	891.8	848.8	799.7	740.5	659.7	445.6		
萘	820.5	799.7	778.0	755.0	730.6	704.4	675.9	644.1	607.6	563.0	500.0	445.5		
1,2,3,4-四氢化萘	760.6	738.8	715.7	691.1	664.6	635.4	602.5	563.9	514.4	430.8				

附表6-6　液态芳烃的黏度(Ⅰ)　　　　　　　　mPa·s

名称	温度/℃											
	-80	-60	-40	-20	0	20	40	60	80	100	120	140
苯					0.742[10]	0.638	0.485	0.381	0.308	0.255	0.215	0.184
甲苯				1.04	0.758	0.580	0.459	0.373	0.311	0.264	0.228	0.200
邻二甲苯		2.30	1.49	1.63	1.11	0.809	0.625	0.501	0.412	0.345	0.294	0.254
间二甲苯	3.88			1.10	0.806	0.615	0.491	0.404	0.339	0.289	0.249	0.217
对二甲苯			1.59		0.642	0.506	0.410	0.340	0.288	0.248	0.217	
1,2,4-三甲苯				2.87	1.64	1.01	0.660	0.455	0.327	0.243	0.187	0.147
1,3,5-三甲苯			5.55	3.15	1.84	1.15	0.799	0.539	0.393	0.296	0.230	0.183
乙苯			5.91	1.20	0.874	0.666	0.525	0.426	0.354	0.300	0.259	0.226
丙苯		2.68	1.73	1.65	1.16	0.875	0.658	0.521	0.424	0.353	0.299	0.257
异丙苯	4.55	4.06	2.49	1.48	1.05	0.780	0.601	0.479	0.391	0.326	0.277	0.240
丁苯	7.32	3.58	2.22	2.22	1.46	1.03	0.779	0.612	0.496	0.410	0.350	0.300
异丁苯	6.39	6.56	3.64	2.11	1.43	1.02	0.761	0.588	0.467	0.381	0.317	0.269
仲丁苯	13.4		3.33	2.15	1.46	1.04	0.778	0.602	0.479	0.391	0.325	0.276
联苯		5.81	3.38						1.24	0.957	0.760	0.617
萘										0.776	0.637	0.533
1,2,3,4-四氯化萘				5.34	3.32	2.20	1.54	1.12	0.848	0.661	0.527	0.431

名称	温度/℃										
	160	180	200	220	240	260	280	300	320	340	360	380
苯	0.161	0.140	0.120	0.103	0.086	0.071	0.058					
甲苯	0.177	0.164	0.144	0.124	0.106	0.090	0.075	0.061	0.055[310]			
邻二甲苯	0.224	0.199	0.179	0.160	0.139	0.121	0.103	0.087	0.073	0.059	0.053[350]	
间二甲苯	0.192	0.171	0.167	0.146	0.126	0.108	0.091	0.076	0.062	0.050		
对二甲苯	0.192	0.172	0.165	0.144	0.124	0.106	0.090	0.075	0.061	0.049		
1,2,4-三甲苯	0.118	0.097	0.081	0.068	0.156	0.136	0.117	0.100	0.084	0.069	0.056	
1,3,5-三甲苯	0.148	0.123	0.103	0.167	0.146	0.126	0.107	0.090	0.075	0.061	0.048	
乙苯	0.200	0.179	0.165	0.145	0.126	0.108	0.091	0.076	0.063	0.051		
丙苯	0.225	0.199	0.177	0.164	0.143	0.124	0.106	0.090	0.075	0.062	0.050	
异丙苯	0.210	0.186	0.166	0.157	0.137	0.118	0.110	0.085	0.071	0.058	0.052[350]	
丁苯	0.262	0.232	0.207	0.187	0.164	0.143	0.124	0.106	0.090	0.075	0.062	0.050
异丁苯	0.231	0.202	0.178	0.158	0.165	0.143	0.124	0.105	0.088	0.073	0.059	0.053[370]
仲丁苯	0.237	0.207	0.183	0.163	0.153	0.135	0.119	0.103	0.089	0.076	0.064	0.053
联苯[①]	0.511	0.430	0.368	0.318	0.278	0.246	0.219	0.197	0.178	0.202	0.181	0.161
萘[②]	0.453	0.391	0.341	0.301	0.269	0.242	0.219	0.191	0.171	0.153	0.135	0.119
1,2,3,4-四氯化萘[③]	0.359	0.303	0.260	0.226	0.198	0.176	0.178	0.159	0.140	0.123	0.107	0.092

注：①温度为400 ℃,420 ℃,440 ℃,460 ℃,480 ℃,500 ℃,510 ℃时,其值分别为0.13,0.125,0.109,0.094,0.080,0.067和0.061。

②温度为400 ℃,420 ℃,440 ℃,460 ℃,470 ℃时,其值分别为0.103,0.089 1,0.076 0,0.064 0和0.058 5;临界值为0.034 mPa·s。

③温度为400 ℃,420 ℃,440 ℃时,其值分别为0.078 7,0.066 2,0.054 8。

附表 6-7　液态芳烃的黏度（Ⅱ）　　mPa·s

名称	温度/℃													
	-20	0	20	40	60	80	100	120	140	160	180	200	220	240
氟化苯	1.04	0.764	0.584	0.461	0.375	0.312	0.265	0.229	0.200	0.173	0.150	0.128	0.109	0.091
碘化苯	3.09	2.19	1.62	1.25	0.993	0.811	0.676	0.574	0.496	0.434	0.384	0.343	0.310	0.282
溴化苯	2.12	1.51	1.13	0.876	0.700	0.574	0.480	0.409	0.355	0.311	0.276	0.248	0.224	0.222
氯化苯	1.44	1.05	0.804	0.635	0.515	0.428	0.363	0.313	0.274	0.243	0.217	0.196	0.179	0.157
邻二氯化苯		1.96	1.42	1.08	0.844	0.680	0.560	0.471	0.402	0.349	0.306	0.272	0.244	0.220
间二氯化苯	2.29	1.66	1.26	0.987	0.797	0.660	0.557	0.479	0.417	0.368	0.329	0.296	0.269	0.247
对二氯化苯					0.742	0.634	0.551	0.486	0.433	0.391	0.356	0.326	0.301	0.280
邻氯化甲苯	2.07	1.36	0.943	0.686	0.519	0.405	0.325	0.266	0.222	0.189	0.163	0.142	0.125	0.112
间氯化甲苯	2.52	1.67	1.17	0.862	0.657	0.517	0.417	0.344	0.289	0.246	0.213	0.187	0.166	0.148
对氯化甲苯			0.870	0.690	0.563	0.470	0.400	0.346	0.304	0.270	0.242	0.219	0.200	0.184
硝基苯		2.910	3 2.030	1.46	1.11	0.870	0.700	0.576	0.483	0.411	0.355	0.311	0.275	0.246
邻二硝基苯								1.57	1.21	0.952	0.766	0.627	0.522	0.441
间二硝基苯							1.75	1.32	1.02	0.812	0.658	0.542	0.454	0.386
对二硝基苯										0.653	0.538	0.451	0.383	
邻硝基氯苯			2.55	1.74	1.24	0.917	0.699	0.547	0.438	0.358	0.297	0.250	0.214	0.185
间硝基氯苯					1.62	1.23	0.970	0.782	0.643	0.539	0.458	0.395	0.345	0.304
对硝基氯苯							0.860	0.675	0.543	0.445	0.372	0.315	0.271	0.235
乙烯苯		1.047	0.749	0.565	0.453		0.309							
三氯甲苯		3.070[10]	2.550[17]											
单异丙基联苯			14.10	6.290	3.470	2.220	1.570	0.930	0.628	0.690	0.616	0.456	0.375	0.330
导热姆			0.430	0.252	0.173	0.128	0.091	0.078	0.063	0.053	0.045	0.039	0.034	0.030
邻硝基甲苯		3.830	2.370	1.630	1.210									
间硝基甲苯			2.330	1.600	1.180									
对硝基甲苯					1.200									

名称	温度/℃													
	260	280	300	320	340	360	380	400	420	440	460	480	500	520
氟化苯	0.074	0.060												
碘化苯	0.258	0.246	0.221	0.197	0.171	0.153	0.133	0.115	0.098	0.082				
溴化苯	0.197	0.174	0.152	0.132	0.113	0.096	0.080							
氯化苯	0.137	0.118	0.101	0.085	0.071									
邻二氯化苯	0.204	0.182	0.161	0.142	0.123	0.106	0.091	0.077	0.064					
间二氯化苯	0.183	0.163	0.143	0.125	0.108	0.093	0.078	0.066						
对二氯化苯	0.189	0.168	0.148	0.129	0.111	0.095	0.081	0.067						
邻氯化甲苯	0.135	0.121	0.108	0.096	0.085	0.074	0.064							
间氯化甲苯	0.136	0.123	0.110	0.098	0.086	0.076	0.066							
对氯化甲苯	0.137	0.123	0.110	0.098	0.087	0.076	0.066							
硝基苯	0.221	0.416	0.368	0.322	0.280	0.241	0.205	0.172	0.142	0.115				
邻二硝基苯	0.377	0.326	0.285	0.251	0.224	0.280	0.222	0.195	0.170	0.147	0.125	0.105	0.087	
间二硝基苯	0.332	0.288	0.253	0.224	0.283	0.251	0.222	0.194	0.168	0.144	0.122	0.102	0.083	0.066
对二硝基苯	0.329	0.286	0.251	0.223	0.279	0.248	0.219	0.192	0.166	0.142	0.120	0.100	0.082	0.065
邻硝基氯苯	0.162	0.143	0.223	0.197	0.173	0.150	0.129	0.110	0.092	0.076	0.061			
间硝基氯苯	0.271	0.243	0.235	0.208	0.183	0.159	0.137	0.116	0.098	0.081	0.065			
对硝基氯苯	0.207	0.183	0.245	0.217	0.192	0.167	0.145	0.124	0.105	0.088	0.072			
单异丙基联苯	0.289	0.254	0.224	0.198	0.175	0.155	0.138	0.124						
导热姆	0.026	0.023	0.021	0.018	0.017	0.016	0.015	0.014						

附录七 甲醇–水溶液、乙醇–水溶液汽液相平衡数据(摩尔分数)

附表 7-1 乙醇–水溶液汽液相平衡数据(摩尔分数)

x	y	x	y	x	y
0.000 040	0.000 53	0.003 5	0.041 2	0.442 7	0.629 9
0.000 117	0.001 53	0.003 9	0.045 1	0.489 2	0.647 0
0.000 157	0.002 04	0.007 9	0.087 6	0.540 0	0.669 2
0.000 196	0.002 55	0.011 9	0.127 5	0.581 1	0.687 6
0.000 235	0.003 07	0.016 1	0.163 4	0.625 2	0.711 0
0.000 274	0.003 58	0.028 6	0.239 6	0.672 7	0.736 1
0.000 313	0.004 10	0.041 6	0.299 2	0.706 3	0.758 2
0.000 352	0.004 61	0.055 1	0.345 1	0.741 5	0.780 0
0.000 40	0.005 1	0.068 6	0.380 6	0.759 9	0.792 6
0.000 55	0.007 7	0.089 2	0.420 9	0.778 8	0.804 2
0.000 8	0.010 3	0.110 0	0.454 1	0.798 2	0.818 3
0.001 2	0.015 7	0.137 7	0.486 8	0.818 2	0.832 5
0.001 6	0.019 8	0.167 7	0.512 7	0.838 7	0.849 1
0.001 9	0.024 8	0.242 5	0.552 2	0.859 7	0.864 0
0.002 3	0.029 0	0.298 0	0.574 1	0.881 5	0.882 5
0.002 7	0.033 3	0.341 6	0.591 0	0.894 1	0.894 1
0.003 1	0.037 25	0.400 0	0.614 4		

附表 7-2 甲醇–水溶液汽液相平衡数据(摩尔分数)

x	y	x	y	x	y
0.00	0.000	0.15	0.517	0.70	0.870
0.02	0.134	0.20	0.579	0.80	0.915
0.04	0.234	0.30	0.665	0.90	0.958
0.06	0.304	0.40	0.729	0.95	0.979
0.08	0.365	0.50	0.779	1.00	1.000
0.10	0.418	0.60	0.825		

附录八 苯和氯苯有关性质

附表 8-1 苯和氯苯的物理性质

项目	分子式	分子量 M	沸点/K	临界温度 t_C/℃	临界压强 p_C/atm
苯 A	C_6H_6	78.11	353.3	562.1	48.3
氯苯 B	C_6H_5Cl	112.6	404.9	632.4	44.6

附表 8-2 苯和氯苯的饱和蒸汽压

温度/℃	80.1	85	90	95	100	105
p_A^0/mmHg	757.62	889.26	1 020.9	1 185.65	1 350.4	1 831.7
p_B^0/mmHg	147.44	179.395	211.35	253.755	296.16	351.355
x	1	0.818	0.678	0.543	0.440	0.276
y	1	0.957	0.911	0.847	0.782	0.665
温度/℃	110	115	120	125	130	131.75
p_A^0/mmHg	2 313	2 638.5	2 964	3 355	3 746	4 210
p_B^0/mmHg	406.55	477.125	547.7	636.505	725.31	760
x	0.185	0.131	0.087 9	0.045 4	0.011 5	0
y	0.563	0.456	0.343	0.201	0.056 6	0

附表 8-3 液体的表面张力

温度/℃	60	80	100	120	140
苯/(mN·m^{-1})	23.74	21.27	18.85	16.49	14.17
氯苯/(mN·m^{-1})	25.96	23.75	21.57	19.42	17.32

附表 8-4 苯与氯苯的液相密度

温度/℃	60	80	100	120	140
苯/(kg·m^{-3})	836.6	815.0	792.5	768.9	744.1
氯苯/(kg·m^{-3})	1 064.0	1 042.0	1 019.0	996.4	972.9

附表 8-5 液体黏度 μ_L

温度/℃	60	80	100	120	140
苯/(mPa·s)	0.381	0.308	0.255	0.215	0.184
氯苯/(mPa·s)	0.515	0.428	0.363	0.313	0.274

附录九 Antoine 方程常数

(1)常数和温度范围(附表9-1)。

附表9-1 Antoine 方程中的常数值和温度范围

物质	常数			温度范围	
	A	B	C	T_{min}	T_{max}
甲烷	6.301 5	897.84	-7.16	93	120
乙烷	6.770 9	1 520.15	-16.76	130	230
丙烷	6.863 5	1 892.47	-24.33	180	320
正丁烷	6.814 6	2 151.63	-36.24	220	310
异丁烷	6.525 3	1 989.35	-36.31	210	310
丙烯	6.801 2	1 821.01	-24.90	180	270
苯	6.941 9	2 769.42	-53.26	300	400
甲苯	7.058 0	3 076.65	-54.65	330	430
甲醇	9.413 8	3 477.90	-40.53	290	380
乙醇	9.641 7	3 615.06	-48.60	300	380
异丙醇	9.770 2	3 640.20	-53.54	273	374
丙醇	7.591 7	2 850.59	-40.82	290	370
O_2	6.484 7	734.55	-6.45	190	230
N_2	6.029 6	588.72	-6.60	54	90
H_2	4.710 5	164.90	3.19	14	25
CO_2	4.744 3	3 103.39	-0.16	154	204
H_2O	9.387 6	3 826.36	-45.47	290	500
NH_3	8.267 4	2 227.37	-28.74	200	270
$R_{12}(CCl_2F_2)$					
$R_{22}(CHClF_2)$	25.560 2	1 704.80	-41.30	225	240

(2)方程。

$$\ln p^\circ = A - \frac{B}{C+T}$$

p 的单位是 MPa,T 的单位是 K。

附录十 实验报告撰写模板

实验成绩	

化工原理实验报告

实验名称： 离心泵特性曲线测定实验

学　　　院： ×××　×××
专　　　业： ×××　×××
年级、班级： ×××　×××
学 生 姓 名： ×　×　×
学　　　号： ×××　×××
同组实验人： ×××　×××　×××
实 验 时 间： ××年××月××日

一、预习报告

1. 实验的主要内容

(1)测定离心泵在恒定转速下泵的扬程 H、轴功率 N 及效率 η 与泵的流量 Q 之间的关系。

(2)需要到现场了解离心泵实验装置。

2. 与实验相关的理论内容

(1)扬程 H 的测定与计算。

取离心泵进口真空表和出口压力表处为1、2两截面,列机械能衡算方程:

$$z_1 + \frac{p_1}{\rho g} + \frac{u_1^2}{2g} + H = z_2 + \frac{p_2}{\rho g} + \frac{u_2^2}{2g} + \sum h_f$$

$$H = (z_2 - z_1) + \frac{p_2 - p_1}{\rho g} = H_0 + H_1 + H_2$$

$H_0 = z_2 - z_1$ 表示泵出口和进口间的位差,单位为 m。

(2)轴功率 N 的测量与计算。

$$N = N_电 \times k$$

(3)效率 η 的计算。

$$N_e = HQ\rho g$$

$$\eta = \frac{HQ\rho g}{N} \times 100\%$$

3. 实验步骤

(1)清洗水箱,并加装实验用水。

(2)关闭进口阀及管道阀门。

(3)打开总电源开关,打开仪表开关。

(4)打开离心泵灌水阀,对水泵进行灌泵,灌好水后关闭泵的出口阀与灌水阀门。

(5)打开泵的出水阀(全开),流量达到最大。

(6)等待流动和显示的数据稳定后,读取实验数据,主要获取实验参数为流量 Q、泵进口压力 p_1、泵出口压力 p_2、电机功率 $N_电$、泵转速 n、流体温度 t 和两测压点间高度差 H_0。

(7)记录设备的相关数据(如离心泵型号、额定流量、扬程和功率等)。

(8)实验完毕,关闭水泵出口阀,按下仪表面板上的水泵停止按钮,停止运行。

4. 注意事项

(1)每次实验前,均需对泵进行灌泵操作,以防离心泵气缚。

(2)泵运转过程中,勿触碰泵主轴部分,因其高速转动,可能会缠绕并伤害到身体接触的部位。

(3)启动离心泵前一定要确保泵出口阀是关闭的,防止开泵时损坏电机。

(4)实验结束时,关泵之前先关闭泵的出口阀,再停泵。

5. 预习时存在的问题

(1)电动调节阀的工作原理是什么?

(2)如何测量泵进出口测压点高度的?

(3)实验结束时,关泵之前先关闭泵的出口阀,再停泵的原因?

6. 实验数据记录表

泵进出口测压点高度差 $H_0 = $ ___0.1 m___ ,流体温度 $t = $ ___20 ℃___ 。

附表 10-1 离心泵特性曲线测定实验数据记录空表

实验次数	流量 Q /(m³·h⁻¹)	泵进口压力 p_1/kPa	泵出口压力 p_2/kPa	电机功率 $N_电$/kW	泵转速 n /(r·min⁻¹)
1					
2					
3					
4					
5					
6					
7					
8					

二、实验目的

(1)了解离心泵的结构与特性,熟悉离心泵的使用。

(2)掌握离心泵特性曲线的测定方法。

(3)了解电动调节阀的工作原理和使用方法。

三、实验原理(理论依据)

离心泵的特性曲线是选择和使用离心泵的重要依据之一,其特性曲线是在恒定转速下泵的扬程 H、轴功率 N 及效率 η 与泵的流量 Q 之间的关系曲线,它是流体在泵内流动规律的宏观表现形式。由于泵内部流动情况复杂,不能用理论方法推导出泵的特性关系曲线,只能依靠实验测定。

1. 扬程 H 的测定与计算

取离心泵进口真空表和出口压力表处为 1、2 两截面,列机械能衡算方程为

$$z_1 + \frac{p_1}{\rho g} + \frac{u_1^2}{2g} + H = z_2 + \frac{p_2}{\rho g} + \frac{u_2^2}{2g} + \sum h_f$$

由于两截面间的管长较短,可忽略阻力项 $\sum h_f$,速度平方差也很小,故也可忽略,有

$$H = (z_2 - z_1) + \frac{p_2 - p_1}{\rho g} = H_0 + H_1 + H_2$$

直接读出真空表和压力表上的数值及两表的安装高度差,就可计算出泵的扬程。

2. 轴功率 N 的测量与计算

$$N = N_电 \times k$$

式中　$N_电$——电功率表显示值;

k——电机传动效率,$k = 0.95$。

3. 效率 η 的计算

泵的效率 η 是泵的有效功率 N_e 与轴功率 N 的比值。有效功率 N_e 是单位时间内流体经过泵时所获得的实际功,轴功率 N 是单位时间内泵轴从电机得到的功,两者差异反映了水力损失、容积损失和机械损失的大小。

泵的有效功率 N_e 可用下式计算:

$$N_e = HQ\rho g$$

泵效率为

$$\eta = \frac{HQ\rho g}{N} \times 100\%$$

4. 转速改变时的换算

泵的特性曲线是在定转速下的实验测定所得。但是,实际上感应电动机在转矩改变时,其转速会有变化,这样随着流量 Q 的变化,多个实验点的转速 n 将有所差异,因此在绘制特性曲线之前,须将实测数据换算为某一定转速 n' 下(可取离心泵的额定转速 2 900 r/min)的数据。换算关系如下。

流量为

$$Q' = Q\frac{n'}{n}$$

扬程为

$$H' = H\left(\frac{n'}{n}\right)^2$$

轴功率为

$$N' = N\left(\frac{n'}{n}\right)^3$$

效率为

$$\eta' = \frac{Q'H'\rho g}{N'} = \eta$$

四、实验装置流程图

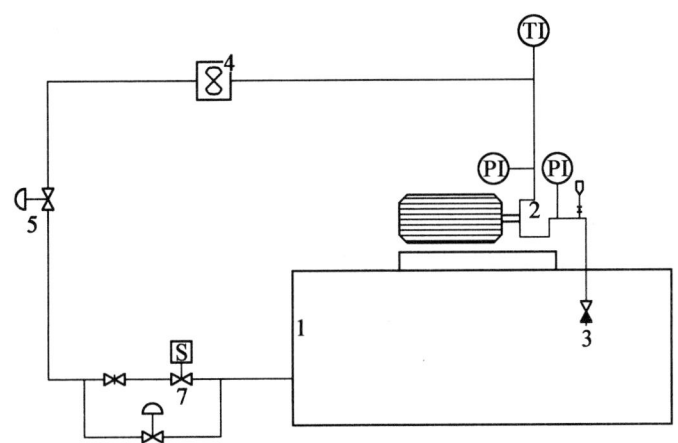

1—水槽;2—离心泵;3—止逆阀;4—涡轮流量计;5—出口阀;6—旁路阀(手动调节阀);7—电动调节阀

附图 10 - 1　离心泵特性曲线测定实验装置流程图

五、实验操作步骤(含实验注意事项)

1. 实验步骤

(1)清洗水箱,并加装实验用水,给离心泵灌水,排出泵内气体。

(2)检查电源和信号线是否与电气柜连接正确,检查各阀门开度和仪表自检情况,试开状态下检查电机和离心泵是否正常运转。

(3)实验时,逐渐打开调节阀以增大流量,待各仪表读数显示稳定后,读取相应数据。(离心泵特性实验部分,主要获取实验参数为:流量 Q、泵进口压力 p_1、泵出口压力 p_2、电机功率 $N_电$、泵转速 n,及流体温度 t 和两测压点间高度差 H_0)。

(4)测取 10 组左右数据后,可以停泵,同时记录下设备的相关数据(如离心泵型号、额定流量、扬程和功率等)。

2. 注意事项

(1)一般每次实验前,均需对泵进行灌泵操作,以防离心泵气缚。同时注意定期对泵进行保养,防止叶轮被固体颗粒损坏。

(2)泵运转过程中,勿触碰泵主轴部分,因其高速转动,可能会缠绕并伤害身体接触部位。

(3)在实验过程中,可能会出现电磁阀失灵的情况。如出现此种情况,可以将电磁阀前的阀门关闭,使用旁路阀调节流量继续实验。

3. 原始数据整理结果

泵进出口测压点高度差 H_0 = ___0.11 m___,流体温度 t = ___20.1 ℃___ 。

附表 10-2　离心泵特性曲线测定实验数据记录表

实验次数	流量 Q /(m³·h⁻¹)	泵进口压力 p_1/kPa	泵出口压力 p_2/kPa	电机功率 $N_电$/kW	泵转速 n /(r·min⁻¹)
1	1.8	-3.0	100.5	0.94	2 920
2	3.6	-6.1	105.8	1.04	2 907
3	5.4	-9.0	108.6	1.13	2 880
4	7.2	-11.9	109.0	1.21	2 851
5	9.0	-15.0	107.0	1.28	2 931
6	10.8	-18.1	102.5	1.348	2 854
7	12.6	-21.0	095.5	1.40	2 936
8	14.4	-23.9	086.1	1.45	2 887

指导教师(签名)：

六、计算示例

以第 1 组实验数据为例进行计算。

流量：$Q = 1.8 \text{ m}^3/\text{h} = 5 \times 10^{-4} \text{ m}^3/\text{s}$。

扬程：$H = (z_2 - z_1) + \dfrac{p_2 - p_1}{\rho g} = 0.5 + \dfrac{1.005\ 106 \times 10^5 + 3 \times 10^3}{1\ 000 \times 9.81} = 10.39 \text{(m)}$。

轴功率：$N = N_电 \times k = 0.94 \times 0.95 = 0.89 \text{(kW)}$。

泵效率：$\eta = \dfrac{N_e}{N} = \dfrac{HQ\rho g}{N} \times 100\% = \dfrac{10.39 \times 5 \times 10^{-4} \times 1\ 000 \times 9.81}{0.89 \times 10^3} \times 100\% = 5.72\%$。

换算为额定转速 2 900 r/min 下的数据为

$$Q' = Q\dfrac{n'}{n} = 5 \times 10^{-4} \times \dfrac{2\ 900}{2\ 920} = 4.97 \times 10^{-4} \text{(m}^3/\text{s)}$$

$$H' = H\left(\dfrac{n'}{n}\right)^2 = 10.39 \times \left(\dfrac{2\ 900}{2\ 920}\right)^2 = 10.32 \text{(m)}$$

$$N' = N\left(\dfrac{n'}{n}\right)^3 = 0.89 \times \left(\dfrac{2\ 900}{2\ 920}\right)^3 = 0.87 \text{(kW)}$$

$$\eta' = \dfrac{Q'H'\rho g}{N'} = 5.78\%$$

实验数据处理(图或表)

下表为按比例校核转速后，不同流量下的泵扬程、轴功率和效率。

附表10-3 离心泵特性曲线测定实验数据处理表(校核前)

实验次数	流量 $Q/(m^3 \cdot h^{-1})$	扬程 H/m	轴功率 N/kW	泵效率 $\eta/\%$
1	1.8	10.39	0.89	5.72
2	3.6	11.64	0.99	10.24
3	5.4	10.61	1.07	14.10
4	7.2	10.34	1.15	16.92
5	9.0	9.82	1.21	18.73
6	10.8	9.03	1.28	19.51
7	12.6	7.99	1.33	19.27
8	14.4	6.69	1.37	18.01

附表10-4 离心泵特性曲线测定实验数据处理表(校核后)

实验次数	流量 $Q'/(m^3 \cdot h^{-1})$	扬程 H'/m	轴功率 N'/kW	泵效率 $\eta'/\%$
1	1.79	10.17	0.88	5.78
2	3.57	11.40	0.97	10.24
3	5.36	10.39	1.05	14.10
4	7.15	10.12	1.12	16.92
5	8.94	9.61	1.19	18.73
6	10.72	8.84	1.25	19.51
7	12.51	7.82	1.30	19.27
8	14.30	6.55	1.35	18.01

下图为根据 Q'、H'、N'、η' 绘制的离心泵特性曲线。(要求使用坐标纸绘制)。

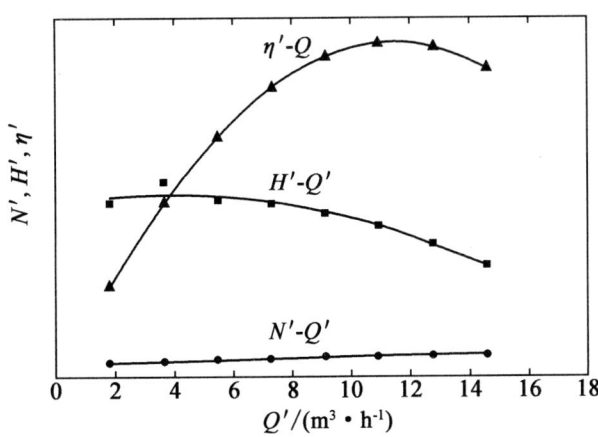

附图10-2 依据实验数据绘制的离心泵特性曲线

七、实验结果讨论与分析

由实验结果得出以下结论。

（1）$H-Q$ 曲线表示离心泵的压头与流量的关系，曲线的总体趋势是压头随流量的增大而减小，但数据 1 的 H 小于数据 2 是因为开始时流量过小。

（2）$N-Q$ 曲线表示离心泵的轴功率与流量的关系，从曲线可以看出轴功率随流量的增大而上升。

（3）$\eta-Q$ 曲线表示离心泵的效率与流量的关系，从图中可以看出，随着流量的增大，泵的效率先上升达到一最大值，此后随着流量的增加效率下降。说明离心泵在一定转速下有一最高效率点，泵在此点工作时最经济。

对实验装置改进提出的问题：

如何测量该泵的汽蚀余量？在吸入管路加装阀门。

附录十一 实验数据记录表及数据处理表（仅供参考）

附表 11-1 恒压过滤常数测定实验数据记录表

过滤压力 项目 序号	$p = 0.1$ MPa		$p = 0.2$ MPa		$p = 0.3$ MPa	
	滤液体积 $\Delta V/\text{mL}$	过滤时间 $\Delta\tau/\text{s}$	滤液体积 $\Delta V/\text{mL}$	过滤时间 $\Delta\tau/\text{s}$	滤液体积 $\Delta V/\text{mL}$	过滤时间 $\Delta\tau/\text{s}$
1						
2						
3						
4						
5						
6						
7						
8						

过滤面积：$A =$

附表 11-2　恒压过滤常数测定实验数据处理表 1

过滤压力　　项目　序号	$p=0.1$ MPa			$p=0.2$ MPa			$p=0.3$ MPa		
	Δq /(m³·m⁻²)	$\dfrac{\Delta \tau}{\Delta q}$ /(s·m²·m⁻³)	$\bar{q}$	Δq /(m³/m²)	$\dfrac{\Delta \tau}{\Delta q}$ /(s·m²·m⁻³)	$\bar{q}$	Δq /(m³/m²)	$\dfrac{\Delta \tau}{\Delta q}$ /(s·m²·m⁻³)	$\bar{q}$
1									
2									
3									
4									
5									
6									
K 值	$K_1=$			$K_2=$			$K_3=$		

附表 11-3　恒压过滤常数测定实验数据处理表 2

序号	项目		
	$K/(\text{m}^2 \cdot \text{s})$	$\lg K$	$\lg \Delta P$
1			
2			
3			
压缩性指数 $S=$			

附表 11-4　空气-蒸汽对流给热系数测定实验数据记录表

序号	项目					
	热蒸汽 $T_1/℃$	热蒸汽 $T_2/℃$	冷空气 $t_1/℃$	冷空气 $t_2/℃$	冷空气流量 $V/(\text{m}^3 \cdot \text{h}^{-1})$	蒸汽压力 p/MPa
1						
2						
3						
4						
5						
6						

换热管管长 =　　m, 管内径 =　　mm　　室温: $T=$　　℃

附表 11-5 空气-蒸汽对流给热系数测定实验数据处理表

项目		序号					
		1	2	3	4	5	6
空气平均温度 t_m/℃							
空气入口处流量 V_{t1}/(m³·h⁻¹)							
空气平均流量 V_{tm}/(m³·h⁻¹)							
空气平均流速 u_{tm}/(m³·s⁻¹)							
空气在平均温度下的物性	ρ_{tm}/(kg·m⁻³)						
	μ_{tm}/(Pa·s)						
	λ_{tm}/(W·m·℃⁻¹)						
	$c_{p\,tm}$/(kJ·kg⁻¹·℃⁻¹)						
空气进出口温差 $t_2 - t_1$/℃							
空气获得的热量 Q/W							
空气侧对流传热系数 α_i/(W·m²·℃⁻¹)							
Re							
$\ln Re$							
Nu							
$Nu/Pr^{0.4}$							
$\ln Nu/Pr^{0.4}$							

附表 11-6 干燥实验数据记录表

序号	项目			
	时间 τ/s	干球温度 θ_1/℃	湿球温度 θ'/℃	毛毡质量读数 G/g
1				
2				
3				
4				
5				

相关数据:加热电压:　　　(V)
初始质量读数:　　G_c　(g)
毛毡的面积:$A =$　　(m²)

附表 11-7 干燥实验数据处理表

序号	项目		
	时间 τ/s	物料湿含量 $X/(\text{kg 湿分} \cdot \text{kg 干物料}^{-1})$	干燥速率 $U/(\text{kg}^{-1} \cdot \text{m}^2 \cdot \text{s}^{-1})$
1			
2			
3			
4			
5			

附表 11-8 液液转盘萃取实验数据记录表

编号	原料 $F/(\text{L} \cdot \text{h}^{-1})$	溶剂 $S/(\text{L} \cdot \text{h}^{-1})$	转速 n	原料液取样体积 V/mL	原料液消耗滴定液体积 $\Delta V_F/\text{mL}$	萃余相取样体积 V/mL	萃余相消耗滴定液体积 $\Delta V_R/\text{mL}$
1							
2							
3							

氢氧化钾的浓度 $N_{\text{KOH-CH}_3\text{OH}}$ = _____ N/mL

附表 11-9 液液转盘萃取实验数据处理表

编号	转速 n	萃余相浓度 x_R	萃取相浓度 y_E	平均推动力 Δx_m	传质单元数 N_{OR}	传质单元高度 H_{OR}	效率 η
1							
2							
3							

附表 11-10　填料吸收塔传质系数实验数据记录表

序号	空气流量 $V/(m^3 \cdot h^{-1})$	CO_2 流量 $V/(L \cdot h^{-1})$	水流量 $V/(L \cdot h^{-1})$	压差读数 ΔR	塔底气相浓度 y_1	塔顶气相浓度 y_2
1						
2						
3						
4						

实验温度 $t =$ 　　℃

附表 11-11　填料吸收塔传质系数实验数据处理表

序号	空气流量 $V/(m^3/h)$	相平衡常数 m	亨利系数 E/kPa	操作压力 p/atm	体积传质系数 $K_{xa}/(kmol \cdot m^{-3} \cdot s^{-1})$	传质单元高度 H_{OL}/m
1						
2						
3						
4						

附表 11-12　筛板精馏塔实验数据记录表 1

全回流

序号	塔底温度 $T/℃$	塔顶温度 $t/℃$	塔底样品浓度 x_w	塔顶样品浓度 x_D	回流流量计读数 $V/(L \cdot h^{-1})$
1					
2					
3					

附表 11-13　筛板精馏塔实验数据记录表 2

部分回流

塔底温度 $T =$ 　　℃；塔顶温度 $t =$ 　　℃

浓度		流量			
		进料流量计读数 $V/(L \cdot h^{-1})$	塔顶出料流量计读数 $V/(L \cdot h^{-1})$	塔釜出料流量计读数 $V/(L \cdot h^{-1})$	回流流量计读数 $V/(L \cdot h^{-1})$
塔底样品浓度 x_w				x_w平均值 =	
塔顶样品浓度 x_D				x_D平均值 =	
进料样品浓度 x_F				x_F平均值 =	
第10块板气液相浓度	x_9			x_9平均值 =	
	x_{10}			x_{10}平均值 =	
	y_{10}			y_{10}平均值 =	

附录十二 实验课程考核表

<u>　　　　</u>级<u>　　　　</u>专业化工原理实验考核表

实验项目：

分组	姓名	出勤情况10%	线上预习情况30%	现场操作30%	实验报告30%	总成绩
第一组						
第二组						
第三组						
第四组						
第五组						
第六组						
第七组						
第八组						
第九组						

参 考 文 献

[1] 张金利,张建伟,郭翠梨,等.化工原理实验[M].天津:天津大学出版社,2005.
[2] 北京大学、南京大学、南开大学三校化工基础与实验教学组.化工基础实验[M].北京:北京大学出版社,2004.
[3] 夏清,陈常贵.化工原理[M].天津:天津大学出版社,2005.
[4] 史贤林,田恒水,张平.化工原理实验[M].上海:华东理工大学出版社,2005.
[5] 李发永,孙亮.化工原理实验指导[M].山东:石油大学出版社,2001.
[6] 杨祖荣.化工原理实验[M].北京:化学工业出版社,2004.
[7] 武汉大学化学与分子科学学院实验中心.化工基础实验[M].武汉:武汉大学出版社,2003.
[8] 陈寅生.化工原理实验及仿真[M].上海:东华大学出版社,2005.
[9] 陈均志,李磊.化工原理实验及课程设置[M].北京:化学工业出版社,2008.
[10] 陈群.化工仿真操作实训[M].北京:化学工业出版社,2008.
[11] 赵刚.化工仿真实训指导[M].北京:化学工业出版社,2006.
[12] 郭翠梨.化工原理实验[M].北京:高等教育出版社,2013.
[13] 方安平,叶卫平,等.Origin 8.0 实用指南[M].北京:机械工业出版社,2009.
[14] 于成龙,郝欣,沈清.Origin 8.0 应用实例详解[M].北京:化学工业出版社,2010.
[15] 李润明,吴晓明.图解 Origin 8.0 科技绘图及数据分析[M].北京:人民邮电出版社,2009.
[16] 肖信.Origin8.0 实用教程——科技作图与数据分析[M].北京:中国电力出版社,2009.